赵德发　著

黄海传

山东文艺出版社

图书在版编目（CIP）数据

黄海传 / 赵德发著 . —济南：山东文艺出版社，2023.5
ISBN 978-7-5329-6550-2

Ⅰ . ①黄… Ⅱ . ①赵… Ⅲ . ①黄海—历史 Ⅳ . ① P722.5

中国版本图书馆 CIP 数据核字（2022）第 003993 号

黄海传
HUANGHAI ZHUAN
赵德发　著

主管单位	山东出版传媒股份有限公司	
出版发行	山东文艺出版社	
社　　址	山东省济南市英雄山路 189 号	
邮　　编	250002	
网　　址	www.sdwypress.com	
读者服务	0531-82098776（总编室）	
	0531-82098775（市场营销部）	
电子邮箱	sdwy@sdpress.com.cn	
印　　刷	山东临沂新华印刷物流集团有限责任公司	
开　　本	710 毫米 × 1000 毫米　1/16	
印　　张	23	
字　　数	298 千	
版　　次	2023 年 5 月第 1 版	
印　　次	2023 年 5 月第 1 次印刷	
书　　号	ISBN 978-7-5329-6550-2	
定　　价	68.00 元	

黄海传

目 录

第一章

亘古沧溟

一　浩瀚大水哪里来

30 年前，我刚到日照那会儿，感觉自己像故乡土地上伸出的一根地瓜秧，拖拖拉拉 100 公里，到黄海之滨伸头探脑，想了解那片蓝色的奥秘。奥秘没了解多少，身上却实实在在沾了一些海味儿。

过了一年，一根更老的地瓜秧也来了，那是我父亲，来看望我们一家三口。我陪着老地瓜秧去看海，他也是伸头探脑。他看了几眼，满脸惊愕："哎哟，哪里来的这么多水？"我说："江河里来的。"他问："茅河里的水也来？"我向南一指："当然啦，从连云港那边入海。"茅河，是我家乡老一辈人对沭河的称呼，那条河距我村子只有 10 多公里。父亲点了点头，表示疑问消除。

父亲走后，我忽然觉得我的回答不够正确。"千条江河归大海""海纳百川，有容乃大"，古人虽然这样讲，但我估计江河的水再多，也不足以汇成占地球表面积 71% 的海洋。那么，海水从哪里来？我开始注意这个问题，查阅了许多书籍、资料。

有些古人认为，水从天上来。西晋高官兼文学家张华，在他所著笔记《博物志》中讲了一个故事，证明天河与大海相通：有人住在海岛上，发现每年八月有木筏过来，随即离去，从不失期。有个人忽发奇想，就在木筏上建造了楼阁，备足食物，乘坐木筏走了。过了很长时间，到达一个地方，发现城郭房屋，里面有许多妇女在纺织。他见一个男人牵牛到河边小屋旁边喝水，便问他这是什么地方。那男人回答："你回到蜀郡，问严君平便知。"后来他到了蜀地，见到擅长占卜的严君平，严君平说，某年某月某日，有客星犯牵牛宿。他计算一下，那天正好是他到了天河。

坐着木筏渡海，竟然去了天河见到牛郎织女，这个故事真够奇谲。在古人眼里，天河横亘，银波闪闪，大海与它相通，水量岂不丰沛？

从西晋到盛唐，400 多年过去，大诗人李白在世。他也认为水来自天上，那句"黄河之水天上来"，在世间传诵了 1000 多年。然而诗人这样讲，只是夸张与想象，并不代表真实情况。今人大多知道"三江源"，可能会将这句诗理解为黄河源头的海拔高度。

人类进入 20 世纪，一些科学家经过研究发现，海水真是从天上来的。确切地说，是从太空来的。46 亿年前，地球在宇宙大熔炉里成形之后，在长达 1 亿年的时间里，一些陨石与彗星被它吸引，急于投靠，碰撞一次次发生，从而带来了水。

不过，地球诞生之初并没有我们今天所见到的海。那时的地球，从里到外都被高温烧透，到处都是"岩浆海"，红流滚滚，蒸气升腾。当地球温度慢慢降低时，水蒸气凝结成厚厚的云层。那些"雨做的云"当然会变成雨滴降落，但降落过程中又蒸发，没能到达地面。随着气温的不断下降，雨水蒸发到达的高度也在下降，终于哗哗落地，旋即又蒸发升空。如此循环往复，天地间大雨如注。有科学家推算，那时地球上的年降雨量为 4000—7000 毫米。这样的降雨长达千年之久，史称"大降雨时代"。

后来，天空终于放晴，阳光将水面照耀得一片湛蓝，地球由"红色星球"变成了"蓝色星球"。那场千年豪雨并不纯净，溶入了原始大气中的氯、硫等元素，呈强酸性。雨水接触到地表岩石，将岩石中的钠元素溶解出来，使海水变咸。可以说，海洋甫一形成，便是咸的。

相较其他星球，地球最大的特征是什么？是海洋的存在。自 2011

年以来，无数人使用微信，都对那个登录页面印象深刻：圆溜溜的地球，蔚蓝色的基调。它之所以有这个基调，被人称作"蓝色弹球"，就是因为它有面积广大的海洋。在地球下方，还站了一个小人儿，我每次看到，都觉得那就是我。我凝望着那颗母星，满怀感恩之情——感恩造物主赐给了人类和其他生物这样一个异常美丽的家园！

　　浩瀚的海洋，并不像画面上那样呈静止状态，它是运动着的、连通着的。波浪、潮汐、洋流，是海洋的三大运动方式。空气的流动，气压的变化，海岸边的海水变浅形成的阻力，导致海上波涛滚滚，喧哗不休；太阳与月亮的引力，加上地球自转，导致海水产生大规模移动，海面呈现周期性的升降、涨落与进退；因为南半球的东南信风与北半球的东北信风，因为各个海域盐度与温度的不同，还因为某些区域的海水因故减少，别处的海水前去补偿，便产生了洋流。"旷哉潮汐池，大矣乾坤力。浩浩去无际，沄沄深不测。"唐代诗人宋务光的几句诗，恰如其分地概括了海洋的博大与神奇。

　　看看世界洋流分布图，你会联想到人体的动脉与静脉，并为之惊叹。这些"动脉"和"静脉"，不只是循环流动，一刻不停，还会莫名其妙地升温、降温，影响到气候。如著名的"厄尔尼诺现象"，就是因为秘鲁寒流水温升高所致，它能让太平洋东岸多雨、西岸少雨，让包括中国在内的许多地方发生旱灾。反过来，如果秘鲁寒流水温降低，则导致"拉尼娜现象"，也让许多地方气候反常。在西班牙语中，厄尔尼诺是"圣婴"，拉尼娜是"圣女"，这一对"宝贝"像恶作剧一样，左右着地球上无数生灵的命运。

　　北太平洋西部有一股流势很强的暖流，叫"日本暖流"，也叫"黑潮"。它是北赤道暖流在菲律宾群岛东岸向北转向而成，经台湾岛东岸、琉球群岛西侧往北流，直达日本群岛东南岸。在台湾岛东面外海，这股暖流宽100—200公里，深400米，流速最大时每昼夜60—90公里。它浩浩荡荡北上，在日本群岛南端产生一个分支去日本海，叫作"对马暖流"。对马暖流在北上途中又产生分支，叫作"黄海暖流"。

黄海暖流在朝鲜半岛以西往西北方向流去，从渤海海峡进入渤海。渤海海峡被庙岛群岛分割成多条水道，最北边的老铁山水道，水往西流；南面几条水道，水往东流。黄海暖流经老铁山水道西行时，地形束窄，流速增快，最快时能达到260厘米/秒。从海峡南半部流出渤海的水，因为与黄海三角洲外围的海水相融合，成为低盐、低温的黄海沿岸流，东去成山头，拐弯南下，一直流到长江口。

成山头海崖高耸，壁立如削，崖下海涛翻腾，水流湍急，最大浪高达7米，被人称作中国的"好望角"。黄海沿岸流经过这里，到达海州湾北端的岚山头时，会与潮水一起合力冲击岸边礁石，浪花如雪、腾空飞扬。曾有古人观望时按捺不住激动，纷纷题字刻石，内容有"星河影动""撼雪喷云""万斛明珠""砥柱狂澜""难为水"等等，让这里成为著名的"海上碑"景点。

奔走了1000多公里的黄海沿岸流，流到长江口一分为二：一部分向东涌向济州岛，汇入黄海暖流再度北上；一部分越过长江口浅滩，与温暖的东海融为一体。

黄海沿岸流有一个奇特功能：造雾。水温较低的冷流自北向南流经表层水温较高的海域时，会导致暖湿空气降温凝结，生成海雾。所以，黄海西部雾天较多。最多的地方是成山角，年均雾日83天，有最长连续雾日27天之纪录，被人称作"雾窟"。若居住在黄海沿岸，夜晚会经常看到成团成团的雾像马队一样从海上奔来，带着丝丝清凉、缕缕海腥味儿。最壮观的当数平流雾，贴着地面行走，厚度只有几十米。雾弥漫于城市之后，只有一些高层建筑的上半截在雾层之上，如梦如幻，俨然仙境。

黄海之水，表层泛波浪，周边在流动，而中部洼地的深层与底部，水体交换不那么剧烈，相对静止。到了夏天温度偏低，被称为"黄海冷水团"。这个冷水团，面积13万平方公里，拥有5000亿立方米的水体，别看它深藏不露，却颇有魔力。夏天，它会让雾气生成并飘移，让山东半岛沿岸和江苏北部海域的雾天进一步增多。

海洋影响天气，还有一种"大湖效应"，就是冷空气遇到大面积未结冰的水面，从中得到水蒸气和热能，在向风的岸边形成降水，而且以降雪为多。北美洲东部五大湖地区最具代表性，在太平洋西岸也有这种效应。每年冬天，从西伯利亚来的冷空气经过渤海与北黄海，获得大量水蒸气，在山东半岛东端和朝鲜半岛西部形成降雪。烟台、威海一带，背靠昆嵛山脉，到了冬天雪量格外大，经常飘下鹅毛大雪，让这里成为著名的"中国雪窝"，形成独特的海滨雪城美景。

前几年，有的科学家发现了一种奇特现象——地球自由振荡，并宣称："地球任何时候都在吟唱！"但是这种吟唱是一种低频音波，人耳无法听到。这可能是地球自转产生的磁场和太阳风互相作用所致，也可能来自大海中的波涛。这就意味着，总面积为3.6亿平方公里的海洋，总量为13380亿立方米的海水，岁岁年年、时时刻刻，都可能在合力吟唱着响彻寰宇的乐曲。

黄海，是这个庞大合唱队中的一员。

二　洪州石河可曾有

胶州是胶东半岛上的一座美丽小城，那里一直流传这样的老话："沉了洪州，立了胶州。"据说古时候并没有胶州湾，那里是一片临海平原，平原上有一座"洪州城"。这座城池很大，东城门在今天的板桥坊，西城门在冒岛处，南城门在湖岛处，北城门在女姑口。有一年，一位白胡子老者来到城里，边走边念叨："狮子红了腚，淹了洪州城。"人们起初并不在意，后来有一天，城隍庙前石狮子的屁股突然变红，大家才想起这话，急忙逃生。这时洪州渐渐下沉，海水涌来将其淹没。洪州人扶老携幼，来到高处安身，建起了新的城池——胶州。

其实，青岛一带还有另一句老话："沉了沧州立洪州。"传说在现今青岛市区东南方向的海域中，曾有一座沧州城。老百姓本来在那里生息繁衍，后来沧州城被海水淹没，沉入水中，沧州人只好撤走，另建一座洪州城栖身。这就是说，胶州人的祖先们太悲惨，让洪水所逼，一撤再撤。

在胶州西南方向100多公里处，当地人祖祖辈辈也流传一句老话："淹了石河县，建了日照城。"情节和胶州的传说差不多，不同的是，洪州的石狮子红了腚，石河县的石狮子红了眼。石河县的人发现石狮子红了眼，慌慌张张逃离，一直跑到海水淹不到的地方，建起了一座叫作"日照"的城池。

这些传说，惊心动魄。然而让人们困惑的是，无论是沉没于青岛外海的沧州、沉没于胶州湾的洪州，还是沉没于日照外海的石河县，都在古籍中没有任何记载。

为什么会有这些传说？

答案是：源自先民们对于沧海桑田的记忆。沧州、洪州、石河县，都是人类曾经居住的地方。

有一个成语"海屋添筹"，出自《东坡志林》。苏东坡在书中记下了这么一个故事：古代有三个老人相遇，他们互相询问年龄。一个说，自己的年龄不记得了，只记得少年时与盘古有交情。一个说，他看见海水变桑田就添一个筹码，如今他的筹码可装十间屋子。还有一个则说，他吃过的蟠桃核丢到昆仑山下，如今长得与昆仑山一样高了。

无论是当时还是今天，人们都会认为这是三个吹牛大王，把牛皮吹到了极致。然而"海屋添筹"这一说，是有事实根据的。地球上的沧桑之变，真的是一再发生。

40多亿年前，海洋形成之初，几乎占据了地球表面的全部。露出水面的，仅有一些陨石碰撞形成的环形山口、海底火山活动形成的火山岛。在漫长的岁月里，大气中的二氧化碳与酸性海水发生中和反应，与钙离子结合变成碳酸钙，沉入海底成为石灰岩，并与泥沙等物质形成"增生楔"。地壳并不是一个整块，而是分成许多板块，相互碰撞，有升有降。裂缝处不断涌出岩浆，岩浆凝结成的玄武岩经过高温高压，又变成花岗岩。与此同时，岩块上的增生楔也在扩大，最终它们的合体露出海面，形成大陆。

最初的大陆小而零散，又因为地幔对流强烈，它们漂移不定。经过无数次碰撞、聚合，大陆慢慢增大。到了距今 19 亿年前，出现了一个"超级大陆"，面积和现在的北美大陆差不多，被称作"哥伦比亚超级大陆"。但这个超级大陆后来四分五裂，距今 9 亿年前再次复合，被称作"罗迪尼亚超级大陆"。此后又慢慢分开，到距今 5 亿年前又合在一起，形成"岗瓦纳古陆"。20 世纪 70 年代，加拿大地球物理学家 J.T. 威尔逊提出了大洋盆地的发展模式：从胚胎阶段的裂谷、初始阶段的张裂海槽，到成熟阶段的广阔洋盆和萎缩阶段的俯冲缩小，以至最后的消失，构成一个完整的旋回，这一规律被命名为"威尔逊旋回"。岗瓦纳古陆也脱离不了威尔逊旋回，就像一头蒜长成后，各个蒜瓣儿又告别合抱状态，随地壳板块漂流。直到距今 3900 万年前，它们才形成了今日的陆海格局。科学家研究发现，威尔逊旋回目前还在进行，将在两三亿年后形成下一个超级大陆，而且可能以亚洲为中心。

在威尔逊旋回过程中，大陆屡屡发生"海侵"与"海退"现象，即海洋对陆地的淹没与退出。造成这个现象的原因主要有两种：一是构造运动。因为地壳运动剧烈，火山频频爆发，海底有升有降，此起彼伏，所以大陆在漂移过程中或扩大或缩小，或浮出水面或沉入海底。二是气候变化。地球变暖或变冷，都会导致海侵或海退。地史学考察结果显示，地球上的冰期与间冰期是有规律的，大约以 9.5 万年的间隔相继出现，这与地球轨道偏心率的变化有关，就是地球离太阳的距离发生了远近之变化，近日距离和远日距离有时相差 1708.3 万公里，这必然导致太阳对地球照射量的变化。太阳远了，地球就冷了。冰期来临时，到处都是厚厚的冰雪；到了间冰期，冰雪消融，海平面上涨。

据地史学家考证，最后一次冰期是第四纪维尔姆冰期，发生在距今 8 万—1.1 万年间。这个冰期还被划分为 3 个亚冰期，其中距今 1.8 万年左右为极盛期。那时全球气温严重下降，两极冰川向赤道方向推进，能到达南北纬 30 度左右。北半球的一些喜冷动物不断南移，就连长毛猛犸象也仓皇迁徙，从寒带到了温带，2003 年 9 月 17 日在江苏省宝应县发现的猛犸象牙化石便是证明。那时候华北地区有多冷？最低气温达 −70℃左右，海平面能下降到 −130 米。现在的黄海在那时几乎完全消失，海底出露，成为大陆的一部分。许多地方被强劲的寒流吹走了细粒物质，留下较粗的沙粒成为沙漠。山东北面的庙岛群岛成为冰桥，连通了山东半岛与辽东半岛。在遥远的东北方，白令海峡则成为亚洲与北美洲之间的陆桥，大约在 2 万年前，一些来自亚洲的猎人追逐着兽群到了北美洲，成为印第安人的祖先。那时真的是"海枯石烂"——大海干枯，石头冻碎。此情此景，大约是亲历者讲给后代听了，后世一些有情男女向对方发誓时便多了一句狠话："海枯石烂心不变！"

否极泰来，阴极阳生，这是人世间的规律，也是宇宙间的规律。第四纪冰期持续到距今 1.5 万年前后，地球渐渐变暖，冰川融化，草木生长，地球的主色调由白变绿、变蓝。人类终于度过漫长的寒冷时期，走出山洞，将石头磨制成工具，或采集草木果实，或打猎捕鱼，后来慢慢学会了种庄稼和养牲畜，农业时代正式来临，人类文明现出曙光。于是，地史学家商定，将距今 11700 年左右之后的地质年代命名为"全新世"。地史学家选定"全新"二字时，一定是想象到了那时候地球上的万象更新。

　　黄海西部的大陆架格外平缓，气候变暖后出现了一些绿洲。到此居住的人类辛勤劳作，开垦出大片的耕地，建成了自给自足的家园。但令他们想不到的是，后来海水上涨，波涛滚滚而来。眼看家园一点点被海水侵占，他们只好退往高处，另建居所。

　　那些"淹了""沉了"的传说，就是先民们对这次海侵的记忆。地名中有"沧"，可能是指沧海；有"洪"，可能是指洪水；有"石河"，难道是那个"县城"建在一条河底是石头的河边？

　　不只是青岛地区、日照地区，世界各地关于大洪水的传说有很多。据西方学者马克·埃萨克2002年在网上发布的《世界各地洪水故事》，世界上已有181个国家和民族有洪水故事发现，覆盖除南极洲外的其他六大洲。世界各地不同民族的古老传说都记述了某一远古时期，地球上曾发生过一次造成全人类文明毁灭的大洪水。流传最广泛、最久远的，在西方是"挪亚方舟"的故事，在中国则是"大禹治水"的故事。传说中的洪水，有的来自天上，是下大雨；有的来自海上，是海水上涨。

　　海侵引起的陆海变化，已经被地史学家考察认证。那时地球气候正由冰期向间冰期过渡，年代为距今8700—6000年，属全新世中期。距今6000年前后，海面才上升到与今天差不多的位置，岸线基本稳定，人类安居乐业，形成了多样的史前文明，譬如青莲岗文化（也叫北辛文化）、大汶口文化、龙山文化、岳石文化。这些文化遗址，多处发现于山东、江苏沿海地区，显示了古东夷人的生活状况与多方面的创造，也让现代人对三皇五帝至夏朝那段历史的想象多了一些实物依据。另外，在辽宁省长海县广鹿岛发现的小珠山文化，也证明了6000年前人类就在这里过着农、渔、猎并存的生活。

　　关于"洪州""胶州""石河县"的传说，记录了山东半岛东南部的最后一次海侵，也可以算作"非物质文化遗产"吧。而更为久远的一次次海侵的物质遗存，也就是地质学上的"海相沉积"，在山东有好多。譬如位于莒县城西的浮来山，以刘勰曾在此校经的定林寺和天下第一银杏树而著名，传说是从海上"浮来"。此山遍布石灰岩，岩石中有三叶虫化石和其他海生动物化石，证实浮来山在4亿年前的古生代奥陶纪隐没在大海之中。

最典型的是在泰沂山区广泛存在的"岱崮地貌"。从沂蒙山区到济南南部山区，有许多奇特的山，它们顶部平坦，周围峭壁如削，峭壁下面的坡度由陡到缓，从远处观望，有的山顶像放了个瓶盖儿。因为这种山在蒙阴县岱崮镇最为集中，地质学家就将其命名为"岱崮地貌"。这是继"张家界地貌""喀斯特地貌""嶂石岩地貌""丹霞地貌"之后的中国第五大造型地貌。我在沂水县攀登过好几个崮，发现那些平平的崮顶大致在一个水平线上。那个水平线，是几亿年前的海底。那些来自陆上的碎屑物，海中生物的骨骼和残骸，火山灰和宇宙尘，在化合作用下形成的碳酸钙，经历了亿万年的堆积成为岩石。不知过了多少万年，海水渐渐消退，沉积岩裸露为地表，成为地球的一块外壳。又不知过了多少万年，雨水冲刷，风力剥蚀，地表出现缝隙，且一年年扩展。缝隙变深，成为沟壑，沟壑再扩展，让沉积岩不断坍塌，最后只剩下一块一块，分散在各个山顶，像乳头，像瓶盖，像圆球，像方盒，被后来出现在这里的人类统称为"崮"。就连五岳之首泰山，当年也是顶着这样的一层岩壳生长的，只是它长得太猛，岩壳被它甩到了一边，现在在后石坞还能找到一些碎块。

海退时期的留痕，今天也能在黄海边找得到。日照港原名石臼港，因建在原日照县石臼镇而得名。这里的海边有大片花岗石裸岩，上有多处臼状石坑，此地故称"石臼"。传说，石臼系舂米而成，舂米者一为渔家，一为南宋水军。当年李宝带水军奇袭金国水军，中途曾在此停留歇息，用这些"石臼"杵米。其实，"石臼"的制造者是冰川。不知是在哪个冰期，厚厚的冰川覆盖了这里，后来冰川消融，底层形成湍急水流，夹带着沙砾在岩石上冲刷、旋转，久而久之，就形成了一个个这样的"石臼"。有资料显示，在青岛崂山、连云港云台山，都有这种冰川遗迹。在崂山东侧，还有漫长的冰碛海岸和星罗棋布的海碛小岛。主峰海拔 1132.7 米的崂山，是我国大陆海岸上最高的山，冰期时披坚执锐，有许多沿山谷而下的冰舌所向披靡，夹带了大量漂砾。这些被冰川从别处带来的石头，现在的海岸上有，潮间带以下也有，有的隐于水下成为暗礁，有的露出海面成为小岛。

在崂山西南方向的海边，有一座 17 米高的石柱，像一位老人坐在碧波之中，人称"石老人"。那是中国基岩海岸典型的海蚀柱景观。"石老人"阅尽沧桑，在人世间引发许多传说，却在 2022 年 10 月 3 日凌晨的风雨中突然变了模样：上半部分的"头"和"胳膊"塌掉了。消息迅速传开，人们唏嘘不已。其实，这件事是沧桑之变的一个例证，恰巧被我们这一代人遇上。

沧桑之变，目前还在进行。因为全球气候变暖、极地冰川融化、上层海水变热膨胀等原因，20 世纪以来，全球海平面上升了 10—20 厘米。我听一些老渔民讲，与他们小时候相比，潮水越来越高，建在海边的老房子离水越来越近。

气候在变，大海在变，但青岛有一处设施以不变应万变，那就是中华人民共和国水准零点。

我们在陆地上说高度，经常用"海拔"一词，是指某个地点或者地理事物高出或者低于海平面的垂直距离。海平面并不稳定，它的高度如何判定？ 1987 年，我国规定，将青岛验潮站 1952 年 1 月 1 日至1979 年 12 月 31 日所测定的黄海平均海水面作为全国高程的起算面。我国最早的水准原点，1954 年建在青岛观象山顶，那里的水准原点高程约为 72.26 米。根据该高程起算面建立起来的高程系统，称为 1985国家高程基准。

2006 年，青岛市在小麦岛西面的海边建了水准零点景区。水准零点的标志，上面是一个地球模型，下面是一个大圆锥体，大圆锥体下边是一处旱井，里边有一个水准零点石球，石球的顶点就是海拔 0 米。这是我国的高程之母。譬如世界最高的珠穆朗玛峰，海拔高度 8848.86 米；我国内陆的最低点新疆吐鲁番盆地的艾丁湖，海拔 –161 米，都是以此为基准计算出来的。

中华人民共和国水准零点，经教育部批准已写入七年级地理课本。这是青岛的光荣，也是黄海的光荣。

三　黄海之名何时得

中国周边的海域有四个，从北到南依次是渤海、黄海、东海、南海。它们都是太平洋西岸的边缘海，互相联通，其中一部分成为中国的蓝色国土。

有人认为，古人常说的"五湖四海""威震四海""四海之内皆兄弟""放之四海而皆准"等等就是指这四个海，其实不然。古人认为，中国的东南西北四面环海，便以"四海"指代全国、天下，将中国称作"海内"，将外国称作"海外"。

有的典籍，将"四海"明确为四个海域，并标注了位置。如《山海经》中有这样的记载："逐水出焉，北海注于渭，其中多水玉。""苕水出焉，东海流注于泾水，其中多美玉。""其首曰招摇之山，临于西海之上，多桂，多金玉。""郁水出湘陵南海。"以今人的地理知识来看，这些说法有些荒诞。

后来的一些古书和文章，一般是把中国以东的海统称为东海，将渤海称为北海（西汉外交家苏武牧羊之处、现属俄罗斯的贝加尔湖也曾被称为北海），青海湖、博斯腾湖、里海、地中海等等都曾被叫作西海。而南海，在汉代、南北朝时称为涨海、沸海（因为潮水汹涌），至清代才逐渐改称南海。

另外，半封闭的胶州湾，曾被称作"少海"，名称来历与东夷族始祖少昊有关，意思是"少昊之海"。唐宋以来，这里贸易兴隆、货运繁忙，清代文人评出"胶州八景"，其中一景就是"少海连樯"，指这里的船特别多，桅杆相连。

古人眼中的东海，相当于今天的黄海与东海。一个重要的证据便是，秦代在现今苏北、鲁南沿海置东海郡，治所在郯县（今山东郯城）。中间虽有变更，地盘缩小，但到唐代还有此郡。在鲁东南的许多村庄，如果追溯其祖先来历，许多人都说从东海来。我所属的赵氏家族也是这样，始祖于 600 年前来自东海，在临沂东边的沭河岸边落户。许多证据表明，明朝初年组织的人口大迁徙，原东海郡是一个重要的输出地。民国元年（1912 年）在苏北设东海县，也是沿用了古人的称谓。

那么，黄海后来为何从东海分出来自立门户呢？

因为黄河。

黄河，这条中华民族的母亲河，这条弯弯曲曲像东方巨龙的世界级大河，古人曾用"铜头铁尾豆腐腰"一语来形容它。那个"豆腐腰"，在现今河南省东部。以此为转折点，它忽而向北，忽而向南，忽而向东，"三年两决口，百年一改道"。据史料记载，在 1946 年前的 3000—4000 年间，黄河下游决口泛滥 1593 次，河道因泛滥大改道 26 次，决口 1000 多次。洪水遍及范围北至海河，南达淮河，纵横 25 万平方公里。每当黄河决口时，浊流滚滚，摧城池，淹村庄，漫灌田野，夺取别的河道闯进北海或东海。这就是让华夏儿女祖祖辈辈心惊胆战的黄河"龙摆尾"。

南宋建炎二年（1128 年），金兵大举南侵，宋东京留守杜充异想天开，企图用黄河水阻挡金兵铁蹄，派人在今天的河南滑县西南将河堤挖开。结果没淹死一个金兵，却将江淮一带变成汪洋，致使老百姓流离失所，死了 20 多万人。黄河夺淮，强势东流，此后它那尾巴虽然有过多次摆动，但基本固定在开封、兰考、商丘、砀山、徐州、宿迁、淮阴一线，在今天的江苏滨海县入海。清咸丰五年六月十九日（1855年8月1日），黄河在河南兰阳（今兰考）北岸铜瓦厢决口，先向西北，后转东北，夺山东大清河河道入渤海。1938年，为阻止日军西侵郑州，蒋介石效仿杜充，下令扒开郑州花园口黄河大堤，致使黄河又从淮河入海，一时间洪水漫流，灾民遍野。直到1947年堵复花园口，黄河才回归北道，自山东垦利县入海。

黄河之所以叫黄河，是因为河水的颜色。它本来是从青藏高原淌下来的一道清流，流经黄土高原，便"黄袍加身"。这袭黄袍到了海上充分铺展，让广大区域变黄。当然，与之相连的长江口以外的海域也呈黄色，过去人们就把黄河口和长江口外面这一带叫作"黄水洋"；向外延伸，海水变清，呈现青色，叫作"青水洋"；到了外海深度加大，海色变黑，则叫作"黑水洋"。这三个洋，以色定名，地理界线并不明确。整个东中国海，都由这"三洋"组成，像一幅用晕染手法绘制的中国画，巨大无比。

"九曲黄河十八弯，一碗河水半碗沙。"黄河在下游冲向哪里，就把从黄土高原上裹挟而来的泥沙带到哪里，面积广袤的华北平原，主要由它冲积而成。它不只是造平原，还造陆地。从连云港到长江口，原来众多的湖泊洼地被其荡平，淤积成平原，并在沿海沉淀大量泥沙，形成新的大陆，让海岸线向东推进。以黄海入海口南面的盐城为例，唐宋时大海在城东不到1公里，15世纪在城东15公里，17世纪初在城东25公里，19世纪中叶在城东50公里，现在中心城区离海有60多公里了。

再以入海口北面的连云港地区为例。古时海州城东有一座胸山，孔子到郯子国，曾登此山观海，后来人们便称它为孔望山。我猜想，孔子那句著名的牢骚话"道不行，乘桴浮于海"，有可能是在此山观海之后讲的。但现今许多人都说孔子登这座山望海不可信，因为他们验证过，在孔望山是看不到海的。但他们应该知道，当年的孔望山真的离海很近，许多名人在那里留下了观海诗文。唐代刘长卿有这样的诗句："胸山压海口，永望开禅宫。"宋代苏东坡两次到海州，登孔望山东望，喟然长叹："我昔登胸山，出日观沧凉。欲济东海县，恨无石桥梁。"而今，孔望山已经离海有 30 多公里了。

海州城东北的云台山，古称郁洲山或苍梧山，包括锦屏山、前云台山、中云台山、后云台山和鹰游山等等，当年都在海里。苏东坡有诗赞曰："郁郁苍梧海上山，蓬莱方丈有无间。"据说，淮安人吴承恩来此游玩，观海听涛，脑洞大开，才写出了一部让人惊叹不已的《西游记》。此书第一回这样写："海外有一国土，名曰傲来国。国近大海，海中有一座名山，唤为花果山。"后来云台山与海州之间海峡成陆，花果山被人们认定为孙悟空的出生地，纷纷前来游览。1958 年，时任团中央总书记的胡耀邦来江苏视察，毛主席特意嘱咐他，"孙猴子的老家在新海连市（今连云港市）云台山"，要他到花果山看看。前几年有人集毛体字将这句话镌刻于石壁，成为这里的著名景点"毛公碑"。

在地图上浏览黄海西岸，会看到许多海湾，较大的有胶州湾和海州湾。海州湾是著名渔场，在苏鲁交界处像黄海的一只大耳朵。但在 900 年前，这只耳朵是没有的，海岸线从青口（江苏赣榆县城）向南，几乎呈直线状态延伸到长江口。正是因为黄河改道，泥沙沉积，再加上 1668 年郯城大地震造成云台山区抬升，从这里向北至日照岚山便生出了一个海州湾。这让人想起了孙悟空的一句口头禅："造化！造化！"

黄河还在海中造化出一道道沙岭。清朝雍正年间，曾出洋多年、担任过台湾镇总兵的陈伦炯写了一本《海国闻见录》，影响颇大。书中有这样的记述："海州而下、庙湾（位于江苏阜宁射阳河入海口）而上，则黄河出海之口。河浊海清，沙泥入海则沉实。支条缕结，东向纤长，潮满则没，潮汐或浅或沉，名曰五条沙；中间深处，呼曰沙行。江南之沙船往山东者，恃沙行以寄泊；船因底平，少搁无碍。闽船到此，则魄散魂飞。底圆，加以龙骨三段，架接高昂，搁沙播浪则碎折……""魄散魂飞"四字，足以形容行船者对"五条沙"的畏惧。

"五条沙"，后来被学术界称为"苏北浅滩"，面积约 2.8 万平方公里，是世界上最大的辐射沙脊群。有的学者认为其是第三纪海退期间砂岩的风化产物，是"沙漠堆积体"，但多数人认为这是当年黄河的造作。苏北鲁南一带的渔民，叫它"黄河尖"或"黄河沙"。我采访过好几位日照老渔民，他们讲述当年下"南洋"（吕四洋，江苏省启东市、如东县东面海域）打黄花鱼的经历，都说要绕开黄河尖，"宁愿走天边，不走黄河尖"。日照市涛雒镇王家村的老渔民葛允武先生对我讲，他年轻时随一条五桅大风船去吕四洋"打黄花"，到连云港加上水，为了躲开"黄河尖"，要一直往东跑，跑两天两夜才拐弯南下。过去在海州湾跑船的人，还说这么一句话："南有黄河尖，北有霸王鞭。"意思是二者都是行船的严重障碍。霸王鞭在日照城南，是伸往海中的一道很长的礁石，过去经常有船在此触礁或搁浅，传说是当年霸王遗留此地的一条鞭子。现在这条杀气腾腾的"霸王鞭"，已被压到了日照港码头下面。

"黄水洋"正式改称"黄海"，是在 19 世纪末。清朝后期要建海军，对海洋的认识有所提高，海洋学知识渐渐普及，对海域也采取了精准命名。然而让中国人蒙羞的是，第一次出现"黄海"名称的文件，竟然是 1895 年清朝政府与日本签订的不平等条约《马关条约》！其中有这样的条文："辽东湾东岸及黄海北岸，在奉天省（辽宁省）所属诸岛屿，亦一并在所让境内。"这里的黄海，指的就是现在之黄海。

1928 年 12 月分别由青岛华昌印制局和胶澳商埠局铅印出版的《胶澳志》，其中有关于黄海的记载，胶州湾"湾阔而水深，方向位置举得其宜，外当黄海之门户，内通中原之奥区，固天然商业地也，且黄海舟楫之利，秦汉已然"。

　　最早规定黄海区域的记载，见于1931年由商务印书馆出版的《中国古今地名大辞典》："[黄海]在鸭绿江口以西。长江口以北。凡奉天、直隶、山东及江苏北部之海岸。皆其区域。本因受渤海之浊流。及辽沽诸水之泥沙。水色多黄。故名。"但是，这个条目对于黄海之所以黄，解释得不对。"渤海之浊流"岂能流到黄海？在位于渤海海峡的渤海与黄海分界线上，经常能看到东蓝西黄的景象，但渤海之水绝不可能将黄海染黄。"辽沽诸水"，指辽水、沽水（今海河），其泥沙也只能沉淀于渤海，影响不到黄海。名副其实的"黄色之海"，是长江口至连云港燕尾河口这一片海域。黄河虽已改道，不再从苏北入海，但还有众多河流把沿岸海域染黄。今天我们借助卫星地图，会看得清清楚楚。

　　黄海之黄，与长江也脱不开干系。这条大江的泥沙携带量虽然比不上黄海，却也十分惊人。在南通东部，海岸线一直向东推进。200年前，海门县城即是海边。自从长江口主流改为从崇明岛南面入海，海门以东迅速淤积成许多沙洲，继而连接成陆，1928年在此设启东县。清末状元、近代实业家、政治家、教育家张謇，20世纪初在启东沿海荒滩上创办了通海垦牧股份有限公司，1930年用钢筋水泥建起长达1585米的长堤，捍海斗潮，防塌兴垦，人称"张公水堰"。现在，这道水堰外面早已是大片陆地，建起了多家工厂。被称为"大江之尾海之端"的启东角，在长江与黄海交接处继续生长，似古人所说的神奇"息壤"。长江入海之后，染黄了长江口南北的大片海域，这在卫星地图上也能显示出来。

　　我觉得，"黄海"这个大名，让山东半岛、辽东半岛与朝鲜半岛之间的海域受了委屈，因为这里是人们曾经叫过的"青水洋""黑水洋"。在黄海西岸，从日照、青岛到威海、烟台，再到辽东大连，都是基岩海岸、砂砾质海岸，有好多漂亮的沙滩，让人赏心悦目。著名作家余华先生的家乡在浙江省海盐县，这里是钱塘江入海口，一片黄汤子。2019 年，导演贾樟柯要拍一部电影，让马烽、贾平凹、余华、梁鸿四位作家讲述 1949 年以来的中国往事。余华给贾樟柯讲，因为家乡的海是黄色的，小时候在海边走着走着，兴致上来，就会跳下海游泳，一直游，游到海水变蓝。导演被这个故事深深感染，就将片名定为《一直游到海水变蓝》。我佩服余华先生幼年的壮举，但是看看卫星地图，从海盐东去，一直到嵊泗群岛以东才有蓝色的海，直线距离有 100 多公里呢。也许当年钱塘江携带的泥沙不多，染黄的海域比今天的要小，但是再小也要游好远才能游到海水变蓝。我毫不怀疑余华先生的游泳技术和超强体力，只是想邀请他到山东沿海，体验一回走下沙滩便能畅游蓝海的美妙感觉。

黄海有多大？《辞海》上的"黄海"条目这样界定："北起鸭绿江口，南以长江口北岸至朝鲜济州岛一线同东海分界，西以渤海海峡与渤海相连，面积约 40 万平方公里。"（后来有资料显示，黄海面积为 38 万平方公里）。要知道，江苏省面积为 107200 平方公里，山东省面积为 157900 平方公里，辽宁省面积为 148600 平方公里，三省面积之和为 413700 平方公里。这就是说，黄海面积接近这三个省的面积。黄海海域南北长约 470 海里，东西宽约 360 海里。沿岸有大连湾、胶州湾、海州湾、朝鲜湾、江华湾等，岛屿有长山群岛、刘公岛、镆铘岛、灵山岛、东西连岛等。在一些地理教材中，黄海还被分为两大块，以胶东半岛成山角到朝鲜半岛西海岸的白翎岛之间的连线为界，以北称为北黄海，以南称为南黄海，分别呈椭圆形，南大北小。黄海西浅东深，平均深度为 44 米，最深处在济州岛北侧，为 144 米。

"海不择细流，故能成其大"，黄海就是如此。虽然黄河往黄海流了 700 多年后转而投奔渤海，但还有一些河流保持着固定流向，经千山，汇万水，最后扑进黄海的怀抱。流量较大的有淮河、鸭绿江、大同江、汉江（又名韩江）等，它们交汇在一起，并与渤海之水、东海之水以及太平洋之水融合，形成这片广阔而美丽的大海。

四　海中生物知多少

我前年从网上购得一本《海错图》，阅后大开眼界。清朝康熙年间，一位叫聂璜的画家到处游历，见识了种种沿海生物，想到自古以来没有海洋生物的相关图谱流传，决定画上一本。

聂璜总共绘制了 300 多种海洋生物，不仅画了很多动物，还画了一些不常见的海滨植物，并配上诗文。《海错图》在康熙三十七年（1698 年）完成，书中并没有表达奉献皇上之意，但不知因何缘分，28 年之后却让一个叫苏培盛的太监带到了宫中，乾隆、嘉庆、宣统等皇帝都很喜爱，多次让人从文渊阁取来观赏。因为清朝皇族是从长白山一带来的，他们熟悉山珍，不谙海错，借这画册增长了见识。《海错图》共四册，日本侵华时故宫文物南迁，几经辗转，前三册《海错图》留在北京故宫，第四册藏于台北故宫博物院。我买到的是故宫出版社出版的前三册，三册汇成一本书出版，装帧精美。我翻阅几遍，觉得画作细腻鲜艳、用笔生动，诗文也颇具匠心，"绘而名，名而赞，赞而考，考而辨"，很有观赏价值和认识价值。

虽然聂璜将那些海洋生物画得惟妙惟肖，但我看了还是有些不满足，因为聂璜出生于杭州，画的多是他在东南海滨见过的水族生物。我想，有没有介绍北方海错之书？

还真有。我为写作《黄海传》广泛搜求资料时，偶然得知清代著名学者郝懿行著有《记海错》一书，刚由中国海洋大学出版社出版，急忙到网上下单。收到后发现，此书只有文字没有图画，但读后获益匪浅。

郝懿行（1757—1825年），胶东栖霞人，清嘉庆年间进士，曾任户部主事，长于训诂及考据之学。他考察山东沿海，撰写了一卷《记海错》，其中涉及海洋鱼类27种，分别注明其体形特征，并考辨其异名别称。此书是古代山东唯一专门辨识海洋生物的专著，弥足珍贵。现代著名作家周作人读《记海错》一书，写了一篇书话，评价甚高。他这样称赞作者郝懿行："清代北方学者我于傅青主外最佩服郝君，他的学术思想仿佛与颜之推贾思勰有点近似，切实而宽博，这是我所喜欢的一个境界也。"

《海错图》与《记海错》，两书有一个共同特点：注重海错的食用价值。如《海错图》，配文中这样介绍河豚："不食河豚，不知鱼味，其味为鱼中绝品。"当然，作者也发出警示："然有大毒，能杀人。"画了马鲛之后他这样写："……稍加盐，而晒干以炙之，其味至佳。"《记海错》中，对海错的滋味有更多讲解。譬如这样记蛤："一名蛤蜊，肉甚清美，热酒冲啖，风味尤佳。"这样记冰鱼："泽洦冰坚，鱼肥而美，瀹汤下酒，风味清新。"

古人面对山毛海错，都要先搞清楚一件事：可不可吃。这成为一个习惯、一个传统。我手头有一本20世纪60年代出版、1977年修订的《四角号码新词典》，翻到带"鱼"字偏旁的字，释文中大多有"可食用""肉好吃""肉味鲜美"之类词语。旧版的《新华字典》，也有好多此类注解。1986年，我与家乡几位同事去青岛出差，顺便参观1932年建成的水族馆。看到里面陈列着那么多海鱼标本，一位老兄十分兴奋，指指点点："这个好吃！""这个好吃！""这个也好吃！"旁边的游客听了，捂嘴偷笑。

这也难怪，中国人几千年来一直为如何填饱肚子发愁，不得不以吃货的眼光打量各种动植物；再加上孟老夫子有言，"万物皆备于我"，让吃货的生物观有了伦理上的支撑，于是向海洋索取食物便成为天经地义之事了。

　　其实，海中生物并不是为人类而备，那是自然界的造化，是各类生灵物竞天择的结果。地史学与进化论揭示了海洋中的生命从无到有、从有到无、有无相生的壮观历史。

　　地球形成之后的 46 亿年，地史学家曾将其分为隐生宙和显生宙两大阶段。隐生宙长达 40 亿年，没有明显的生命活动，后来才有一些低等的菌藻类植物；显生宙的 6 亿年，地球上万物生长，生机盎然。

　　越来越多的证据表明，地球上的生命诞生于海洋。27 亿年前，蓝藻在海洋中大量存在，其光合作用制造的氧气促进了生命的进化，引起了地球的巨变。21 亿年前，单细胞真核生物诞生。又过了近 10 亿年，多细胞生物群体出现。有的科学家认为，8 亿年至 6 亿年前，地球上发生过两次大冰冻，连赤道地区也被冻住，地球成了"白色星球"，大部分生物灭绝。但是，众生冻不尽，暖风吹又生。约 6 亿年前，以海绵为代表的多细胞动物登场。距今 5.4 亿年时，"寒武纪生命大爆炸"发生，海洋中从此变得热热闹闹、熙熙攘攘。

　　此后，地球又经历了多次生物大灭绝，但每一次过后，依然有一些留下来继续繁衍，一些新的品种闪亮登场，让海洋生物更加兴盛。在 3.65 亿年前的泥盆纪，鱼类大量繁殖，被称为"鱼类时代"。一些生活在沼泽和湖泊的原始鱼类为觅食爬上陆地，鳃变肺，鳍变四肢，进化为陆生脊椎动物。从人类绘制的"进化树"上可以看到，陆生脊椎动物中的一支进化成古猿，成为人类的祖先。2022 年 6 月 24 日《齐鲁晚报》报道，中国、瑞典、英国三国科学家通过研究采集自浙江长兴、云南曲靖的古鱼化石，首次证实人类中耳是由鱼鳃进化而来。

　　但生命进化的康庄大道也有峰回路转的情况。大约 5000 万年前，有一些脊椎动物感觉陆地上不好生存，又回到海中，但仍然保留用肺呼吸、给幼崽喂奶等习惯，成为海洋哺乳动物，如鲸鱼、海豚、海豹、海狮之类。

1992年，我在日照第一海水养殖总场挂职半年，后来又采访过许多渔民，还曾随他们出海打鱼，听到好多关于海中生物的故事。有人讲，陆地上有什么，海里就有什么；陆地上的牛、猪、狗、蛇等，海里都有，连人类也有。从前海边有大户人家请戏班唱戏，戏台搭在海滩上，海人也混进人群看。它们看着看着，受到感动，流着眼泪咕咕直哭。大戏散场，人们回家，海人也潜入海中。

听到更多的，是关于海中"过大鱼"的故事。渔民们说，过去海里经常"过大鱼"，鱼的身体像小山，尾巴像大旗。胶东半岛的渔民称之为"过龙兵"。在海上遇到了，都要在船头烧纸磕头，向大鱼祷告，还要向海里倾倒大米、馒头，为"龙兵"添加粮草。传说阴历四月初八是"过大鱼"的日子，日照北部海边的渔民都不出海，纷纷到海边摆出供品，烧香磕头。有的鲸鱼搁浅死去，其骨骼被人收起当作宝物。青岛西海岸、日照市涛雒镇，过去都有鱼骨庙，用鲸鱼骨头做架构建起。在日照森林公园南门外，与海只有一路之隔的御海湾茶园，现在还竖立着一根高5.5米、重550斤的鲸鱼下颌骨，基座上刻有"海魂"二字。不只在日照，其他许多地方都有对"大鱼"（或称"老鱼""神鱼"）的崇拜行为，有好多与鲸鱼有关的建筑。明嘉靖《海门县志》载，在县城东北有鱼骨桥。"每闰岁东海出此鱼，乘潮而上，潮落则涸于沙……多人取其二腮骨作桥，长丈五尺余，经百年不朽。"在威海，1916年曾用巨大的鲸骨装饰坞口公园，并将此处更名为"鲸园"，引来众多看客。

我在养殖场挂职时，曾看到一些让我这个农家子弟难以理解的现象。有一次天文大潮袭来，拦海大坝有被冲垮的危险，全场干部职工连夜抢险，我也参与。当潮水退去，大伙坐在坝顶休息，准备迎接半夜将至的下一次大潮时，我看到了一个奇特的情景：大海一片漆黑，海面上却出现了青白色的"火苗"，一道一道向岸边靠近，到了岸边却随着浪头扑岸消失不见。我问场长陈维信"那是什么"，他说"是磷火"。亿万年来，海里不知有多少生物死去，它们身体中的磷散布在水里，有的浮在浪尖上，黑夜里能看得见。听了他的解释，我看着茫茫大海，心中生出难以形容的敬畏。

方生方死，方死方生，海洋亿万年来一直这样。它是生生不息的生命摇篮，是海洋生物的美丽家园。国家生态环境部发布的《2021 年中国海洋生态环境状况公报》称："据不完全统计，我国目前已记录海洋生物 28661 种。按照五界分类体系，含原核生物界 575 种、原生生物界 4894 种、真菌界 291 种、植物界 1496 种、动物界 21405 种。"海洋中的生物，可谓形形色色，五彩斑斓。尤其是海洋动物的多样性，更是远超陆地和淡水中的动物。

黄海作为中国海的重要区域，海洋生物十分丰富。当代考古学者从海边的多处文化遗址中发现了大量鱼鳞、鱼骨、贝壳之类，鉴别出多个生物品种。海洋科学研究专家一次次修订水族族谱，调查海洋生物资源。

《山东省志·水产志》记载："山东省近海鱼类约 200 余种，常见的有鲨（有扁头哈那鲨、白斑星鲨、双髻鲨等 12 种）、鳐（有中国团扇鳐、孔鳐等 9 种）、黑线银鲛、太平洋鲱、青鳞鱼、斑鰶、鳓、鳀、沙丁鱼、黄鲫、刀鲚、香鱼、银鱼（有大银鱼、长鳍银鱼、尖头银鱼 3 种）、蛇鲻、鳗鲡、颚针鱼、燕鳐、小鳞鱵、鳕、尖海龙、日本海马、鲻鱼、梭鱼、银汉鱼、四指马鲅、鲈、多鳞鳝、方头鱼、竹笙鱼、鲹（有蓝圆鲹、沟鲹）、黄条鰤、大黄鱼、小黄鱼、鮸鱼、白姑鱼、黄姑鱼、叫姑鱼、黑鲷、真鲷、花尾胡椒鲷、青鱄、金钱鱼、海鲫、鳚（有云鳚、绵鳚等 10 种）、玉筋鱼、带鱼、鲀、蓝点马鲛、银鲳、圆舵鲣、鰕虎鱼（有矛尾鰕虎鱼、裸项吻鰕虎鱼、蝌蚪鰕虎鱼、纹稿鰕虎鱼、狼鰕虎鱼等 20 种）、大弹涂鱼、黑裙、褐菖鲉、绿鳍鱼、短鳍红娘鱼、六线鱼、鲬、鲫鱼、杜父鱼、松江鲈、牙鲆、桂皮斑鲆、鲽（有高眼鲽、木叶鲽、黄盖鲽等 7 种）、条鳎、半滑舌鳎、宽体舌鳎、绿鳍马面鲀、河鲀（有虫纹东方鲀、条斑东方鲀、红鳍东方鲀等8种）、箱鲀、刺鲀、翻车鱼、鮟鱇等。"除了鱼类，还有虾蟹、贝类，以及海洋爬行动物、海洋哺乳动物、海洋棘皮动物、海洋鸟类、海洋植物等等，其数量之多，种类之盛，难以胜数。

我手头有《江苏海洋渔业史》和《大连市志·水产志》，其中记载的海洋生物与《山东省志·水产志》上的差不多。稍稍不同的是，《大连市志·水产志》记载了多种海洋哺乳动物，其中的斑海豹在南黄海沿岸见不到，因为它们习惯在水温较低的海域中生活。

黄海与渤海相通，生物大同小异。值得注意的是，许多鱼类都有洄游习惯，每年所经过的路线都包括这两个海域。最典型的是鲅鱼，学名蓝点马鲛。它们在东海越冬，每年春天等到海水温度上升，便成群结队向北而去，4月到达苏北鲁南沿海开始产卵，一边索饵一边继续前行。5月到达山东半岛东端，一路向北，去黄海北部；一路向西，进入渤海。莱州湾、渤海湾、辽东湾，到处都有。靠近营口的一个海湾因为鲅鱼特别多，被人叫作"鲅鱼圈"。2021年4月初，我到这里采访时听说，过去，当鲅鱼群追着鳀鱼群蹿到这里的海边时，扑扑棱棱、水花四溅，学校就放假，让学生拿着小网子去捉。等到秋风刮起，水温降低，鲅鱼们记起南方的温暖，便原路返回，再回东海。再如中国对虾，它们在南黄海的中央过冬，每年集体洄游至北黄海和渤海，海温下降时再回去。

那些没有洄游习惯的"土著"，没有所谓"经济价值"的生物，其实也各有习性、绚丽多彩，在海洋生物链中不可或缺。一些不起眼甚至肉眼看不见的生物，也是经历了沧桑之变、进化之妙，在地球上繁衍生息亿万年之久，比人类要古老得多。

2018年底，青岛西海岸新区建成了一座有孔虫雕塑园，引来许多人观赏。有孔虫已经在地球上存在5亿多年，比珊瑚出现的时间还早，而且繁衍至今，主要以硅藻为食。但大多数有孔虫的个头极其微小，长约 0.15 毫米，人类用肉眼难以看到，借助放大镜才能看清。中科院海洋所科学家郑守仪女士一直研究有孔虫，在国际上很有影响。她发现有孔虫的形体美不胜收，就放大制作成一个个模型。西海岸新区政府请工匠做成了 201 座花岗岩雕塑，将有孔虫这种海洋微生物放大数百倍到数十万倍不等，安放在草坪上，展示其各种形态。这个创意，体现了当代人类最新的审美眼光，让观者由衷赞叹。

　　各美其美，美美与共。无论是人类社会，还是陆地生物群体、海洋生物群体，都应如此。

第二章

蓝海帆影

一　仙山琼阁

好奇心与想象力是人类灵魂的一对翅膀,越是现实中难以到达的地方,它们越是频频光顾。

譬如天空与大海。人们常说"海阔天空",但是海里有啥,天上有啥,华夏民族的祖先们并不清楚,于是充分展开想象力,想象天上有玉皇大帝,有众多神仙,并且想讨好他们,祭祀他们,以获得保佑。然而登天无路,祭祀只好在地面上进行。地面上的高山是近天之处,帝王们就选泰山、华山、衡山、恒山、嵩山为代表,封为"五岳",常去封禅。昆仑山远不能及,高不可攀,人们就想象那里有西王母,有她领导的神仙群体。想象她们在瑶池边享用蟠桃仙果,能与天神交通,用不着世人叨扰。

然而,大海茫茫,漫无边际,那里有什么呀?人们想象,除了水族,那里也有神仙,他们居住于海中的仙山琼阁。古人一直这样想象,越想象越向往。相传《列子》一书是战国时列御寇所著,在《汤问》篇中这样讲:"渤海之东不知几亿万里,有大壑焉,实惟无底之谷,其下无底,名曰归墟。八纮九野之水,天汉之流,莫不注之,而无增无减焉。其中有五山焉:一曰岱舆,二曰员峤,三曰方壶,四曰瀛洲,五曰蓬莱。其山高下周旋三万里,其顶平处九千里。山之中间相去七万里,以为邻居焉。其上台观皆金玉,其上禽兽皆纯缟。珠玕之树皆丛生,华实皆有滋味;食之皆不老不死。所居之人皆仙圣之种;

一日一夕飞相往来者，不可数焉。"这些仙山上，楼台都是金玉建成，禽兽都是纯白色，珠玉宝石之树茂密生长，花朵与果实的味道都很鲜美，吃了可以不老不死。这样的描述，实在令人生羡，勾人魂魄。然而书中又讲，这五座山都没有根基，并列漂浮在海面上。为了不让它们漂走，北海海神禺强找来 15 只大神龟，3 只为一组，每一组背负一座。后来龙伯王国的几个巨人将岱舆和员峤之下的 6 只神龟捕杀，这两座山就漂到了北极，沉没于海中。从此以后，五座仙山就只剩下三座，分别叫作方壶、瀛洲、蓬莱。

三座仙山是古人想象出来的，却有客观依据。那就是海面上偶尔出现的海市蜃楼与海滋现象，以及出海者看到的影影绰绰的海岛。据此，有人便认定海上有仙山，山上有仙人，仙人有长生不老之药，想去寻找，让自己摆脱生年不满百之大限。春秋时期，信仰神仙、修习长生之道的方士有很多，形成了很有影响的方仙道，在燕、齐二国的上层社会中十分流行。尤其是山东半岛，此风更盛。因这里三面环海，烟波浩渺，海岛隐约，让人遐想无限，一直有着浓厚的神话氛围。那些方士，奔走于海岱之间，鼓舌于庙堂之上，让无数人为之心动。

《汉书》中有这样的记载："自威、宣、燕昭使人入海求蓬莱、方丈、瀛洲。"威、宣是齐威王、齐宣王，燕昭是燕昭王，皆为战国时著名国君，文韬武略，各有建树，留下一大堆可歌可泣的故事。他们居九五之尊，握至高权柄，尽享人间美味、女色，做梦也想万寿无疆。因此，听信方士之言，派人入海求仙，便是一件万分重要的事情了。方士们大多精通航海知识，具有丰富的出海经验，像燕国的宋毋忌、羡门子高等等，都能亲自驾船远航。但他们为君王求没求到仙药？肯定没有，看看这几位君王去世的岁数就知道了：齐威王，59 岁；齐宣王，49 岁；燕昭王，56 岁。

海中仙山的传说继续流布，方士们依旧言之凿凿，让无数人眺望大海时心潮澎湃。就在齐国、燕国等战国诸雄被秦国灭掉时，一位在中国历史上少有的大人物来到东方的海陬，被巧舌如簧的方士们盯上。

他是秦王嬴政。嬴政13岁继承王位，39岁统一中国，自封"始皇帝"，随即巡游天下，视察帝国的广阔疆域。41岁这年，即公元前219年，他率大队人马一路东行，直至孔孟之乡，与鲁地儒生商量封禅诸事，而后登峄山，让大臣撰文刻石，歌颂自己的丰功伟绩。接着登泰山祭天，也让丞相李斯写了颂词刻在石头上。君臣一行从泰山下来，奔向东北方向的海边，"过黄（黄县）、腄（福山），穷成山，登之罘"，旋即南下，去了琅琊。从《史记》记载看来，秦始皇是绕着山东半岛转了一圈。这是他平生第一回亲近大海。

到了琅琊，秦始皇"大乐之，留三月"。试想，天下刚刚平定，百废待兴，万里边疆，八方云动，他为什么到了这里异常快乐，竟然逗留3个月之久？

因为这地方大而美。这里说的琅琊，不是现今的琅琊台，而是琅琊郡。春秋时这里曾经属于莒国，后来成为齐国大邑，拥有规模很大的海港，是一座军事重镇。齐桓公、齐景公曾巡游琅琊，数月不归。秦始皇统一六国后，分天下为36郡，琅琊为其中的一个，郡治在现黄岛区琅琊镇驻地夏河城。这里是个城市，坐落在小平原上，东去不远有山有海。秦始皇游山玩水，乐而忘返，还下令在海边一座山上筑起琅琊台，台高三层，每层高三丈。他下令迁移3万户百姓到台下居住，免其租税12年。那时候地广人稀，有人被封为"万户侯"就很显赫了，这里竟然一下子多了3万户，3万户大约有15万人，让这里热闹非凡。民间传说，为修这个高台，10万民夫夜以继日地干了365天，完工那天一数，侥幸活下来的还有9999人，外加半个人——那人少了一条腿、一只胳膊、一只眼和一块头皮。

圣驾在此久驻，晋见者众，上书者也多。其中有一些齐国的方士，以徐福为首，上书向始皇帝讲，海中有三神山，名曰蓬莱、方丈、瀛洲，仙人居之。始皇帝得知此事龙心大悦，他遥望西方，似乎看见了骊山下几十万人正为他修建陵墓的场景。他 13 岁称王时就下令修陵，早已明白人皆有一死，在琅琊却听说海上有仙山，便立即召见徐福，详细问询一番，让徐福赶快带人下海，找长生不老之药给他。徐福拍着胸脯保证，此事一定能成，但要斋戒，和童男童女一起去求。秦始皇表态：朕准你，速办！徐福领了圣旨，大概也领到了经费，便立即行动。他选了几千名童男童女，率领一支庞大船队，从琅琊港出发，浩浩荡荡开启了寻仙之旅。琅琊台附近有两个海岛，一个是斋堂岛，相传秦始皇的侍从曾斋戒于此；另一个是沐官岛，相传为秦始皇从官沐浴之所。

在此住了 3 个月，秦始皇移驾南下，过徐州，渡淮河，去衡山，经河南回咸阳。但他老是惦记海上仙山，第二年再次东游。这一次去了芝罘，即今烟台市芝罘区芝罘岛，又是刻石颂德，耀武扬威。颂词开头这样写："维二十九年，时在中春，阳和方起。皇帝东游，巡登之罘，临照于海……"他投向大海深处的目光里，应该是饱含了对仙山琼阁的憧憬、对长生之药的希冀。据《汉书》记载，秦始皇这一年"复游海上，至琅邪，过恒山，从上党归"。此次大概没有见到徐福，如果见到，史书应有记载。可能是徐福的船队尚未返回，杳无消息。

公元前 210 年，秦始皇 50 岁时又一次巡游天下。他渡过长江，在会稽山"望于南海"（现在的东海），而后乘船北上，到了琅琊。民间传说，他在现在的江苏省赣榆县停留过，还到过离海岸 10 公里的秦山岛。北去至琅琊，他见到了徐福，但这位大忽悠没献上仙药。九年过去，耗费颇多，结果一无所获，秦始皇肯定要谴责他。徐福却早已打好腹稿，到皇帝面前诈曰："蓬莱药可得，然常为大鲛鱼所苦，故不得至，愿请善射与俱，见则以连弩射之。"他把失败的原因归结于鲸鱼挡道了。恰巧秦始皇刚做过一个梦，梦到与海神交战，占梦博士也建议除掉化作大鱼的恶神。秦始皇求药心切，亲自上阵。他率领一群弓弩手，命人携带捕捉大鱼的器具，上船射杀大鱼。在琅琊海边没有发现，便从这里出发，且寻且走，"自琅琊北至荣成山。弗见"，一直走到半岛东端的荣成山，也没有见到大鲛鱼。

近代学者顾炎武考证说，《史记》此处有笔误，那个"荣"字应是"劳"，劳山的劳（后人写成崂山）。秦始皇往北到了劳山、成山，因为《史记》中将"劳"错写成"荣"，"荣""成"二字连在一起，人们就将其理解成一座山。从秦始皇北上的路线推测，他极有可能到过崂山。

秦始皇带领大队人马，沿着海边的崎岖山路前行，一直走到半岛最东端的"天尽头"。走了这么远，海风猎猎，惊涛翻卷，浪花溅了不止一身，却没见到大鱼，会是何等心情？按照他一气灭掉六国，让许多战场血流漂杵的暴烈性格，他会挥剑削掉徐大忽悠的脑袋。但他没有，已经年届半百的他，为寻找仙药表现出超常的耐心，又从成山头往西走，不找到大鱼决不罢休。走到芝罘，还真的遇到"巨鱼"，立即挽弓搭箭射死一条。他亲手为徐福除去了求仙药的障碍，长舒一口气，命令他再次下海。

徐福第二次出海之经过，《史记·淮南衡山列传》另有记载："又使徐福入海求神异物，还为伪辞曰：'臣见海中大神，言曰："汝西皇之使邪？"臣答曰："然。""汝何求？"曰："愿请延年益寿药。"神曰："汝秦王之礼薄，得观而不得取。"即从臣东南至蓬莱山，见芝成宫阙，有使者铜色而龙形，光上照天。于是臣再拜问曰："宜何资以献？"海神曰："以令名男子若振女（振女：童女）与百工之事，即得之矣。"'秦皇帝大说（悦），遣振男女三千人，资之五谷种种百工而行。"看来，徐福编造出海中大神，又将秦始皇忽悠了一把，但是秦始皇深信不疑，让他带了三千童男女和各类工匠，还有五谷杂粮，于公元前 210 年 8 月乘船入海。

徐福率领这么一个庞大船队在海上行进时，无论如何也想不到，始皇帝与他一别即成永诀——始皇帝回程中在平原津（今山东省平原县南）得了重病，死于沙丘（今河北省邢台市广宗县大平台乡大平台村南）。大臣秘不外宣，用一车鲍鱼的味道掩盖尸臭，将他拉回咸阳，葬在骊山北麓已经修好的特大陵墓里。徐福不知道皇帝驾崩，只知道必须向茫茫深海行进。唐代大诗人白居易写的《海漫漫》一诗，对徐福东渡的情景这样臆想："海漫漫，风浩浩，眼穿不见蓬莱岛。不见蓬莱不敢归，童男丱女舟中老。"

不知徐福航行了多长时间，最后的结果是"得平原广泽，止王不来"——他发现了一个好地方，有大面积的平原和水域，在那里做了国王，再也不回来。日本江户时代的著名汉学家岩垣松苗在《日本国史略》中记载："孝灵天皇七十二年，秦人徐福来。"五代时期僧人义楚听了日本和尚宽辅讲述的徐福传说，在《义楚六帖·城廓·日本》中记述："日本国亦名倭国，东海中。秦时，徐福将五百童男、五百童女，止此国也。……徐福止此，谓蓬莱，至今子孙皆曰秦氏。"请注意后面这则史料，说徐福到达日本时带了五百童男、五百童女，而中国多部正史记载，他出发时带了三千童男女，可见在航程中损失巨大。为寻仙药，让这些天真烂漫的小孩子早早殒命，这就是2000多年前发生在海上的惨剧！

尽管途中损失了大量人员，徐福东渡的结局还算圆满。他把中国的优良种子、先进的耕种方式以及百工技术与文化等带去，大大促进了日本经济、文化的发展。在日本民间，徐福被尊称为农神、蚕桑神、医药神。日本至今还保存着不少徐福活动的遗迹，如新宫市有徐福墓，九州岛佐贺县有"徐福上陆地"纪念碑、徐福的石塚、徐福祠，另外还有奉祀徐福的金立神社等。在韩国济州岛，也有许多徐福活动的遗迹和遗存。此岛南海岸西归浦市的正房瀑布的峭壁上，曾刻有"徐福过之"四个大字，意思是徐福当年从这里经过。西归浦市还建有徐福公园和徐福展示馆，展示馆前面竖立着山东省人民政府2005年赠送济州道的徐福雕像。

徐福第二次入海的出发地，因为史书没有记载，后人便有了许多说法，研究的重点集中在山东琅琊、龙口和江苏赣榆三处。有专家认为，徐福为筹备这次大规模的出海行动，在多个地方做过尝试，失败后便另寻他处，所以在许多地方都留下了传说与相关的地名。中国作家协会副主席、中国国际徐福文化交流协会会长、著名作家张炜先生多年来致力于徐福研究，先后主持编纂出版了五卷本《徐福文化集成》（山东友谊出版社，1996年）、徐福研究工具书《徐福辞典》（中华书局，2015年），可供参考、研究。

秦灭汉兴，胶东半岛依然仙氛浓重。公元前141年，中国历史上又一位大人物刘彻登上皇位，即汉武帝，司马迁评价他"汉兴五世，隆在建元，外攘夷狄，内修法度"。汉武帝罢黜百家，独尊儒术，但还是相信方士道、黄老道。有一位来自齐地的方士公孙卿特别能忽悠，讲了黄帝如何升天成仙，汉武帝兴奋地说："嗟乎！吾诚得如黄帝，吾视去妻子如脱躧耳。"意思是如果能像黄帝那样，我连妻子儿女也不要了，就像脱鞋一样。汉武帝听公孙卿说海上有仙山，就去东巡海上。一到那里，竟然有上万人对他讲神奇之事，他就派了许多船，让几千个说海上有神山的人出海去求蓬莱神人，结果一无所获。汉武帝一生七次到过山东沿海，其中有两次到过琅琊。其中一次是公元前106年年末南巡，次年初由长江口浮海北至琅琊，直到三月才离开。这时候，造船技术有了很大进步，有的楼船"高十余丈，旗帜加其上，甚壮"（语出《史记·平准书》），估计汉武帝也坐了这样的大船，威风凛凛。他在琅琊的这段时间里，为求仙药曾要求亲自出海，却被群臣劝止。他眺望海上时，一定是望眼欲穿，热切期望神人出现，献上仙药。

不过，汉武帝不像秦始皇那样到死执迷，而是在晚年想明白了："向时愚惑，为方士所欺。天下岂有仙人？尽妖妄耳！节食服药，差可少病而已。"此后他停止求仙活动，罢黜全部方士，于公元前 87 年驾崩，享年 70 岁。

汉武帝的醒悟并没有禁绝山东半岛的神仙信仰，海上仙山的传说还在这里酝酿、发酵，一个个神奇故事在民间流传。最著名的故事当数"八仙过海"。其中一个版本讲，八仙某一天聚首饮酒，铁拐李提议，去蓬莱、方丈、瀛洲三神山游玩，众仙激情四溢，齐声附和。吕洞宾说："咱们渡海不得乘船，只凭各人道法。"于是，他们到了海上各显神通，弄出滔天巨浪，震动了东海龙王的宫殿。东海龙王急派虾兵蟹将查巡，知是八仙所为，引起一场争斗。八仙的传说诞生在山东，流传至全国，几千年来成为中国传统文化的一个符号。

汉朝末年，神仙信仰孕育了中国本土宗教——道教；宋元时期，海上仙山的传说则催生了道教的嬗变。一位名叫王重阳的咸阳儒生悟道出家，在一个墓穴中住了两年多，身边没有一个信徒。后来爬出墓穴，拂掉身上的尘土，向东海的方向踽踽而行。到了山东半岛，他的理论被许多人接受，先后收了"全真七子"等徒弟，"全真道"在此光鲜诞生。半岛的南北两面，从此活跃着许多全真道徒。全真七子之一的丘处机，在师父羽化仙逝后到陕西、甘肃等地艰苦修行 13 年，得道后重返山东，声名大振。他 74 岁高龄时应成吉思汗的邀请，率 18 位弟子跋山涉水，历尽艰辛，用两年时间到达大雪山（今阿富汗兴都库什山），见到正在这里征战的元帝国开创者。成吉思汗称他"丘神仙"，急切地向他求长生之方，丘处机却劝他"敬天爱民""清心寡欲"，立下了"一言止杀"的不朽功勋。丘处机回来后，成吉思汗命他掌管天下道教。他开创的全真道龙门派，广泛传播，影响巨大。

丘处机一生中曾三次游历崂山。1205 年来此，作诗二十首，其中一首这样写道："牢（劳）山本即是鳌山，大海中心不可攀。上帝欲令修道果，故移仙迹近人间。"他认为，这座崂山是上帝从大海中心移过来的。1209 年，丘处机第三次游崂山，又写诗二十首，最后一首是这么四句："道力神功不可言，生成万化独超然。大山海岳知轻重，没底空浮万万年。"这一首的诗意，与三神山漂浮海中的传说正好契合。

2009 年春天，我为了创作反映当代道教文化的长篇小说《乾道坤道》，在省内外参访了多座道观，向多位道士请教。4 月 30 日，我在青岛两位文友的陪同下去了崂山太清宫，高明见道长带我们在道观里游览，介绍有关情况，并送给我们他编著的《东海崂山》一书。傍晚，青岛文友回城，我到山门外一家旅店住下，次日清晨再次进入太清宫，参观道众上殿仪式。五点来钟，我走到位于半山腰的混元殿前，见几位道长因上殿时间未到，站在殿前凭栏观海。大海就在庙门前，一直延展到天际。他们穿的道袍，与海天同色。

我走近一位道长，低声道："请问道长，你们在看什么呀？"

他笑一笑，眺望着远方说："看海，看神仙。"

二　东渡移民

2200 多年前，徐福以入海寻仙为目的，率领一支特大船队去了日本。但后人猜测，他带船队出走，真实的目的是逃离，一是逃离自己给自己制造的绝境——他对秦始皇讲海上有仙山，但是苦寻无着，若不跑路，难逃一死；二是逃离暴政，由于秦始皇统一中国后兵役、劳役繁重，百姓动不动就受刑、被杀，徐福想寻找一块可以安身立命的太平之地。

其实在他之前，从新石器时期开始，就有很多山东半岛乃至中原一带的人或者为了逃离险境，或者为了寻求更好的生存之处，从山东沿海出发，去了朝鲜和日本。《周易·系辞》中讲："刳木为舟，剡木为楫。"刳，指剖开后再挖空。这就是说，我们的祖先在史前时代就会做独木舟，在江河或沿海航行了。1982 年，在荣成湾松郭家村西南毛子沟发掘出一艘独木舟，舟长 390 厘米，最宽处 74 厘米，舱深 15 厘米，有两道隔梁。经测定，距今有六七千年的历史。在辽宁沿海，也发现过这个时期的独木舟。20 世纪 60 年代，有渔民在庙岛群岛的砣矶岛附近海域中，打捞出完整的岳石文化时期的陶罐，陶器表面布满了沉积的细小海生生物遗骸。由于器物完整，可推测当时是随沉船落入海底。

这些发现，揭示了先民们的一条航海路线"循海岸水行"。古时的水上交通工具简陋，先是独木舟、木筏和竹筏，后来才有了真正意义上的船只。因为直接去往朝鲜、日本的海上距离遥远，风险太大，人们就沿着海岸前进。海岛、海岸是他们能够看见或很快到达的维生之地，一有狂风巨浪，就到那里躲避；一旦粮尽水缺，就到那里补充；每当日落天黑，就到那里停泊过夜。从山东去朝鲜半岛和日本列岛，一般是沿庙岛群岛北上，这里岛屿成链，可以大大增加安全系数。到了辽东半岛，沿海岸往东北去，过鸭绿江口就到了朝鲜半岛。如果去日本，就沿着半岛西岸南行，到南端再过海。唐朝末年以前，从现今江苏沿海和长江口一带去朝鲜和日本，也是先沿黄海岸边北上，绕行一圈。这是一条可规划、可利用的航线，也不排除有人出海后遇到风险，随波逐流到了朝鲜或日本。

史书上最早记录的东渡移民，是箕子率领几千名商朝遗民去朝鲜。

箕子，子姓，名胥余，是商纣王的叔父，曾官居太师。他的封地为箕，所以被称为箕子。《史记·宋微子世家》记载："纣始为象箸，箕子叹曰：'彼为象箸，必为玉杯；为玉杯，则必思远方珍怪之物而御之矣。舆马宫室之渐，自此始不可振也。'"看到纣使用象牙筷子，箕子叹道：既然用了象牙的筷子，必然想要玉杯。等玉杯有了，又必定想要搜罗远方奇珍。这样一来，就不可收拾了。箕子多次劝谏，帝纣不听，他万般无奈，只得披头散发、假装疯癫，并隐居弹琴以抒发心中的悲伤。纣王这个昏君不能领悟箕子的苦口良言，反而将他逮捕入狱。公元前1122年，周武王攻占商都朝歌，才将箕子释放。

《尚书大传》据说是西汉伏生撰写的，有这样的记载："武王胜殷，继公子禄父，释箕子囚。箕子不忍周之释，走之朝鲜。"就是说，获释后的箕子没有臣服于新建的周王朝，而是去了朝鲜。

商朝灭亡前，关于箕子的封地在哪里，后人有多种说法，有的专家认为是在山东东北部。但他从山东半岛出发去朝鲜，专家对此没有争议。有人甚至认为，箕子的出发地是胶州湾，因为此处港浦有大量船只和熟悉航海的人。箕子率领弟子与一批商朝遗民入海后，出胶州湾北上，"循海岸水行"。不知经历了多少磨难，终于在陆地上找到一个山清水秀、风景明丽的地方。箕子把这地方叫作朝鲜，在此安居，建立了箕氏侯国。据说，这个地方就是平壤一带。商代中国人的衣服多是白色，可能是因为当时缺少染料。几千名白衣人从海上过去，肯定让当地土著吃惊不小。

《史记·宋微子世家》也讲："武王乃封箕子于朝鲜而不臣也。"意思是，周武王把箕子封在朝鲜这个地方而不用朝拜周天子。但周武王敬重箕子，邀请他回来做客。箕子52岁那年回来朝见周天子姬发，经过故国商殷废墟，看到原本华丽的宫室倒塌毁坏，竟然长出了禾黍。他内心悲愤，想哭泣一场又觉得不妥，遂含泪吟唱一首流传久远的《麦秀歌》："麦秀渐渐兮，禾黍油油。彼狡童兮，不与我好兮！"意思是说麦子秀穗，叶子绿油油的；那个不懂事的孩子啊，他不亲近我，不听我劝啊！当地殷民听见，皆动容流涕。

箕子到朝鲜以后，主要的政绩有三条：一是教民以耕作。他将商代中国实行的井田制移植过去，建立"箕田"，让农人在土地上集体耕作，并运用商代中原地区的先进生产技术开荒种植，对朝鲜半岛早期的经济发展起了开拓性作用。二是教人民以礼仪。他将商代书籍、文字、礼乐制度、阴阳五行、风俗习惯等也带到了朝鲜。有些风俗至今未变，如朝鲜人穿衣喜白色，每逢节日更是如此，就是从箕子时代传下来的。三是教民崇尚法治。箕子立国之后，"设禁八条"，即制定八条应遵守之法律。加之礼仪教化，古朝鲜国成为当时文化程度较高、讲礼仪重法制的文明国家。

在箕子的治理下，古朝鲜国日益强大，春秋时期势力已达到半岛南部，存在了约1000年之久。西汉初年，燕王卢绾反叛汉朝，属下卫满纠集1000多名亲信投奔朝鲜。当时的国君箕准给了卫满一块封地，想不到，卫满羽毛丰满之后却将箕子政权推翻，取而代之。箕子的一些后代辗转移民，去了日本，至今日本仍有箕川、箕田、箕原、箕浦、箕岛、箕尾等姓氏。

箕子东渡，堪称早期中外交往史上划时代的重大事件。朝鲜的一些史书，都对他在朝鲜的活动有所记载。《三国史记》一书，明确把箕子看作古朝鲜建立后的第一个国王。平壤别号"箕城"，就是因为箕子得名。在平壤牡丹峰，高丽人曾修建了一座"箕子陵"以纪念他。

箕子之后，华夏人去日本、朝鲜的事情屡屡发生。《三国志》记载："陈胜等起，天下叛秦，燕、齐、赵民避地朝鲜数万口。"秦朝末年天下大乱，燕、齐、赵等国有几万人去了朝鲜，这是东渡的又一次高潮。

《后汉书·东夷传》讲："韩有三种，一曰马韩，二曰辰韩，三曰弁韩……辰韩，耆老自言秦之亡人，避苦役，适韩国……"所以，史称辰韩又为秦韩。这些人当中，竟然有秦始皇的后代。日本《新撰姓氏录·左京诸藩上》中记载："太秦公宿弥，出自秦始皇三世孙孝武王也。男功满王足仲彦天皇八年来朝，男融通王（一云弓月王）誉田天皇十四年来率二十七县百姓归化。"日本史书的这一段记载，说秦末战乱之际，秦始皇三世孙孝武王从内地逃亡到了朝鲜定居。过了几百年，其后人弓月君去了日本。

　　弓月君自称是秦始皇的第十三世孙。《日本书纪》应神天皇卷中这样记载，应神天皇十四年，弓月君自百济归化日本，并奏天皇说：臣领己国之人，夫百二十县而归化，然因新罗人拒而滞之，皆留加罗国。应神天皇便派遣大将葛城袭津彦赴新罗交涉，却没有结果。应神天皇十六年，应神天皇又派遣平群木菟宿祢等"进精兵莅于新罗之境"，强迫新罗让弓月君为首的百二十县人通过，东渡日本。日本历史上称这批归化人为秦人，因为他们的祖先是秦朝人。

　　从这些史料看出两点：第一，从朝鲜迁徙到日本的这一批秦人后代，数量很大；第二，迁徙过程一波三折，甚至成为两国间的外交事件。在古代统治者眼中，财富主要有两种，一是土地，二是人口。有人口就有生产力，有了生产力就会获得更多财富，所以日本天皇为了让弓月君这些秦人过去，还用了军事恐吓的手段。

　　弓月君带过去的秦人有多少？当时没有具体数字。到5世纪中叶，雄略天皇诏令弓月君的孙子秦酒公为秦民首领，秦酒公这时做了一次人口普查，查清他部下秦民是18672人。70年过去，钦明天皇元年（540年）时，政府大藏长官秦大津文又一次调查秦民户籍，此时秦民户口已增至7053户。如果每户以5人计算，大约是3.5万人。在当时，这是一个相当惊人的数目。

　　然而到了1554年，秦人首领秦幸清战败自杀，秦姓被禁用，多数人改成了日语发音相同的汉字"羽田"为姓，也有姓"波多"的，现代还有人用了复姓"秦氏"。位于京都市右京区太秦蜂冈町的广隆寺，又称太秦寺、秦寺、秦公寺，过去是秦氏宗寺。里面有一个秦氏祠堂，是弓月君一族的祠堂，供奉的是大秦明神。

　　1994年，日本首相羽田孜上任之前，公开宣称自己的祖上是秦人，是徐福到日本寻仙药时的下属。虽然执政时间只有短短64天，但他的中国情结一直非常浓重，到中国访问过很多次，其中2002年6月曾到江苏省赣榆县拜谒徐福祠，2007年10月再去赣榆县参加徐福节系列活动。

西汉时，有一位叫王仲的人从胶州湾畔出发，浮海去了朝鲜。王仲是不其县（治所在今青岛市城阳区城阳街道城阳、城子、寺西三村交汇处）人，"好道术，明天文"，足智多谋。公元前180年，齐哀王刘襄起兵讨伐作乱的诸吕，曾多次向他请教。吕后家族势力被铲除后，刘邦第四子刘恒为帝。刘恒的侄子刘兴居被封梁王，心中不服，伺机起兵造反，也去找王仲讨教。王仲明白，如果帮了梁王，那是谋反的大罪；如果不帮，也会招致灭门之祸。思来想去，他决定逃走，就带全家从胶州湾畔的不其海口登船，颠沛流离，去了朝鲜乐浪郡。他们在此安家，若干年后发展成为颇有影响的"乐浪王氏"大家族，出了一些名人。公元284年，百济国王派学者阿直岐去日本进贡，应神天皇问他："百济国有没有比你更有学问的？"阿直岐说："有，王仁就是。"天皇就派两个使节，到百济去请王仁。第二年，王仁来了，献上《论语》和《千字文》，教太子读经典，并且定居日本，成了"书首"一族的始祖。有人认为，王仁来自乐浪王氏家族，儒教和汉字就是由他传至日本的。

弓月君率领秦人到日本的时间是公元282年。七年之后，一大批汉人也到了日本。《日本书纪》中记载："九月（公元289年），倭汉直祖阿知使主，其子都加使主并率己之党类十七县而来归焉。"这是中日交往史上的又一件大事。

这些汉人的首领是刘阿知，汉献帝的玄孙。公元220年，曹丕逼迫汉献帝刘协把帝位让给他，封刘协为山阳公。刘协灰溜溜离开许昌，去云台山之阳住着，倒也相安无事。他死后，后代继承封位。266年，司马氏仿效曹氏，打着禅让的旗号代魏建晋，此后天下又乱成一锅粥，群雄割据，民不聊生。刘协的一个玄孙刘阿知忧心似焚，恐有覆灭之祸。他听说倭国日本安定，便与族人商议，决定渡海过去。289年夏天，他率领族人共2040人，离开他们居住的山阳邑（今河南省焦作市山阳区）一路东去，横穿山东半岛，在登州入海。相传，刘公岛是他们的中转站。

这是发生在山东半岛的又一次大规模东渡。2000多人，长途跋涉，到海边筹措船只、物资，在今天都是一件大难事。然而，刘氏家族还是漂洋过海，于日本应神天皇二十九年九月五日到达日本。他被倭奴国国王赐号东汉使主，奉命定居于大和国高市郡桧前村。据《日本书纪》记载，雄略天皇想找人做漂亮服装，曾派刘阿知于306年去吴地招募缝衣工女。阿知先是过海到了高丽国，但到了这里不知路怎么走，请求高丽王为他派向导。高丽王就派了两个人带他到吴地，吴王选了四位最优秀的织妇，让她们跟着刘阿知去了日本。这里说的吴地，可能是现今江苏一带。现在我们无法想象那四位来自桑蚕之乡的巧妇是怎样随船过海，又是怎样进入日本皇宫的，但我们能想象到她们飞针走线，做出一件件华丽服装，让日本皇族啧啧赞叹的场面。

刘阿知还办过一件大事：履中天皇即位前，住吉仲皇子企图谋杀他取而代之，阿知探听到这个消息，通知了履中，使其幸免于难。后来履中即位，提拔阿知为藏官，赐予大片食邑。食邑，是包括劳动者在内的地盘。刘氏家族枝繁叶茂，人口散布日本多地，后又被天皇赐姓"汉直"，又称"东汉氏"，在日本的势力很大。在现今日本奈良县桧前村和冈山县仓敷市妙见山顶，都有"阿知宫"，是刘氏后人祭祀"阿知王"的场所。

弓月君自称是秦始皇的后裔，日本史上称之为"秦部"；阿知使主自称是汉灵帝的后裔，日本史上称之为"汉部"。两支移民平分秋色，繁衍至今。

秦始皇、汉武帝，雄踞神州，威仪万千，都不止一次以龙虎之姿立于东海之滨，眼望东方做长生之梦。没承想，他们在黄土加身之后，竟有后人狼狈逃命，去现实中的东瀛列岛栖身，成他国之民。造化弄人，此言不虚。

弓月君、刘阿知之后，朝鲜与日本依然作为移民目的地，吸引一些中国人渡海前往。唐朝末年，又有一批高官去了朝鲜。

那时黄巢起义，声势浩大，攻破无数城池之后直逼长安。听说黄巢扬言，要杀尽唐朝的皇室和大臣，满城惶恐，大家各自想办法逃命。上护军、翰林学士卢惠也带着 9 个儿子和 7 位好友向着东海的方向逃走。卢惠出身名门望族，祖上出过 8 位唐朝宰相，东汉末年文武双全的名士卢植是其祖先。在山东入海之后，卢惠与 7 位至交在惊涛骇浪中结为金兰之好，誓称不求同姓但求同名，各自在名讳上加一"禾"字偏旁，卢惠改为卢穗。8 个人还每人赋诗一句，合成为《东渡诗》流传至今。诗曰："大邦乔木萍浮海上，叔兮伯兮基康未遑。万里东渡八人同艎，嗟我尚书越我平章。既同基宪愿同其安，其姓有定同名何难。如物移种务从禾始，槐穴何邈桃园在迩。"

他们登陆朝鲜半岛时，正值新罗孝恭王即位，因从大唐而来，受到国宾礼遇。卢穗的 9 个儿子，后来为新罗的政治、经济、文化和社会稳定作出了很多贡献。卢氏是中国的名门望族，新罗王室对他们各有封赏。千载悠悠，瓜瓞绵绵，卢氏至今已在朝鲜半岛繁衍至 30 余万人。韩国卢氏，将相辈出，当代还出了两位总统，一位是第 6 任总统卢泰愚，另一位是第 9 任总统卢武铉。

卢泰愚从小就知道卢氏祖先来自中国，对中国有深厚感情。1987 年当选总统之后，第 5 天就在青瓦台总统府召见他的私人医生韩晟昊（韩国著名华侨，祖籍山东省莒县），让他去山东一趟，希望从山东打开两国建交的突破口。第二年春天，韩晟昊来到山东，见到了山东省的领导，洽谈促进文化交流和经贸合作事宜，并约定互派考察团。之后，卢泰愚顶着各种压力，一直推动中韩建交，两国终于在 1992 年 8 月 24 日正式建立大使级外交关系，结束了两国长期互不承认和相互隔绝的历史。因为此事秘密进行，消息发布后震惊全球。建交仅一个月后，卢泰愚便率团访华。由于访问日程十分紧张，这次没能到山东寻根问祖。

1992年8月，时任山东省副省长的李春亭对韩国进行访问，卢泰愚在会见时说自己是山东人，并恳切期望李副省长能帮他寻根问祖。卢泰愚之所以说自己是姜子牙的后代，是因为姜子牙的第十一代孙高傒帮助齐桓公登基有功，被封在卢邑，高傒的后人从此以卢为氏。秦汉以后姓氏合一，卢姓就此起源，韩国卢氏都把太公姜子牙作为先祖。李春亭回来之后，让有关部门考察研究，确认济南市长清区的卢故城就是卢氏宗族的发祥地。

卢泰愚1993年2月卸任总统，2000年6月再次访华。他在访问北京、重庆、桂林、西安之后，偕夫人、女儿来到山东省长清县卢庄村这个卢氏先祖最初落户的地方。他在卢庄村祭扫了卢王墓（卢国国君墓），亲手植下一棵纪念树，还给每一户都赠送了一个三星牌电饭煲。赴青岛途中，卢泰愚又经停淄博，参拜了姜太公庙及其衣冠冢。

卢泰愚于2021年10月26日逝世，终年88岁。当天，《齐鲁晚报》记者奔赴卢庄村采访，发现卢泰愚当年栽下的柏树已经长成一棵郁郁葱葱的大树了。

一衣带水，帆影幢幢。几千年来，有多少华夏儿女跨海东渡，落地生根，留下多少生离死别、血脉相连的故事！

三　求法取经

东晋义熙八年（412年）七月十四日，一艘商船自海上驶来，停在了崂山南面的海滩上。从船上下来几位商人和一位僧人，那位僧人发须皆白，年纪老迈。他涉水走到岸上，看到前面的草丛，用手指着，眼泪涌流："藜藿！藜藿！咱们到汉地啦！"他说的藜藿是野菜的统称，藜，是现今还有的灰菜。

这群人继续前行，遇见两位猎人，便问他们是干什么的。猎人在僧人面前有所忌讳，不说要去打猎，谎称明天是七月十五日，要摘山桃给佛爷上供。老和尚问他们，此地为何处，属于哪个国家管辖，猎人回答，这里是青州长广郡牢山（崂山）南岸，为晋国地盘。商人们一听，立即拿出一些财物给猎人，让他们赶快去向郡官报信，就说一位到海外取经的高僧带着经典、佛像到了这里。两位猎人不敢怠慢，急忙去不其城报信。

这位老和尚来历不凡，刚从天竺国取经回来。他是平阳郡（今山西省临汾市一带）人，3 岁出家，20 岁受具足戒，法号法显。后来他到长安的佛寺久住，看到一些僧人威仪不整，戒行不严，认为中土佛教缺少佛典戒律，发愿要去天竺国寻求。东晋隆安三年（399 年），已经 65 岁高龄的法显同慧景、道整、慧应、慧嵬四人一起，从长安起身，向西进发。到了河西走廊，先后又有六人自愿加入这个求法团体，西出阳关进入"沙河"（沙漠）。他们冒着生命危险走了 17 个昼夜，终于渡过"沙河"，之后翻越帕米尔高原，进入天竺。10 年间，法显的同行者有病死、冻死的，有提前回国的，有留下不走的，最后剩下他一个人继续在恒河流域游历，收集了六部佛教经典，决定从海路回国。他先去狮子国（斯里兰卡），再乘商船去耶婆提国（爪哇岛或苏门答腊岛），辗转 3 年，跟着一艘商船前往广州。不料海上来了暴风雨，商船迷失方向，只好在茫茫大海中摸索着前进。一直航行 80 多天，船上的粮食都吃光了，才看见水天交接处出现黛青山影。水手们欣喜若狂，急忙去山的南面靠岸抛锚。见到猎人才知道，他们已经走过了头，距广州有几千里之远了。

长广郡太守李嶷来了。他本来就信佛，听猎人说有高僧在此，立即带人赶到海边迎接。见法显大师乃 70 多岁的老和尚，击风搏浪而来，钦敬至极，庄重顶礼。而后他在前面引路，法显持经像跟随，去了长广郡治所不其城。商人们在海边得到补给后，扬帆起航南下扬州。

　　李嶷太守听法显大师讲了求法取经的过程，感佩不已，想让法显在不其城久住。但法显没有答应，小住一些时日之后到青州讲经传法，从冬天住到翌年夏天。结束"夏坐"修行，他想回长安，却听说长安那边已经属于秦国（后秦），便决定南下建康（今南京）。到了建康城，他在道场寺住了 5 年，译出经典 6 部 63 卷，计 1 万多言。然后来到荆州辛寺，在这里写出一部《佛国记》，将自己的旅程完整记录下来。公元 420 年（一说 422 年）在此圆寂，享年 80 多岁。

　　法显在花甲之年西去天竺，历经 13 年，走过 30 余国，是第一位到海外取经求法的大师，其壮举一直被人称颂赞叹。到西方取经，从东海回来，是青岛崂山的一份奇之又奇的佛缘。

　　法显之后过了 200 年，大唐高僧玄奘又去西方取经，来回都走陆路；玄奘回国后过了 38 年，高僧义净又去了一次，是从广州出发，海上去，海上回。这三位高僧求法取经，对中国佛教产生了极大影响，使之达到鼎盛阶段。

　　法显圆寂后，100 年过去，一叶扁舟自现今黄海南部一路北上，船上有一位叫司马达的佛教徒。此时在梁武帝的鼎力倡导下，南部中国佛教大兴。"南朝四百八十寺，多少楼台烟雨中"，这两句诗描绘的就是那时的情景。这位司马居士觉得应该把佛法传播到海外，就带着佛经与佛像，沿着当时唯一的东渡路线，经山东半岛、辽东半岛、朝鲜半岛，于公元 522 年到达日本。《扶桑纪略》卷三及《元享释书》卷一七有载："第二十七代继体天皇即位十六年（522 年）壬寅，大唐汉人（梁）案部村主司马达止，此年春二月入朝，即给草堂于大和国高市郡坂田原安置本尊，归依礼拜。举世皆云，是大唐神之。"这是佛教以及佛像传入日本的最早记载，司马达被奉为日本佛师之祖。

　　此时佛教早已从汉地传入朝鲜。在司马达到达日本之后不久，有来自百济的高僧到日本传法，让佛教的传播更为广泛。公元 593 年，圣德太子摄政之后，将佛教定为国教，下诏兴隆佛法，创建寺院，亲自宣讲佛经。

圣德太子还做了一件在中日关系上极其重要的事情：遣使入隋，学习隋帝国的文化、经济、政治制度，并且将引进佛法作为重点。公元 607 年，日本向中国隋朝派出的第一个政府使团在山东半岛登陆，首领叫小野妹子，其实是个男的。他晋见隋炀帝，称他带一批佛僧前来学佛法。但他向隋炀帝递呈其君主的一封信，开头是"日出处天子致书日没处天子无恙"。炀帝大为不快，对鸿胪卿说："蛮夷的书信如果有无礼的，就不要拿来给我看了。"不过这没影响到日本僧人的求法计划。日本方面此后也改变了态度，谦逊低调，继续派使团到中国。有一些留学僧、留学生在中国长时间学习，如留学僧志贺惠隐、南渊请安，学习长达 32 年；留学生高向玄理，学习长达 33 年。他们广泛汲取中国先进文化，回去之后对日本的佛法弘扬和政治改革都作出了巨大贡献。

唐朝建立后，繁荣发达，声威远扬。长安更是发展成为国际大都市，东西方文化在此交汇，让从日本、朝鲜来的人大开眼界。唐代佛教也到了鼎盛时期，让东来的僧人崇拜得五体投地。623 年，被圣德天子派遣的留学僧惠齐、惠日等人回国，向天皇报告大唐国之盛况，建议派人赴唐学习。日本政府决定组织大型遣唐使团，派遣优秀人物为使臣，并带领留学生、留学僧去中国。从 630 年到 838 年的 200 余年间，共派出遣唐使 19 次，实际到达 15 次，其中在登州（今蓬莱）登陆 6 次。

那些"遣唐使船"都很大，有的长 30 多米，高约 9 米，分为三层，头尾高翘。船上都有佛龛，僧人每日上香，经声佛号在海面上传出很远。船队自东向西，浮海而来。7 世纪，随遣唐使船过来的留学生和留学僧，一般每次百人左右。他们一开始都是走北路，费时 30 天左右，在山东半岛登陆后，沿青州、齐州（今济南）、曹州（今菏泽）进入河南，经开封、洛阳抵达长安。但后来新罗灭百济、高句丽，统一朝鲜半岛，与日本关系恶化，日本到中国的朝贡使船或商船无法安全经过，只好改走南路。他们或者从九州岛出发，经种子岛、屋久岛、琉球群岛转向西北，穿越东海在明州（今宁波）登陆；或者从五岛列岛直插西南，横渡东海在扬州登陆。这样能使航程缩短，所需时间减少至 10 天左右，但因中途无岛可靠，风险也大，遇难者比以前走北路时增加许多。

到大唐取经的僧人很多，光是搭乘遣唐使船满足不了需求，有的也坐商船过海。通过多种途径到中国的日僧，见于文献的有 90 余人。他们在中国长时间留住，巡礼名山，求师问法，带回大量佛经、佛像、佛具等，同时传入与佛教相关联的绘画、雕刻等艺术。

有一些僧人学成后回国，成为日本佛教史上的著名人物。学问僧道昭，663 年自山东到长安，先跟随玄奘学习法相宗，后又兼学禅宗，九年后返国，是第一个在日本传播法相宗的高僧。657 年随新罗船经山东到长安的学问僧智通和智达二人，也是玄奘的弟子，回国后，均成为日本法相宗第二代祖师。这就是说，去西天求法取经的"唐三藏"，又成为日本僧人求法取经的膜拜对象。智通后来还被日本天武天皇任命为"僧正"，即管理僧人的长官。最澄、空海，分别创立了日本的天台宗和真言宗。圆仁来中国九年多，回到日本后把天台宗弘扬光大，成为日本佛教史上成绩卓著的大师。他逝世后，日本清和天皇赐予他"慈觉大师"的谥号，是日本佛教史上第一个被天皇赐予谥号的高僧。圆仁与其师最澄大师、真言宗创始人空海大师等，被称为日本古代著名的"入唐八家"。

说到圆仁，不能不提他与山东的缘分。

圆仁公元 794 年出生于日本国都贺郡（今枥木县），15 岁出家为僧，到京都府滋贺县比睿山追随天台宗创始人最澄大师修习。最澄大师圆寂后，他继承其衣钵，成为著名高僧。公元 838 年，他整理出 30 条没有定论的天台教义，决定去大唐求教，便与弟子惟晓、惟正随日本遣唐使团西渡。船抵扬州之后，他想去台州天台山求学，但官府认为台州太远，交通不便，没有批准。圆仁一行便北上登州，于开成四年（839 年）元月七日来到文登县海边的赤山村，住进法华寺。法华寺是新罗人张保皋所建，唐政府赐予该寺庄田，每年可收米 500 石。寺院规模较大，聚集了许多新罗僧人，就连讲经礼忏也依据新罗风俗。圆仁在法华寺挂单时，得知五台山是佛教圣地，决定到那里求法。他从文登出发，行 2200 余里，历时 70 天，终于到达五台山。但是时间不长，唐武宗发动了全国性的灭佛行动，大批寺院被摧毁，僧人被勒令还俗。对外国僧人，唐政府也令其还俗回国。圆仁一行只好辗转回到山东文登，待船归国。在此逗留一年多，于唐宣宗大中元年（847 年）携带在中国各地求得的佛教经论、章疏、传记等共 585 部 794 卷归返日本。

圆仁入唐，一路走一路记，回去整理成一部《入唐求法巡礼行记》。此书 8 万言，分 4 卷，真实地记载了他在中国 9 年零 7 个月的活动经历。这部书，连同《大唐西域记》（唐代玄奘口述、辩机编撰）、《马可·波罗游记》，历来被视为中外文化交流的三大文化游记。

今人拜读《入唐求法巡礼行记》，会感觉大海气息扑面而来。尤其是记录航行艰辛的内容，让人惊心动魄。譬如，他随遣唐使船到达扬州后，欲去天台山不获批，只得改变计划去登州的经历。他与同行者次年春天沿运河北去，到淮河向东入海，四月中旬由海州往山东半岛行进时，有如下记载：

十三日，"水手一人从先卧病，申终死去。裹之以席，推落海里，随波流却"。

十五日，"水手一人病苦死去，落却海里"。

十六日，"入夜洪雨，辛苦无极"。

十七日，"雨止。云雾重重，不知向何方行。海色浅绿，不见白日。行迷方隅……"

十九日到乳山海域，"逆潮遄流，不能进行"。

二十二日，"挟抄一人死却，载艇，移置岛里"。

二十五日，"摇橹向乳山去。出邵村浦，从海里行。未及半途，暗雾僅起，四方俱昏，不知何方之风，不知向何方行，抛碇停住。风浪相竞，摇动辛苦，通夜无息"。

终于到达乳山海口之后，五月二日，"水手一人自先沉病，将临死。未死之前，缠裹其身，载艇送弃山边。送人却来云：弃著岸上，病人未死，乞饭水。语云：我若病愈，寻村里去。舶上之人莫不惆怅"。

欲再前行，一直不顺，几次出航都以失败告终，在此蹉跎多日。其间惊险不断，十九日夜，"雷鸣电耀，洪雨大风，栌缆悉断，舶即流出……舳头神殿盖辑之板，为大风吹落，不见所在，人人战怕，不能自抑"。直到六月六日，他们才在文登赤山靠岸，住进法华寺。

然而，即使有千难万险，身边经常有人死去，那些日本僧人依然出没于风波浪里，无怨无悔，就为了从大唐取得真经。

随遣唐使船来唐的留学生们，也收获满满。他们系统地学习中国文化，尤其是儒家文化，带回经史子集，让中国文化风靡日本社会上层，渗透到思想、文学、艺术、风俗习惯等各个方面，推动日本进入"和魂汉才"时代。和魂汉才的意思是，以日本精神为主体，让中国智慧为己所用。

朝鲜半岛与中国山水相连，走海路方便，文化交流更早更频繁。佛教东渐，在中国兴盛之后，首先传到这里。公元372年，前秦国君苻坚就派遣僧侣顺道等人携佛像与经书赠予高句丽。374年，高句丽僧人阿道在东晋学习几年，回高句丽传法。384年，东晋有一位梵僧摩罗难陀去百济传法。新罗的佛教，则是5世纪上半叶从高句丽传入的。

朝鲜半岛的"三国"时期，到隋朝求法的僧人络绎不绝，陆路、水路并举。但大多是乘船先到山东半岛，而后再去大兴都城（今西安）。隋朝廷对他们亲切接待，延聘名德学者为他们讲授。据《续高僧传》卷十三、卷十五说："释神迥、释灵润，先后于大业十年（614年）奉召入鸿胪寺，敷讲经论，教授三韩学人。"这等于专门开办了"三国"留学僧班，盛况空前。

到了7世纪，新罗在唐朝帮助之下打败高句丽和百济，逐渐统一半岛，与唐王朝关系密切，在各个方面都向唐朝学习，大批新罗僧人经山东半岛入唐求法。圆仁在《入唐求法巡礼行记》一书中提到：从牟平县唐阳陶村之沿海乘船，"得好风两三日得到新罗"。从赤山浦渡海东行，也仅需两三天就可望见新罗西南沿海之山。这就是说，到了唐代，有一些去日本和朝鲜半岛的船，不再从庙岛群岛北上，而是在山东半岛东端直接过海。

因为从新罗来的僧人众多，山东沿海一带多处建有新罗坊、新罗院，便于他们暂时落脚或久住。史籍记载，从新罗入唐求法的僧人，有名有姓的170余人，实际人数应该更多。有一些新罗僧人在长安等地刻苦学习，回国后成为佛门龙象。

慈藏就是其中一位。贞观十二年（638年），慈藏率弟子10余人渡海至登州。而后先去五台山，又去长安，受到唐太宗的格外照顾。五年后决定回国，皇上赐给他衣衲及诸彩缎。慈藏还提出，新罗经像未全，请得《大藏经》一部以及佛像回去，朝鲜从此才有了佛经总汇《大藏经》。经他弘扬传播，新罗佛法大兴，慈藏被新罗国王任命为"大国统"，管理全国僧尼。

入唐求法者，还有新罗的一些王子王孙。他们出身高贵，生活优裕，却因为笃信佛教，穿着芒鞋、僧衣到了中国，拜倒在唐僧门下。

圆测，原为新罗王孙，幼年出家，15岁（628年）就到了中国，先跟随别的新罗僧云游，后在长安元法寺埋头用功。几年下去，他对佛法的研究十分深入，会梵语、西藏语等 6 种语言。当玄奘从天竺求法回来之后，他又投身玄奘门下。据说，玄奘有一次单独给他最得意的弟子窥基讲解唯识论，其他人都不允许听。圆测偷偷趴在门外听，理解得比窥基还要透彻。偷听之后，他竟然轻狂地鸣钟聚众，宣讲自己听到的内容，让窥基十分恼火。玄奘为了安慰窥基，对他说"圆测虽然知道了唯识论，但我还没给他讲过因明学，那是更深奥的"，于是就把因明学理论讲给了窥基。后来，玄奘迁居西明寺，挑选了 50 人同往，圆测即是其中一个。这期间他回过新罗，宣讲唯识论，之后再来中国。玄奘圆寂后，圆测继续在西明寺弘传教义。新罗神文王曾数次敦促圆测回国，但都为武则天所阻。696 年圆测圆寂，葬于洛阳龙门香山寺，香山寺因此被尊为韩国佛教唯识宗祖庭。

无相，原为新罗王子，开元十六年（728 年），圣德王子派遣他的弟弟金嗣宗入唐进贡，同时向唐玄宗"表请子弟入国学"，无相禅师随行来到长安，蒙玄宗召见，被安排在禅定寺。后来无相禅师入蜀向禅宗大师智诜的弟子学习禅法。曾有一段时间，他白天驻足于荒坟地，夜里在树下坐定入睡，以"头陀行"的苦行僧行为感动众人，蜀地百姓称其为"金头陀"。晚年他住在成都净众寺 20 余年，公元 757 年唐玄宗去蜀地巡游，在成都的行宫召见了阔别近 30 年的无相禅师。无相79 岁时示寂，开创禅宗的四川净众宗一派。

无漏，原来也是新罗王子，来唐后欲游天竺，走到于阗，不知何故停止行脚，转至贺兰山，建一座茅棚住下修行。肃宗皇帝征召他，他也没有答应，直到在那里去世。

地藏，原为新罗王族，中唐时渡海过来，至池阳九子山（今称九华山）中，宴然独坐，这里的善男信女对他十分敬仰。贞元十九年（803 年）示寂，尸体坐在石函中，过了三年没有腐烂，人们尊他为地藏菩萨的化身。九华山，至今被佛教信众称为地藏王菩萨道场，香火极盛。

也有不知名的新罗王子去五台山求法。敦煌歌辞中有这样一首诗："滔滔海水无边畔，新罗王子泛舟来。不辞白骨离乡远，万里持心礼五台。"说的就是新罗王子礼拜五台山的情景。

在大唐盛世，山东地区成为中华文化输出的重要中转站。大量书籍从这里运往新罗，许多新罗学生在这里登陆，入长安国子监读书。他们学业有成，就在唐朝参加科考，考中进士的多达 58 人。这些外国士子考取的进士被称为"宾贡进士"，在录取标准上稍有降低，考中后可以在唐朝为官。第一个考中进士的新罗留学生是金云卿，会昌元年（841 年）七月，他被授予淄州长史，到山东淄州（今山东省淄博市）任职。在此之前，唐政府还曾派他担任赴新罗宣慰副使，作为唐朝官员出使故国，并得到唐朝皇帝亲赐的绯鱼袋，十分荣耀。

大唐新罗进士群体中，崔致远是最具代表性的人物。

崔致远，字孤云、海云，自幼聪慧好学。他 12 岁乘商船入唐求学，唐乾符元年（874 年），刚满 18 岁就考取"宾贡进士"。《三国史记·崔致远传》中有其同学顾云赞美他的诗："十二乘船渡海来，文章感动中华国。十八横行战词苑，一箭射破金门策。"崔致远中进士后，转东都洛阳研读汉文，不久被朝廷任命为溧水县尉。任期满后，他入淮南节度使高骈幕府。适逢黄巢造反，他写了一篇《讨黄巢檄文》，其中一句"不唯天下之人，皆思显戮；抑亦地中之鬼，已议阴诛"，据说黄巢读了也心生怯意。唐中和四年（884 年），崔致远的胞弟携带家书渡海来到扬州，崔致远请求节度使高骈准许他与胞弟一同回国。高骈答应了，送给崔致远许多路费和礼物，并委任他以送诏书、国信的身份出使新罗国。

这一年，崔致远从扬州启程，吟诗一首："自古虽夸昼锦行，长卿翁子占虚名。既传国信兼家信，不独家荣国亦荣。万里始成归去计，一心先算却来程。望中遥想深恩处，三朵仙山目畔横。"（《行次山阳续家太尉寄赐衣段令充归觐续寿信物谨以诗谢》）从此诗可以读出崔致远的心情：衣锦还乡，志得意满。他经运河，转淮河，入海北上，于884年10月到达山东半岛南部。因为这个季节北风多，他乘坐的船只好靠岸避风，泊于现青岛西海岸的大珠山港浦。他在这里观山游水，弄月吟风，写了10首诗，40天后才扬帆北上，到达乳山口。

乳山海湾，群山环绕，天风不犯，为天然良港。崔致远到了这里，还是等候合适的风向，一直住到冬天。想到途经即墨海边时没顾上祭拜崂山山神，决定返回崂山，求山神保佑，以得到好风送他回国。他到了崂山海边住下，于大年初一登山祭神。让我们读读《祭崂山神文》的片段，领略作者非凡的文采："窃以昔辨方圆，始分清浊；融作江海，结为山岳。石戴土而土戴石，小者礅而大者礐。然而罕有威神，静无棱角，与堆阜而相接，见丘陵之可学。惟灵磊磊落落，高临鳀壑；嵬嵬岩岩，俯压鲸潭。上则为云雾萦缠之骨，下则为波涛激射之窟。朝则迎金乌而前出，夜则送银蟾而后没。"崂山在崔致远的笔下，是何等壮丽！

在崂山流连多日，崔致远又返回乳山，直到阴历3月才起航回到新罗。他在中国十几年间写有大量诗文，但多数失传，只有诗文集《桂苑笔耕集》（20卷）收入《四库全书》。由于他的文学成就极高，被新罗举国上下称赞，死后被追谥"文昌侯"，入祀先圣庙庭，尊为"百世之师"，被后世认定为朝鲜汉文文学奠基人。

宋元以降，虽然日本人到中国多走南线，但还是有人从北线过来从事文化交流。朝鲜半岛依然与山东半岛来往密切，僧人、文人来中国学习的数不胜数。

总之，东北亚汉文化圈的形成，汉传佛教的东扩，在很大程度上经由后来被称作黄海的这片汪洋。海水映照的日光月辉、经幢帆影，1600年来一直装点着世界文化史，魅力不减。

四 海上丝路

有一种神奇的虫子，专吃桑树叶子，而后吐丝作茧，化蛹成蝶。一个女人研究这种茧，将丝抽取，织成布匹，供人们穿戴。这种虫子叫蚕，这个女人叫嫘祖。嫘祖是黄帝的妻子。

嫘祖教民养蚕治丝茧，这只是个传说。但是桑蚕业起源于中国，举世公认。那时中国还没有棉花，人们除了穿兽皮，便是穿麻布。丝绸是一种十分高级的衣料，能够"衣帛食肉"是人们梦寐以求的奢华生活。所以，统治者高度重视桑蚕业，殷商时期便任命官员专门负责这个产业。《殷墟书契后编》提到："丁酉，王卜，女蚕。"《礼记》中也有这样的记载："岁既单矣，世妇卒蚕，奉茧以示于君，遂献茧于夫人。"这里出现的"女蚕""世妇"，就是负责桑蚕业的女官。想象 3000 多年前的那些女官，集官威和技能于一身，巡行于桑田、蚕室、缫丝场、织房，是何等仪态？

山东地区丝织业发展较早，在 1956 年益都（今青州市）苏埠屯发掘的殷商大墓中，就有玉做的蚕，形态逼真，说明当时的人们对养蚕是多么爱好。

商亡周兴，大功臣姜尚被封为齐侯，建立齐国。生于东海之滨（今山东省日照市）的姜太公，鉴于"齐地负海舄卤，少五谷而人民寡"，"乃劝以女工之业，通鱼盐之利"，大力发展纺织业和鱼盐业，很快让齐国富强起来。那时齐国的纺织业非常先进，号称"冠带衣履天下"。《史记·货殖列传》记载："齐带山海，膏壤千里，宜桑麻，人民多文采布帛鱼盐。"汉人史游在《急就篇》中说，"齐国给献素缯帛，飞龙凤皇相追逐"，可见其美丽精致。据史料记载，齐国丝织物出现绸、纱、罗、纨、绮、缟等许多新品种。《战国策·齐策》里田需曾对齐王说："下宫（后宫）糅罗纨（细绢）、曳绮（有纹的绢）縠（绉纱），而士不得以为缘（衣服的滚边）。"由此可见，当时光是"绢"这种织物，就有好多品种与花样。

齐国之东，还有个莱国，是莱夷建立的古国，物产丰富，丝绸业也很发达。公元前567年，齐国灭了莱国，进一步增强了国力，也让山东半岛上有了更多的桑田，产出了更多的丝绸。

后来，管仲担任齐国国相，辅佐齐桓公，让他成为春秋五霸之首。管仲有好多治国主张，其中一条是通过经商使邻国臣服，其中包括朝鲜。《管子·轻重甲》中有这样的话："八千里之发、朝鲜可得而朝也。"这是古籍中关于中国与朝鲜半岛商业往来的最早记录。齐国与朝鲜隔海相望，以循海岸水行的方式可以到达，继而到达日本。北京大学教授、海上丝路研究专家陈炎先生在他撰写的《海上丝绸之路对世界文明的贡献》一文中指出："日本在西海岸发掘出的中国春秋时期的青铜铎350件，与朝鲜出土的完全相同。这说明，早在2700年前，中国的航海先驱者，已经开辟了从胶东半岛出发，经朝鲜半岛，再东渡日本的航路，并把中国文化传入朝鲜和日本。"

明治十七年（1884年），日本考古学家在东京都弥生町发现了一批陶器，呈红褐或黄褐色，有壶形器、瓮形器、钵形器和高脚杯，薄而坚固，制作精美。此后，这类新型陶器大量发掘出土，几乎遍及整个日本。据专家考证，这类陶器于公元前3世纪前后出现在日本西部，从器形、色彩到工艺都具有强烈的统一性。以此为代表的文化时期，被命名为"弥生时代"。此前的"绳文时代"，出土的陶器很简陋，上面只有用草绳勒出的装饰性花纹。弥生时代与绳文时代在时间上是衔接的，但陶器的制作技术、审美水准都出现了飞跃。是什么原因造成了这一飞跃？日本史学界一致公认：弥生文化是一种来自中国的文化。藤家礼之助在《日中交流两千年》一书中认为，当时有些中国北方沿海居民经朝鲜半岛渡海至日本列岛，带去了先进的金属文化与水稻种植技术，使处于石器时代并过着原始渔猎生活的日本开始了"从绳纹式文化的长期缓慢发展中摆脱出来，向着使用金属、工具和进行水稻种植的弥生式文化的飞跃转变"。

日本考古学家还在佐贺县高来郡三会树景化园的弥生文化的墓葬中发掘出了最早的纺织品。它被放在墓葬的陶瓷中，是一寸见方的残布片，经测定，径线 40 至 50 根，纬线 30 根，与齐地所产丝绢大体相同。这一发现引起了人们的猜想：大约在战国时期，山东半岛就开始向日本输出丝绸了。

从春秋战国开始，由移民到商贸，中国人开辟了"东方海上丝绸之路"。这条海上黄金通道，大体上是自琅琊、芝罘、蓬莱一带出发，沿山东海岸北行，渡过庙岛群岛，先驶入辽东半岛，再转向东南，沿朝鲜西海岸南下，最后渡过对马海峡进入日本九州沿海一带。这条"东方海上丝绸之路"，比汉武帝时期开辟的通西域的陆上"丝绸之路"早了 500 多年。韩国国际商学会会长、韩国群山大学贸易系主任金德洙曾撰文指出："'海上丝绸之路'应早于陆地'丝绸之路'，比陆地'丝绸之路'持续时间更长、范围更广、影响更大。早在春秋战国时期，山东半岛上的齐国就通过海上主动与朝鲜开展了贸易往来，开辟了'东方海上丝绸之路'。"

汉朝初年，山东半岛的纺织业更加发达，朝廷在丝织业中心临淄设立三服官，官营纺织工厂，专为汉王室和大贵族制作春、夏、冬三季所需的丝织品。汉元帝时，三服官手下的作工有数千人，"一岁费数巨万"。这里出品的服装产量多，质量好，有冰纨、绮绣、纯丽等种类。王充在《论衡》中称赞三服官织厂女工手艺之精巧："齐都世刺绣，恒女无不能。"她们精心制作的高级丝织品有"冰纨、方空縠、吹絮纶"等等。"冰纨"是一种鲜明纯白的织物，"方空縠"是一种带有方格花纹的织物，"吹絮纶"是一种极为细致、轻柔的织物。《盐铁论》一书讲，有一种"临淄锦"，价格在全国最高，每匹竟3000钱左右，而当时米价每石（大约等于今天的100斤）100钱左右。有一种"亢父缣"，一匹只能做一件成人长袍，价格相当于6石米价。昂贵如此，一般人难以问津，甚至做梦都不敢想。

西汉时期，陆地上的丝绸之路开通，以长安为起点，经甘肃、新疆，到中亚、西亚，并连接地中海各国。中国南部沿海与印度半岛之间的海上丝绸之路也随后开通。魏晋时期，广州成为海上丝绸之路的起点，商船可以穿过马六甲海峡，直驶印度洋、红海、波斯湾，对外贸易涉及15个国家和地区。这两条丝绸之路，主要的输出品都是丝绸。高僧法显取经回来，走的就是海上丝绸之路。不过他乘坐的商船因为迷路，竟然到了山东半岛，无意间与东方海上丝路连接到了一起。

这时的东方海上丝路继续繁荣，中国丝绸连同其他物品以官方赏赐的方式源源不断运往朝鲜半岛和日本列岛。《三国志魏书·东夷传》记载，魏明帝景初二年（238年），控制日本南部的倭女王派遣使者献上贡品，魏明帝回赠物品的诏书中对倭女王说："今以绛地交龙锦五匹、绛地绉粟罽十张、蒨绛五十匹、绀青五十匹，答汝所献贡直。又特赐汝绀地句文绵三匹、细班华罽五张、白绢五十匹、金八两、五尺刀二口、铜镜百枚、真珠、铅丹各五十斤……"从中可以看出，丝绸是当时对外交流的主要物品。

至隋唐两代，日本一次次派出遣隋使、遣唐使，有的使团竟然有500多人。他们名义上是"朝贡"，实质上是以贡品来换取中国赏赐的丝绸。如公元805年的一次，来者270人，每人赐绢5匹，共赐绢多达1350匹。唐朝与新罗的关系也非常密切，双方通过使节往来并随带商品而进行的官方贸易十分兴隆。据新罗史书记载，通过海路经山东、江苏、浙江沿海运到中国的货物有百余种，有金属类的金、银、铜，有工艺品类的金钗头、鹰金镞子、鹰银镞子、鹞子金镞子、缕鹰铃、金花鹰、金花鹞子、塔铃子、金缕鹰尾筒、瑟瑟细金针筒、金花银针筒、针、金佛像、银佛像等，有纺织品类的朝霞锦、大花鱼牙锦、小花鱼牙锦、鱼牙䌷、30斤䌷粉缎、龙绡、布等，有药材人参、牛黄、茯苓等，有马、狗、鹰、鹞子以及鱼类和豹皮类。唐朝回赠或者向新罗出售的主要是工艺品和纺织品，工艺品类有金器、银器、金银细器物、银碗等，服装类有锦袍、紫袍、紫罗绣袍、押金钱罗裙衣、金带、银细带、锦细带等，纺织品类有彩素、锦彩、绫彩、五色罗彩、绫锦细带等。另外，还有茶叶和书籍。

山东半岛与朝鲜半岛、日本列岛的民间贸易也十分发达。尤其是新罗时期，有大量经商者来中国做生意。他们往来于新罗、日本、渤海国（靺鞨族政权，公元698—926年存在，所辖范围相当于今天中国东北地区、朝鲜半岛东北及俄罗斯远东地区的一部分）和唐朝各地，进行各种商业贸易。

新罗商人，势力最大的是张保皋。他从小习武，性格豪放。唐宪宗元和二年（807年）入唐，在徐州参加武宁军，因武艺高强，屡建战功，12年后被提升为武宁军小将。824年，他来到登州赤山浦，建立赤山法华院。他发现，当时登莱沿海奴婢买卖中有大量新罗人被卖为奴，就从唐朝离职回国，上书新罗哀庄王曰："遍中国以新罗人为奴婢，愿得镇清海，使贼不得掠人西去。"哀庄王便任命张保皋为清海镇大使，他率领万余人的军队以莞岛为据点布防，有效打击了贩卖新罗人口的活动。张保皋还凭借其拥有的大船队，经营新罗、唐朝和日本的国际海运贸易，被称为"海上之王"。千年之后，中韩两国都有许多纪念张保皋的活动。2008年，韩国全罗南道莞岛清海镇旧址上，建起了一座张保皋纪念馆。1988年，荣成石岛镇在原法华院旧址重建了赤山法华院，院内建有"张保皋传记馆"，还竖起了张保皋的铜像。1994年，15米高的"张保皋纪念塔"也在赤山法华院张保皋传记馆后的莲花顶上落成，此塔由世界韩民族联合会等韩国友好组织捐助，韩国总统金泳三亲笔题写塔名。2003年，中国的学者和历史学家在中国举行了"海上王张保皋国际学术会议"。2005年8月，韩国青少年联盟在赤山法华院立起一块纪念碑，表示追慕这位"纵横驰骋东亚海的海上贸易王"。

那个时代，黄海西岸到处都有新罗人的身影，日本高僧圆仁在他的《入唐求法巡礼行记》中记载，自楚州到密州路上曾遇一船，船上人称："吾等从密州来，船里载炭向楚州去。本是新罗人，人数十有余。"到达乳山县后，就有30多个新罗人骑马或乘驴前来迎接。回国前夕，圆仁一行到登州后，因无船南行，就"将十七端布雇新罗人郑客车载衣物，傍海望密州界去"。到了密州后，他们又在诸城县界大珠山驻马浦"遇新罗人陈忠船，载炭欲往楚州，商量船脚价绢五匹定"，后乘船南下。唐朝末年，新罗西部地区频频发生灾荒，加上海盗贩卖人口，大量新罗人到山东半岛和江苏沿海居住。为了便于对新罗人的管理，一些沿海州县专门建起供新罗人定居的"新罗坊"和"新罗所"，集中安置新罗移民与过客。

五代时期，因为陆路被占据东北的辽国阻断，朝鲜半岛与中原的来往更加依赖海路，官方往来也带有贸易性质。如周世宗时，曾派官员以帛数千匹与高丽换铜以铸钱。看得出，丝绸依然是对外贸易的"硬通货"。渤海、黑水等国的使者，也跨过朝鲜半岛，过海从登州上岸，再去中原进贡，有的商人还到登州卖马。

北宋时期，随着辽国势力日益强大，东方海上丝路西端的重要港口由登州南移密州。密州府治在今天的诸城，下辖诸城、安丘、莒县、高密、胶西五县。位于胶州湾西北岸的板桥镇，渐渐成为中国北方最大的港口，朝廷专门设置了"密州板桥市舶司"，掌管进出口贸易。那时的胶州湾，面积比现今大得多，通往板桥镇的云溪河，河宽水深。板桥镇泊满了商船，桅樯如林。从陆上和海上来的商人们出入酒肆勾栏，漫步大街小巷，中国、日本、朝鲜等几国语言都能听到，让板桥镇呈现国际化色彩。

此时，从山东半岛去南方的海上航运十分畅通，中途有石臼、涛雒、海州等海港，楚州（淮安）、苏州、杭州、扬州等内河港，江浙闽粤商人纷纷北上密州交易。他们贩卖的商品种类很多，其中有一些香货珍宝，如乳香、乌香、檀香、占城香、象牙、犀角、珍珠、玳瑁、珊瑚、琥珀、玛瑙、珍贝、番布、苏合油、胡椒等奢侈品。还因为江浙一带桑蚕业与纺织业兴旺发达，商人们也运来了大量丝绸制品。据《宣和奉使高丽图经》记载，当时朝鲜制造丝织品所用的原料，"其丝线织纴，皆仰贾人，自山东、闽、浙来"，其中很大部分自密州中转。史载，板桥镇口岸的海外贸易量"倍于杭、明二州"。另外，北宋在全国设立六大茶叶集市，海州是其中的一个，从这里往朝鲜半岛和日本列岛出口的茶叶，也是海上贸易的一大品种。

由于来中国的新罗商旅人口众多，宋神宗元丰六年（1083年）下令，在海州、密州建高丽亭馆做接待之用。清《诸城县志》记载："明年（苏）轼过之，叹其壮丽，留一绝云：'檐楹飞舞垣墙外，桑柘萧条斤斧余。尽赐昆耶作奴婢，不知偿得此人无。'"苏东坡曾经担任过密州知州，这一年又被任命为登州知州，在上任路上看到诸城海口建起的高丽馆，在赞叹其壮丽的同时，也为朝廷耗费巨资建高丽馆，使得当地许多百姓流离失所、乡间现萧条荒凉景象感到担忧。

1128年金兵占领山东后，金国与朝鲜半岛和日本列岛依然保持着官方往来，民间贸易也没有中断。《金史》记载，兴定元年（1217年）十二月，"即墨移风砦于大舶中得日本国太宰府民七十二人，因粜遇风，飘至中国。有司覆验无他，诏给以粮，俾还本国"。"即墨移风砦"是当今即墨市移风店镇，在大沽河畔，有航路通胶州湾。日本船只在中国购买粮食遇到风浪，竟然漂到这里。与朝鲜半岛之间虽然开辟了陆路通道，但海上贸易还在进行，因为朝鲜半岛南部的商人欲来中国，走海路更为便捷。

值得注意的是，从宋代开始，黄海沿岸与朝鲜半岛、日本列岛的航运，多是采取直航方式。由于航程变远，海天茫茫，更需要熟悉航海技术，明察天气变化，准确辨别方位。指南针的发明与使用，让那些闯海者如虎添翼。北宋宣和五年（1123 年），徐兢出使高丽，在《宣和奉使高丽图经》一书中记载，"洋中不可住，惟视星斗前迈。若晦冥，则用指南浮针，以揆南北"。这时他们使用的是"水罗盘"，让磁针穿入灯心草茎，浮在一碗水上。到了南宋末年，又出现支轴式的航海罗盘，指南针被固定在支轴上，被称作"旱罗盘"。

此时黄海上的大船也日渐增多，而且客船与货船分开。北宋元丰元年（1078 年），神宗皇帝派左谏议大夫安焘出使高丽，坐的大船名为"神舟"，"巍如山岳，浮动波上，锦帆鹢首，屈服蛟螭"。有学者推算，"神舟"长度达 38 米。这样的大船要有大小橹 20 把，几十个人操作。

1227 年，蒙古军队的铁蹄踏入山东，随即南下广东，把南宋小皇帝赵昺和 10 万军民逼得跳海。元世祖忽必烈的征服欲极强，侵占了高丽还要征伐日本，东方海上丝路弥漫着血雨腥风。山东半岛北部的主要港口，此时主要为军事服务，商业功能一度消失。直到元成宗提倡海上自由贸易，中日之间的海上丝路才得以恢复。

1975 年夏天，韩国渔民在黄海新安外方海域发现一艘沉船，考古队员从沉船里发掘出了 2 万多件瓷器，2000 多件金属制品、石制品和紫檀木，另外还有 800 万件重达 28 吨的中国铜钱，考古成果震惊世界。因为有的木牌上写着"至治叁年"，有的写着"东福寺"等日本货主的字样，还有一个铜制秤砣上刻有"庆元路"三字，加上其他遗物佐证，可以判定此船是一艘国际贸易商船。大约是元英宗在位时，1323 年前后，商船从中国庆元（宁波）出发前往日本，途中可能遭遇台风，顺风北漂，沉没在高丽的新安外方海域。这艘船打捞出来之后，放在韩国光州市水下考古博物馆供人参观。船长 34 米，宽 11 米，重 200 吨，是世界上现存最大、最有价值的中国古代贸易船，也是现存最古老的船只之一。

明太祖朱元璋主张与周边国家交好，反对像元朝那样以武力征服他国，将朝鲜、日本等周边15个国家列为"不征诸国"，使高丽等国和明朝保持了友好关系。高丽国逢年过节便遣使朝贺，还派遣贵族子弟过来学习文化知识，仅洪武年间，高丽使者到登州就有几十次。先到登州，再去南京，这是朝廷给他们规定的路线。对朝鲜的朝贡，采取"厚往薄来"政策，回赐物品的数量和价值都大于他们带来的贡品，这一做法几乎延续整个明代。这些使者还往往带来一些物品私自进行贸易，有人建议对他们征收税款，朱元璋没有同意，不但不征税，对他们携带中国物资出境也不限制。朝鲜产的布料细密柔软，很受明朝人欢迎，无论是进贡还是私下交易，数量都很大。明朝赏赐给他们的物品，丝绸依然居多。

因为高丽人在黄海沿岸多有居留，有的地方甚至出现了"新罗村"。洪武年间，高丽王朝派著名的政治家、外交家、文学家郑梦周多次出使明朝，他途经山东沿海时，访问了许多新罗村，看望新罗侨民，为他们排忧解难，做了许多善事。路上还写了许多诗歌，以山东地方为题的有《山东老人》《诸城县闻箫》《即墨县》《蓬莱阁》《蓬莱驿·示韩书状》《沙门岛》《龙山驿》《日照县》《莱州海神庙》《胶水县别徐教谕宣》《四月一日高密县闻莺》等。

日照市涛雒镇西南有一个新罗村。村东有一座凤凰山，山上有一棵大银杏树，新罗侨民经常到树下站着眺望东海，思念故乡。郑梦周到此看望他们，在这棵树下吟出一首《日照县》：

> 海上孤城草树荒，
> 最先迎日上扶桑。
> 我来东望仍搔首，
> 波浪遥望接故乡。

明清两朝，屡次实行海禁，东方海上丝路时断时续。由于日本人到中国主要走南路直奔东海、南海，黄海海域除了倭寇，很少见到日本人的身影。这里的外贸活动主要在中朝之间进行，而且多是渔民以出海打鱼、采药的名义。这里说的采药，已经不是从前齐国方士们的寻仙人求仙药，而是采买朝鲜半岛出产的人参等药材。康熙年间，由于实行海禁，山东沿海渔民普遍失业，无以维生，朝廷只好于四年（1665年）三月下诏："青（州）登（州）莱（州）等处沿海居民，向赖捕鱼为生。因禁海，多有失业……令其捕鱼，以资民生。"海禁一开，就有许多渔采船在海上与朝鲜人做生意，朝廷遂又下令禁止。进行"渔采贸易"活动的，主要是山东半岛、辽东半岛、朝鲜半岛沿海的渔民或商人，还有的来自江浙一带。朝鲜李朝时代的资料记载，有来自中国的渔船，一艘就有四五十人之多。

2001年，由韩国东国大学林基中教授编纂的《燕行录全集》出版，引起了中韩两国许多学者与读者的兴趣。这套书共100册，357种，内容为元、明、清时期朝鲜使臣来华记录。几百年间，朝鲜使臣每当来中国都有文字记录，内容多是所见所闻所感。元朝时期记录的，名为《宾王录》；明朝时期记录的，多叫《朝天录》，也有叫《燕行录》的；清朝时期记录的，多叫《燕行录》。这些书虽然有些谬误，但保留了宝贵的第一手记录，对于了解中国与朝鲜半岛的交往、海上丝绸之路的兴衰，了解两国当时的政治、经济、文化以及社会风俗，都有非常重要的参考价值。

我认为，最值得品味的是"燕行"二字。燕行虽然指的是燕京之行，却会让人想到燕子，它们或走陆路过山海关，或走水路过黄、渤二海，频频来往，翩翩飞翔，画出了东方丝绸之路的斑斓多彩。

五　渔歌号子

人类从大海中觅食，由来已久。在农业与养殖业出现之前，人们靠采集与狩猎为生。有些人可能在采集或打猎时走出森林，还可能沿着河流一路下行，突然就看到了一片大水。他们尝尝这水，发现有一种特殊的味道无法饮用，望洋兴叹之余，便在海边漫步。他们发现滩涂上、礁石上有一些外壳坚硬的小东西，剥开后有肉可吃，便在附近找个地方居住下来。大水时涨时落，每次涨落之间都让他们有新的收获，取之不尽用之不竭。这时人类已经学会了使用火，将贝类烤熟，可以去腥气，助消化。久而久之，他们食用后丢弃的贝壳就大量堆积，渐渐聚成大堆、积成长堤。这种贝壳堆、贝壳堤，至今保存在世界的许多地方。

中国的贝丘遗址，在黄海之滨发现得最多，从江苏沿海到辽东半岛多如串珠，规模较大的有日照东海峪文化遗址、即墨北阡文化遗址、烟台白石村遗址和邱家庄遗址、长海小珠山遗址、丹东阎索子遗迹等等。那一座座高高低低的贝丘，一片片被海水与时光磨损了的贝壳，都证明着人与海的亲密关系很早就在这里缔结。

在较晚的贝丘遗址里面，还发现了箭头、鱼叉、鱼钩、石网坠以及鱼骨等等，说明先人们不只捡拾贝类，还捕捉鱼类。他们大概是用手捉，用木棍打，用骨质或角质的鱼镖去刺，用荆棘或兽骨做成鱼钩去钓。20 世纪 70 年代，由中国社会科学院考古研究所山东工作队为主发掘胶州三里河遗址，在该遗址的大汶口文化层中发现了大量的鱼骨、贝壳以及鱼鳞堆积，出土了很多陶器、石器、蚌器、骨器以及少量的玉器等，还发现了用鱼作为随葬品的墓葬。经专家鉴定，这些鱼骨涉及鲥鱼、黑鲷、梭鱼和蓝点马鲛，说明距今 5000 年左右，这里的人们已经开始享用多种海鱼，并视为珍品用来陪葬。

古人传说，包牺氏"结绳而为网罟，以佃以渔"。包牺氏就是伏羲氏，他发明了网，用于打猎和捕鱼，让人们的食物来源更加广泛。渔网，起初是用葛藤、麻绳或丝线结成，我们在博物馆看到石质或陶质网坠，会想象出古人往水中撒网时的画面和收获时的快乐。

《竹书纪年》载："帝芒十二年，东狩于海，获大鱼。"芒是夏朝的第九代帝王，公元前 1789 年至公元前 1732 年在位。他为了黄河安澜，举行了隆重的"沉祭"黄河仪式，把一些猪、牛、羊沉于河中，还把当年舜帝赐给大禹象征治水成功的"玄圭"（黑色的玉圭）也扔了进去。祭河之后，芒又跑到东海之滨游玩，捕捉到了一条很大的鱼。群臣向他称贺，认为是河神所赐，可永保太平。他到达的东海边，肯定是今天的黄海之滨。有人认为，帝芒所获"大鱼"，可能是搁浅的鲸鱼。但不管是什么鱼，这是史书上最早的个人捕获海鱼的记录。

人类学会制造木筏和船只之后，便进入江河湖海，能够享用更多的新鲜水产了。东周时，北方的齐国、南方的吴越，都是主要的航海国，用船捕鱼是很自然的事情。齐国正是由于"通鱼盐之利，国以殷富"。《荀子·王制篇》载："东海则有紫、绤、鱼、盐焉，然而中国得而衣食之……故泽人足乎木，山人足乎鱼……"这就是说，东海一带有用紫贝染成的丝织品，有鱼和盐，可以用来与内地进行交换。

不只船只，其他渔具也越来越多，捕捞方法多种多样。《诗经》中提到网、钓、罛（gū）、罭（yù）、汕、笱、罶（liǔ）、罩、潜、梁等 10 余种渔具渔法，有多种用于海上捕捞。

在海边，最简单的人、船、网的结合方式是"拉笪"：用小船载渔网下海，边走边撒，画一个大圈再回到岸边，由两帮人拽着网纲往岸上拉。笪网有大有小，大的笪网长一两千米，由上百人合力拉出。后来，渔网根据需要发展出各种式样，如刺网、围网、张网、拖网、抄网等等，有大有小，有宽有窄，有密有疏。在日照，还有人拉"鸡毛翎网"。这种网并不是真的网，是一根长绳，上面隔一拃远便拴上两根鸡（或鸭、鹅、雁）的长翎。两个人扯起这根美丽的绳子在浅水里飞跑，一边跑一边嗷嗷大叫，将那些遭受惊吓的小鱼，赶向同伙早已在海沟里张起的网子。还有渔民以手推网捕捉毛虾，晒成虾皮。为了往水里走得远一点，就踩着一对木头高跷。"踩着高跷推虾皮"，至今是日照海滨一景。

借助风力行船，也是人类的一大发明。桅杆树起来，篷帆挂起来，风驱船动，桨橹只做辅助。有的渔家贫穷，置办不起桅杆，就用"水帆"，将布做成一个大兜子放进水里，借海流的力量拉动船只。用风帆，技术高超者能使八面风，用水帆，只能随波逐流。

在长达几千年的海洋捕捞史上，定置网具最为常见。在海州湾，渔民下坛子网的多，也叫张大网。渔民根据经验，每年早春乘船出海，到一个海流经过的地方"打沪"，即打上木桩，拴上大网，并拴上坛子，让它口朝下以浮起渔网。大海涨潮时，网口迎流张开，将途经此处的鱼虾收纳入内。网眼大小适中，小的放走，大的留住，被按时赶来的渔民起网收走。张大网的海域叫"大网行"，每个船家固定在一个地方，靠船位与岸上的标志物判定。即使是黑夜，渔民们也能凭着经验与感觉去海里找到自家网地，就像农民到自己的地里干活一样，轻车熟路，来回自如。

还有一种"古娄网"，专抓八爪鱼（章鱼）。它其实不是网，是一根长绳，绳子上拴着一个个海螺壳（海州湾渔民把海螺叫"古娄"），放进海里，那些八爪鱼便把空空的海螺壳当作栖身之处，钻了进去。渔民们把"古娄网"拽出来，就有了收获。

后来，渔船不断改进、创新，至明清时期，海洋渔船船型有二三百种。每一个海区，每一种渔业，都有与之相适应的特殊船型。例如，黄海南部以沙船为主，其特点是平底、平头、吃水浅，适合这一海区沙多水浅的状况。这时还出现了大对渔船，用两艘船拖网，获鱼较多。明代人文地理学家王士性在《广志绎》一书记载，每艘渔船中，"渔师则以篙筒下水听之，鱼声向上则下网，下则不，是鱼命司之也。柁师则夜看星斗，日直盘针，平视风涛，俯察礁岛，以避冲就泊，是渔师司鱼命，柁师司人命。长年则为舟主造舟，募工每舟二十余人"。有的渔船，桅杆增加到两根、三根、四根。黄海上的渔船，最大的有五根桅杆，称之为"大将军""二将军""三将军""四将军""五将军"，以"将军"号之，是何等威武。如果五根桅杆的篷帆全部挂起，遮天蔽日，动力强劲，渔民能去更远的海域作业。有的还在桅杆上挂了吊斗，一个人在上面专门观察鱼群，被称为"鱼眼"。

黄海西岸，有许多河流注入，有海流周旋，饵料丰富，水温适中。每年春天都有许多鱼类从东海过来产卵、觅食，经过一番长途跋涉，到秋凉时回去。这里就形成了春汛、秋汛，有了多处著名渔场。从南往北，有长江口渔场、吕泗渔场、大沙渔场、海州湾渔场、连青石渔场、青海渔场、石岛渔场、烟威渔场、海洋岛渔场、海东渔场等等。到了一定的时节，会有许多渔船聚集，篷帆鼓荡，鸥鸟伴飞，海面上十分热闹。

黄海鱼汛，过去最有声势、最具吸引力的是黄花汛。古籍《吴地记》记载了这么一段故事：阖闾十年（公元前505年），居住于淮河流域的东夷来犯，吴王亲自率兵出战，夷人得知吴王亲征，便收军入海，"据东洲沙上"。吴军入海道逐，也驻扎于一片沙洲。双方驻扎的沙洲，应该在长江口以北、现今黄海南部。相持一个月之久，海上风大浪大，吴军的粮食供应中断，吴王就焚香祷告，求老天保佑。祷告完毕，"东风大震。水上见金色逼海而来，绕王沙洲百匝"。士兵们捞上这些金色的鱼煮食，觉得味道鲜美，三军踊跃。而夷人一条鱼也没获得，只好奉献宝物投降。吴王不知这是什么鱼，发现鱼头里有两块小而白的石块，便命名为石首鱼。因为它体色金黄，也被人们叫作黄花鱼，视为海鱼上品。

黄花鱼分为大黄花、小黄花，大黄花主要生活在南海、东海，每年春天到黄海南部吕四洋一带交配产卵。据说，鱼群来的时候绵延数里长，叫声如雷鸣。这里每年一次的黄花汛，都让渔民们狂欢，本地以及江浙一带、苏北鲁南的渔民蜂拥而至。从海州湾"下南洋"打黄花鱼的，都是四桅或五桅大船，成群结队，浩浩荡荡。那些五桅船，桅杆上都贴了红纸，分别写着"大将军八面威风""二将军前部先锋""三将军随后听令""四将军一路太平""五将军马到成功"。到了吕四洋，加入千船围捕之阵，撒下渔网，过一段时间取出，网眼里便卡住了许多金光闪闪、叫声咕咕的黄花鱼。渔民将一网一网的黄花鱼倒入船舱，撒上盐防腐。明清时，有的船已能用冰保鲜。运到长江口一带的港口和城市去卖，大受欢迎，获利颇丰。卖掉后再回吕四洋，直到黄花汛结束才撤退。海州湾的"黄花船"返航时，舱里装满黄花鱼，快到家乡港湾时要插"重旗"——将一面红旗插上大桅杆，一来是向岸上人报告丰收喜讯，二来让家人早做准备，多雇人接海。万顷碧波之中，飘着红艳艳的"重旗"，是那时候海边人心目中最美的风景，会引发一阵阵热烈欢呼。

风帆时代，出海打鱼要凭经验与智慧。经验丰富、智慧超群的人便成为渔民的领头人、渔船的掌控者，被人称作"船老大"或"老大"。据说，有的船老大看看风向，看看云状，便知未来一两个时辰天气如何。他听听船头水声，看看船尾水纹，便知航速多少，到达目的地需要多长时间。他看看海水颜色，将水砣子扔下去拽上来，了解水深多少，再尝尝水砣子带上来的海泥味道，便知已到哪个海域。他爬到桅杆上望一望，或用空心竹竿插到水里听一听，便知有没有鱼群，是什么鱼种。所以，一个有经验的船老大，七老八十也是宝。过去海州湾有一位船老大，年事已高，双目失明，还是被人抬到船上发号施令。有一回海雾很大，船老大睡了一觉，醒来后说船跑偏了，快到日本了，让伙计们赶紧调帆转向。跑了一段，老大让他们用水砣子粘出一点海泥，他尝了尝说，快到长江口了。过一会儿，大雾消退，前方果然出现了崇明岛。

带船闯海，出生入死，船老大是向大海开战的将官，是全船人员的灵魂。在船上，船老大起着核心作用，有至高权威，无论船上有多少人，唯其马首是瞻。船上的伙计，在家哪怕是船老大的长辈，是他的亲爹，上了船也要乖乖地服从其指挥。因为，"老大多了船会翻"，如果不是由船老大专权独断，会出各种麻烦甚至重大事故。归航上岸，船老大也受到人们尊重。他有一种气场，会慑服周围的人，谁见了都会恭恭敬敬叫一声"老大"，那些"旱鸭子"以及接海的女人纷纷投去崇拜的目光。老大上岸后可以大声说笑，大碗喝酒，将海滩与码头变成了他展现豪迈人生的舞台。

古人们自从有了集体劳动，便有了劳动号子，以统一节奏、调节呼吸、鼓动情绪。渔业劳动，经常是多人一起完成，如抬网、运货、升篷、起锚、收网等等。这些原始的密集型高强度劳动，更需要用号子让大家步调一致，齐心协力。在长山岛，渔民中流传这样一个故事：100多年前，在天津码头，有一条渔船需要修理，必须将桅杆取下，好多人用了好多天也没能拔下。有一条山东渔船路过，伙计们去帮忙，喊起号子一齐用力，几下子就把大桅拔了下来。

渔民号子有很多种，大体分为平号、急号、慢号三大类。平号，是渔民们从事日常捕鱼劳动时所唱；急号，是渔民们在海上追赶鱼群或与狂风恶浪搏斗时所唱；慢号，则是渔民们在渔获满舱愉快返航时所唱。渔民号子既是一种与传统海洋捕捞作业相匹配、传递劳动信息、协调劳动节奏的号令，也是渔民们交流情感、劳作抒怀的娱乐形式。

过去在黄海西部，能听到各种各样的号子，旋律略有不同，语言差别很大，从吴侬软语到日照方言，从胶东方言到辽东方言。特色较为鲜明的，有吕四号子、岚山号子、即墨号子、荣成号子。渔民号子的共同特点是音调粗犷有力，喊声响亮；节奏较为固定，律动感极强；一领众和，领和交替。尤其是领唱者，中气充足，音调极高，声遏行云。其唱词多为即兴喊出，有鼓动性，和者的唱词多为力量型的衬词，如"啊、嗨、嗷、哟、哎、啦、唵"等等，有的也加上祈愿性的词句。如即墨田横岛渔民过去在海中起网时唱的拔网号：

（领）外上的挽哟——

（合）嗨——挽哟

（领）外上挽——

（合）嗨——哟嚎挽哟——嗨挽上的挽呀

（领）挽上的挽上——

（合）嗨——挽上的挽呀

（领）挽上的挽哟——

（合）挽上的挽哟——嗨

（领）嗨哟挽哟——

（合）嗨挽上的挽

（领）挽上的挽哟——

（合）挽上的挽哟嚎

海州湾北端的岚山头，是历史悠久的渔业重镇，渔民号子有成缆号、张篷号、撑篙号、推关号、棹棹号、打沪号、抬网号、箍桩号等几十种，几乎贯穿于他们所有的集体劳动之中。岚山渔民号子 2006 年入选山东首批非物质文化遗产，曾在全国许多文艺活动上唱响，2007 年在浙江舟山群岛举行的中国渔歌邀请赛上获得"最佳号子王"第一名。2021 年春天，我的长篇小说《经山海》被改编成电视剧《经山历海》在央视一套播出，片头曲便是岚山号子。

在沿海，还能听到渔歌。号子是喊出来的，渔歌是唱出来的。号子多用衬词，渔歌则有诗一样的歌词。渔歌分深海、浅海两类，前者是出海渔民所唱，后者是海边渔家妇女所唱。

　　江苏南部的如东县海边、吕四洋沿岸，有好多渔歌流传。如《撑船歌》："春夏秋冬四季天，我撑船逍遥在外边，三十六行买卖我不做，我撑船为业去天边……"表达了身为渔民的豪迈。《四季渔歌》："春季黄鱼咕咕叫，要听阿哥踏海潮。夏季乌贼加海蜇，猛猛太阳背脊焦。秋季杂鱼由侬挑，网里滚滚舱里跳。北风一吹白雪飘，风里浪里带鱼钓。"表现了渔民的辛苦。《四季望郎》："春季里个岸子上个柳丝长呀，柳丝儿长长缠心上呀，前年子栽柳郎出海呀，长长的柳丝拴不住郎呀！夏季里个岸子下个麦子黄呀，麦子儿黄黄忧心上呀，前年子收麦郎出海呀，黄黄的麦子上不了场呀！……"唱出了渔家妇女的满腹哀怨。

　　在日照沿海，过去流传一种民间小调"满江红"，旋律婉转、古朴典雅，有"细曲""雅歌"之称。渔民从海上归来，便与亲朋好友饮酒欢聚，酒至半酣，手舞足蹈，忘情欢歌，碗、碟、盅、筷都成为敲打节拍的助兴乐器。1957年春天，日照县民间艺人参加全国第二届民间音乐舞蹈会演，唱的就是"满江红"，中央人民广播电台找他们录了音，播放过多次。我认为，"满江红"不是本地出产，是"舶来品"，因为其风格像糯米团一样甜甜软软，吴侬味儿十足。日照过去有些大型渔船在鱼汛过去之后，便去跑运输、搞贩运，估计是船老大和水手们到了长江或江北运河的一些码头，听当地一些男女唱小曲，便跟着学会。回到船上，回到家中，还是念念不忘，哼唱不已，有空就找关系亲密的伙计们唱起来。他们记不清那些曲名，但记得江面上那些摇曳多姿红彤彤的灯影儿，于是统称这些小曲为"满江红"。

　　请听男人们唱的一首：

　　　　风湛湛，雾绕绕，
　　　　破帆渔舟随浪漂。

饥寒苦，打鱼人，
渔歌虽好难成调。

再听女人们唱的一首：

梧桐叶落金风送，
丹桂飘香海棠红。
是谁家半夜三更把个瑞琴弄，
操琴的人全不顾人心酸痛。
才郎出后奴的个房中儿空，
思念那郎君心情倒有个千斤重，
待要奴的愁眉展哎，
除非是奴的个冤家速还家哎早回程！

过去日照渔家制作船帆，都用槲树皮煮汁染成紫色。在渔家男女吟唱的"满江红"曲子里，那一片片紫帆带着苦涩，也带着浪漫，像巨鸟翅膀一样来来回回，飞翔于黄海之上。

六　煮海为盐

在胶州湾一带有这样的传说：远古时有个人名叫夙沙，他聪明能干，膂力过人，每次外出打猎都能捕获较多的山毛海错。有一天，夙沙捉到一些鱼，打算煮熟再吃。他和往常一样用陶罐到海里打水回来，架在火上煮，突然一头野猪从旁边窜过，他看见后拔腿就追。等他打死野猪扛着回来，罐里的水已经熬干，罐底留下了一层白白的细末。

他捏一点放到嘴里尝尝，觉得味道别致，把野猪烤熟，蘸着白末吃肉，味道好极了。后来，夙沙经常煮海水获取这种白末，住在海边的人都学习他的做法。从此人类便有了这种调味品，把它叫作"盐"，把夙沙尊称为"盐宗"。

关于夙沙与盐的传说还有两则。一则说，夙沙氏是山东半岛上的一个古老部落的首领，部落里一些小头目经常不听从其安排，夙沙氏就想出了"断盐"的方法来惩罚这些人，时间或长或短。这种处罚实施了一个阶段后，夙沙氏的那些部下都知道不吃盐有什么后果了，乖乖听从他的安排。另一则说，胶州湾北岸有一条山路，名叫"盐路"。夙沙氏带领部落里的人，不分白天黑夜用海水煮盐，挑到不产盐的地方换回粮食。途中要经过一座孤岛，只有在退潮时抓紧时间过去，然后翻过一座山，才能到海外去。夙沙氏发现此路难行，便召集部落里的人，将山路整修成石阶路，从此人们称这条路为"盐路"。

夙沙的传说，在山东半岛北边的莱州湾也有，那儿也是重要的盐产地。后来盐业在全国许多地方兴起，从业者都把夙沙当作盐业老祖，虔诚祭祀。有的地方还修建了"盐宗庙"，主位上是夙沙氏，两边供奉着商周之际运输卤盐的胶鬲、春秋时在齐国实行盐政官营的管仲。

不只是民间传说，史书也有记载，古籍《世本》中就有"夙沙氏煮海为盐"的说法。据考证，夙沙氏是一个居住在山东半岛上的古老部落，和炎帝部落有密切的关系。有人据此推断，夙沙部落长期与海为邻，首创煮海为盐，并推广和普及了这种做法。汉字中的"盐"字是个会意字，最早的写法很复杂，意思是"在器皿中煮卤"。1916年留学美国，回国后从事过多年盐业管理的曾仰丰先生，1936年应商务印书馆约请撰写《中国盐政史》一书，书中写道："中国产盐特富，资用亦最早。古者夙沙氏煮海为盐，是为煎制之鼻祖。"

后来人类发现，盐不只是调味品，还是保健之物。民间普遍的说法是，不吃盐，没力气。真实的原因是，人体摄入的钠元素不足，从而引起身体乏力、头晕嗜睡等问题。《神农本草》记载："食盐宜脚气，洁齿、坚齿，治一切皮肤诸症。"这些病症之所以产生，就是因为体内缺乏了食盐所含元素。至当代，盐不只是供人食用，更成为重要的化工原料，在许多领域都用得到。

当代人知道，海水中含盐，世界各大洋的平均盐度约为 35‰。有人还推算出，如果把全球海洋中的盐全部提取出来，体积可达 2200 万立方公里，将其平铺在陆地上（陆地面积为 1.49 亿平方公里），会升高 150 米。海洋中的盐，存在了 40 多亿年，直到大约 5000 年前，荡漾在山东半岛之侧的海水才被人类用火煮出盐来。这一撮盐晶的光亮，在人类发展史册上十分耀眼！从此，黄海之滨的许多地方架起煮器，火光闪闪，烟气腾腾。

地球经历了沧桑巨变，海侵、海退间把一些海水留在陆地形成盐湖、盐池，或者变成卤水、岩盐埋入地下，陆续被人类发现。在中国，大约在五帝时代发现池盐，战国末期发现井盐，但"煮海为盐"仍是古代提炼食盐的主要方法。

唐代以前，都是直接煮海水成盐。人们发现这样费工费柴，宋元以后逐步改为先制卤再煎卤水。制卤之法，一般通过灰压、削土等方式。所谓"灰压法"，就是将稻麦草灰平铺于海边地上，以吸收地表盐分。古书记载："春夏一二日，咸气即入灰；秋冬必三四日始入视，灰变黑色则咸气已透，谓之得灰。将灰刮聚成堆，挑水浸灌，渗滴成卤……"但撒灰要掌握潮汐规律，在大汛后撒灰取卤，六七日可曝干收积。如果在大汛之前撒，有可能被潮水冲走。后来有人在潮水冲不到的海滩撒灰，挖沟引海水往灰上泼洒。也有的不用草灰，直接铺稻谷、秸秆或茅草，用它们来吸收盐分。

"削土法"，即削取、刮取海边的咸土取卤。后来又增加了"水淋法"，并且成为主要的取卤方式。方法是将滩内之土用木耙犁起，或撒土于滩场上，泼洒海水，土干了再泼，反复多遍，以增加土内盐分。

看到土色变成灰白色或暗红色，土内含盐量较高了，便用竹耙研细，用木板刮起，堆于牢墩（也叫涝墩，淋卤用，底铺秫秸、芦苇或竹篾之类，周围筑埂，墩下有卤井）之上，以海水浸灌，卤水即流入卤井。

而后"试卤"，就是检验卤水的浓淡。元代盐民创造了"石莲试卤"的方法，投莲子于卤水中，发现莲子沉下，为淡卤；浮而横侧，为半淡卤；浮起来却是立着的，最为合适，"入盘煎之，顷刻而就"。这种莲子是空壳，要在莲蓬自然成熟时脱落于泥，次年从泥中找出，才能使用。最简便的做法，是投入卤井中，看莲子沉在哪个位置，除去莲子之上的水便是可用的卤水。在山东的一些盐区，大概因为莲子难找，就用黑豆或黄豆检验。也有用鹅翎、鸭翎试验的，看翎杆的沉浮样子。《天工开物》一书，还记录了"灯烛试卤法"，浓卤的卤气，"冲灯即灭"。

煎盐所用之器，汉时叫牢盆，后称盘，铜质、铁质两种，有大有小，有方有圆。铁制的叫"盘铁"，有圆形的，有方形的；有整块的，也有切块的。在江苏盐城的中国海盐博物馆，展品中有两块盘铁，都是唐宋时期使用的。有一块为圆形，直径达到两米，重两吨多。另一块为方形，切分四块，重约两吨（盘铁切块，由灶户分别保存，凑起来才能生产，以防有人私自煮盐）。这样的盘铁，下面有多个灶口同时烧火，每昼夜可熬盐 5 盘左右，每盘成盐 300—400 斤，一昼夜产盐可达 2000 斤。

明代宋应星所著《天工开物·作咸》记载："凡煎卤未即凝结，将皂角椎碎，和粟米糠二味，卤沸之时投入其中搅和，盐即顷刻结成。盖皂角结盐犹石膏之结腐也。"李时珍的《本草纲目》也有记录："煎盐者，用皂角收之，故盐之味微辛。"看来，煎盐过程中还曾用到皂角粉，与做豆腐的时候施卤或施石膏类似。据说，将皂角豆碾成粉，放入水中产生泡沫，会吸附食盐凝聚结晶。

宋代，有盐民尝试用日晒法取盐。改煎为晒，向太阳和风借力，这是制盐业的一大进步。但因为将海水晒成卤水，要建很大面积的池子，用工很多，成卤过程很慢，且受气候制约，很多盐民在制盐的前半程还是采用灰淋法、土淋法，后半程才让太阳晒而得盐。《明史·食货志四》记载"山东之盐有煎有晒"，这说明，明代山东的海盐生产，煎盐法和晒盐法两种技术都有采用。

日照沿海是黄海岸边的重要产盐区之一，涛雒盐场最大，金代每年煮盐达三万多石（石在此读 dàn，十斗为一石）。熬盐之地为灶地，熬盐户称灶户，熬盐者称灶丁，负责管理的称灶长。这里直到清朝初年才逐渐由熬改晒。在海滩取土，建成像棋盘一样的滩池，通过风吹日晒得盐，工艺上分纳潮、制卤、结晶、扒盐、归坨等工序，每年四月至八月为生产旺季。因为经常发生下大雨或来大潮冲毁盐池，将卤水毁掉、将晒成的盐化掉之灾害，所以直到清中期仍是煎晒兼用，"晴则听民滩晒，雨则以锅煎济之"。道光年间，涛雒场的盐才完全由滩池晒制。这时涛雒场滩场有 1226 副，每副六大方或五大方不等（每方20 亩以下），年产盐十万石以上。清代一石盐大约 120 斤，十万石便是 1200 万斤。

在黄海西岸，历史上有好多重要盐区，如辽宁的金州盐场、庄河盐场，山东的威宁盐场、石岛盐场、石河盐场、涛雒盐场，江苏的淮北盐场与淮南盐场，等等。尤其是"两淮"盐场，在中国盐业史上更是举足轻重。

江苏沿海，淮河南北，滩涂广阔，所产"淮盐"大名鼎鼎。早在吴王阖闾时代（公元前 514 年），这里就开始煮海为盐。汉初，吴王刘濞被封于广陵，他大力发展盐业，为向王都运盐，还开凿了一条从今扬州茱萸湾向东经泰州至如皋的运盐河道。汉武帝元狩六年（公元前 117 年），今盐城设县，名为"盐渎"。当时这里到处都是煮盐亭场，盐河密集，"渎"就是运盐之河的意思。东晋安帝义熙七年（411 年）更名为盐城县，以"环城皆盐场"而得名。以盐名县，说明这里是盐业重地。唐代在淮河南北开沟引潮，铺设亭场，晒灰淋卤，用锅熬盐，并设立专门的盐场。唐垂拱四年（688年），政府主持开凿了沟通苏北与鲁南地区的官河，称为"新漕渠"，这段河道主要位于今涟水境内，由此向南进入淮河，向北则经海州连接山东沂州、密州等地。这条官河，后来被称为淮北盐河，是转运淮北食盐外销的重要通道。宋代，在两淮盐区设置盐城监管理盐业，下辖9个盐场，同时设置海陵监，领辖8个盐场，煮盐规模之大，前所未有。元代，江苏沿海已发展到30个盐场，煮海规模居全国首位。明清时期，这里的盐产量一直居全国各大盐区之首。在滨海一带，乡村地名中的灶、堰、冈、仓、团、盘、圩、滩、垛、荡等多出自产盐单位，或与制盐过程有关，成为海盐文化最为鲜活的符号。

在历代诗文中，赞美淮盐（吴盐）的不胜枚举。如唐朝诗人李白曾在《梁园吟》中夸赞道："玉盘杨梅为君设，吴盐如花皎白雪。"宋朝大词人周邦彦在其《少年游》中也说："并刀如水，吴盐胜雪，纤手破新橙。""吴盐胜雪"一语，被人广泛传颂。

其实，比雪还要美的盐晶，也凝结了盐民的汗水。自古以来，盐民十分辛苦。为了获取卤水，他们长年累月挖泥刮土，泼水浇淋，手脚皲裂，痛苦难捱。为了将卤水煎煮成盐，烟熏火燎，挥汗如雨。自汉代起，被判刑的人多流放海边煮盐服刑，定籍盐户。罪犯们失去了自由，再加上劳累，死在盐场的不计其数。明代两淮盐场开始晒盐，清嘉庆年间，淮南一带有板晒晒盐法出现，传说是一个盐民见自己肩膀挑担的凹处经日晒而有盐晶，受到启发创造出来的。晒盐这一行，过去被称为"清水捞白银"，但盐工赚得很少，甚至连银子长什么样都不知道，只是挣几个铜钱养家糊口。他们整天出苦力，赤脚下盐田，赤膊抬盐筐，每筐都装两三百斤，力气小点的人根本抬不动。更可怕的是，身边的大海经常泛滥，夺走他们的性命。其中一次是明洪武二十三年（1390年）七月，海水冲毁吕四场堤堰，淹死盐民3万余人。

盐民又苦又累，且冒着生命危险，生产出的盐却给政府和商人带来了巨量财富。在漫长的农耕社会，人们的生产和生活资料都奉行自给自足的原则，唯独食盐不行，必须从外界通过贸易获得。看到经营食盐可获暴利，早在春秋时就有统治者盯上了这个行当。《左传》一书，称盐为"国之宝也"。周朝就有对盐征消费税的记载。春秋时期，管仲在齐国主张"官山海"，就是向铁和盐这两大商品收税。多数学者认为，是管仲创立了食盐专卖制度。专卖古称"禁榷"，"禁"是禁止，"榷"是独木桥，"禁榷"就是独占，不许他人经营。齐国对食盐实行民产、官收、官运、官卖，不光从本国民众那里获取海量利润，还以几十倍的价格卖给缺盐的邻国，赚取大量真金白银。食盐专卖加上其他改革措施，让齐国国库殷实，国力强劲，一跃成为"春秋五霸"之首。

后来历代王朝，都实行过食盐专卖制度。汉武帝为了掌握全国经济命脉，加强中央集权，抗御匈奴的军事侵扰，打击地方割据势力，推行了以桑弘羊为主所制定的盐铁官营制度。当时规定，必须使用官家器皿，由官方制造、运输和销售食盐；对于"敢私铸铁器煮盐者"处以"釱左趾（左脚戴上镣铐），没入其器物"的惩罚。盐铁专卖，有利有弊，一直引发争议。公元前81年，汉昭帝从全国各地召集贤良文学60多人到京城长安，与以御史大夫桑弘羊为首的政府官员共同讨论民生疾苦问题，后人把这次会议称为盐铁会议。会上，双方对盐铁官营、酒类专卖、均输、平准、统一铸币等财经政策，以至屯田戍边、对匈奴和战等一系列重大问题，展开了激烈争论，其内容由桓宽编著成《盐铁论》。辩论之后，部分地废除了盐的专卖制度。三国两晋时期，盐专卖恢复。隋到唐前期，废除了盐的专卖制度，安史之乱后，再度实行。唐宝应元年（762年），改为民间制造，官府统购，批发专卖。宋代，食盐专卖制度依然支撑着国家财政。唐宋时期，盐课常占国家整个财政收入的三分之一至二分之一。《宋史·食货志》中讲，唐时"天下之赋，盐赋居半"。

　　有官盐就有私盐，私盐价格低，甚至质量也比官盐好，因而私盐的制作与贩卖屡禁不止。官府为维护专卖，对贩卖私盐的行为严厉打击。五代时，贩私盐一斤一两就可以正法。唐代"自淮北置巡院十三"，专抓私盐贩子，抓住就要杀头，连相关官员都要连坐。宋代监管略宽一点，杀头的标准为：禁地贸易至十斤，煮碱盐至三斤。

　　明代实行"纲盐制"，商人想要合法贩盐，必须先通过向边关贩运粮食的方式从政府取得盐引（相当于盐粮兑换券），而后凭盐引到盐场支盐，再到指定销盐区销售。这种做法，属于政府主导与管理下的商人专卖。清代也沿袭了这个做法，依赖盐课，财源滚滚。清顺治年间，光是两淮盐税收入就占全国盐税总数的62%。盐商因为卖盐，都发了大财。他们向政府交纳税银之后，层层加价转卖。如乾隆三十七年（1772年），扬州盐引销售量约153万引，一引等于200斤，一引盐在海滨是0.64两白银，运到扬州后加上运费、盐税，达到1.82两左右，从扬州运到东南六省，零售价10两左右，价钱翻了十倍不止。

　　有了大量财富，盐商们为所欲为，扬州一带至今流传着他们的一些故事。乾隆年间，扬州最富的盐商是江春。民间传说，乾隆帝南巡至扬州，在瘦西湖中游览，忽然对陪同的当地官员说："这里多像京城北海呀，只可惜差一座白塔。"第二天清晨，皇帝在湖畔驻地开窗一看，见湖中一座白塔巍然耸立，不禁大为惊奇。身旁的太监连忙跪奏：是当地盐商为弥补圣上游西湖之憾，连夜赶制而成的。据说，是江春用十万两银子贿赂乾隆左右，让他们画出北京的白塔图，找人一夜之间用盐包堆成高塔。尽管只可远视，不可近攀，却让乾隆大发感慨："人道扬州盐商富甲天下，果然名不虚传。"

　　野史中，也记录了盐商们的豪奢之举。《清稗类钞》载："有欲以万金一时费去者，使门下客以金尽买金箔，载至镇江金山寺塔上，向风扬之，顷刻而散，沿缘草树间，不可复收。又有以三千金尽买苏州不倒翁，倾于水中，水道为之塞者。"这些挥金如土的行为，让人瞠目结舌。这本书中还讲，有的盐商喜欢貌美的女人，从看门人到女厨工，都选用二八佳丽清秀之辈。还有盐商偏偏喜欢貌丑的，家中奴仆照照镜子，觉得自己不称，不惜毁容，用酱敷之，在太阳下曝晒，将自己改造成丑人。之所以出现这些变态行为，肯定是金钱作祟。

宋代程大昌在《演繁露》一书中，精彩描述了晒盐过程中盐晶生成的样子："盐已成卤水，暴烈日，即成方印，洁白可爱，初小渐大，或数十印累累相连。"愿人类永远记住这份纯洁！

七 战旗飘飘

黄海曾经是人类的战场。在长达几千年的冷兵器时代与风帆时代，这里一次次闪现刀光剑影，响起骇人杀声，鲜血染战船，浮尸漂海上。

公元前 485 年春天，莒国沿海像往常一样，南风刮起，鱼群北上。一些渔民正乘坐小船撒网打鱼，忽然发现从南边来了许多大船，篷帆鼓胀，旌旗飘扬，在春日映照的海面上俨然一堵高墙。渔民们从没见过如此壮观的景象，急忙收网躲避，靠岸观看。只见大船队浩浩荡荡，由南往北而去，船上站满身穿甲胄的士兵，桅杆顶端的旗子上有个大大的"吴"字。渔民们猜想，这是吴国的军队，要去北方打仗。

的确如此，这是吴国的水军，要去齐国地盘登陆，打算配合吴王率领的陆军，一举征服齐国。孟子有言，"春秋无义战"，但这支军队似乎是"正义之师"。当时齐国内乱，大夫鲍牧杀死齐悼公，另立其子壬为君，为齐简公。吴王夫差听说后，在军门外大哭三天，决定亲自带兵讨伐。吴国这时国势强盛，刚刚灭掉越国，夫差正想找机会向北方扩张，这事给了他借口。周代虽然礼崩乐坏，群雄争霸，但臣子杀死国君，还是被视为大逆不道的。吴国出兵讨齐，与齐国相邻的鲁国、邾国、郯国立即响应，组成四国联军，从鲁国地盘到达艾陵这个齐鲁交界之处（今泰安与莱芜交界处）。吴王出发时还安排了一支水军，让大将徐承率领，从长江口出发，踏浪千里，到琅琊一带（今青岛市黄岛区西南部）登陆。这样能够分散齐国兵力，保证这次征战的胜利。

齐国虽然发生内乱，但面对强敌来袭，君臣同心对外，马上组织防御。军队统帅调集 300 条战船，到琅琊台海边严阵以待。等待了几天，吴国水军果然来了。

齐、吴当时皆为临海大国，水军装备堪称一流。多年来，吴国与楚、越等国在江河湖海中进行水战，战船主要有四种：大翼船、突冒船、楼船、桥船。大翼船，船身狭长，航速较快，分上下两层，上层载士兵，下层载船夫，具有较强的机动性和攻击性；突冒船，体积比大翼船稍小，但船身坚固，船体前部装有金属护角，可用于冲撞敌舰；楼船，船身高大，可容纳大量士兵，也可囤积粮草和军械，其周围以若干大翼船和桥船保护，此船大多用作指挥舰或作战中的移动堡垒；桥船，体积较小，灵活轻便，常用于掩护大型战舰、穿插包围、交替攻击。齐国舟师，主要配备了长于海战的楼船、大量尖头快船和"钩拒"等兵器。"钩拒"在当时较为先进，"钩"用于钩住敌方战船，"拒"用于防御敌方战船冲撞，据说为鲁班所制，最早应用于楚国水师，被齐国水师引进。

两强相遇勇者胜。早已做好准备的齐军鼓角齐鸣，杀声震天，用快船迎头而上，截击吴师。楼船随之载大量士兵冲击吴军阵容，将其分割包围。齐兵用"钩拒"钩住吴军战船，使之无法逃脱，而后手持剑盾冲上，与吴兵近身肉搏。不习惯北方低温、不熟悉当地海况的吴军被动应战，不敌对手，死伤严重，血染碧海。双方混战多时，徐承见大势已去，下令突围，带一部分残军向南逃窜，回老巢去了。消息传到四国联军，吴王震惊，只好放弃伐齐，灰溜溜撤退。

吴齐琅琊海战，见于《左传》《史记》，是我国史籍中关于海战的最早记载。这也是东亚和太平洋地区第一场大规模海战。这一战，挫败了吴国北伐中原的攻势，保全了齐国领土，也为100年后战国七雄并立的局面打下了基础。

有学者讲，徐承是中国历史中明确记载的第一位海军将领。其实，把徐承视为海军将领是不对的，第一，当时各国都没有建立专门用于海上作战的海军，都以水军作为陆军的辅助；第二，徐承率领的这支吴国水军，本来的用意是运兵登陆，到齐国地盘上作战。然而，齐军欲拒吴军于海上，便发生了这场规模巨大的海战。

在这片海域，1600多年之后，又发生了一场大海战。

那时，秦皇汉武唐宗宋祖，俱已化作星辰嵌入历史的天空。宋太祖赵匡胤的侄孙一代更比一代不争气，终于导致1127年的"靖康之难"，老少两代皇帝成为俘虏，被金兵押往北方的松花江畔。宋太宗赵光义的六世孙赵构在商丘被臣子拥为高宗皇帝，向南方一逃再逃，最后在临安（今杭州）栖身。然而，金国一直想彻底消灭南宋，经过多年的准备，于1161年9月发兵60万，分四路南侵。金兵在陆上有三路，分别从今陕西凤翔、河南汝南、安徽寿县出征。寿县这一路为主力，金国皇帝完颜亮亲自率领，企图过淮河，渡长江，直捣临安。另一路是水军，以苏保衡为浙东道水军都统制、完颜郑家奴为副统制，从山东半岛南部出发，计划在杭州湾登陆，与金军主力形成水陆夹击之势。

大敌当前，南宋君臣无比紧张，急忙研究对策。在这关键时刻，原岳飞部将、浙西马步军副总管李宝自告奋勇，愿率部下战船120艘、水军3000人，北上阻击金国水军。这些水兵并不是正规军，都是从闽、浙一带招募的弓弩手。8月14日，李宝率水军自平江（今苏州）起航。

出海以后北风大作，连刮三日，船队被吹得七零八落，只得到明州关澳（今舟山群岛）暂时停泊，好不容易才汇集了被风吹散的船只，在此休整。

9月，李宝得知一个消息：宿迁人魏胜起兵，收复了海州（今江苏连云港西南），便率军出发，10月到达海州东面海域。这时魏胜正在海州被金军围困，李宝立即率军登陆支援。他上岸后用剑在地上画出界线，激励部下："这里不再是我们的地盘，是否努力作战在于你们！"言罢，他手握长矛向前行进，遇到敌人就奋力搏击，将士们也鼓足勇气，以一当十。围困海州的敌人见援军勇猛，只好退去。魏胜出城迎接，李宝夸奖他是忠臣义士，勉励和他共建功名，魏胜感动落泪。解了海州之围，李宝率部下回到船上，继续向胶州湾进发。

从海州往北100多公里是莒县日照镇，海边有个叫作石臼的渔村，这里三面环海，从海上看去像一个岛屿。村前有港湾可供船只停泊，李宝水军至此驻扎休息。本书第一章第二节说到，这里有大片裸岩，上有多处臼状石坑，传说李宝水军曾用这些"石臼"杵米。就在他们支锅造饭时，有船从北面过来停下，竟然是一些前来投诚的金国汉族水兵，李宝立即向他们问询情况。听他们讲，金朝水军已经出海，停泊于唐岛（又名陈家岛，在今山东灵山卫附近，靠近海岸，形成港湾），共有战船600艘、官兵7万人。但金军不习水战，害怕风浪，水手多由强征的汉人担任，金人官兵多是待在舱内。李宝得知这个情况，觉得敌众我寡，要想取胜，必须用计。他决定隐蔽接敌、先发制人、突然袭击、火攻破敌。然而，时值深秋，西北风多，想发动火攻并不容易。

传说，石臼海边有一座海神庙，李宝去那里祭拜龙王爷，祈求他赐给南风，结果如愿以偿：10月27日清晨，风向由北转南。至此，这件战事就成为三国赤壁之战的"唐岛版"：诸葛亮借得东风大破曹军，李宝借得南风大破金军。

李宝见风向已变，发令起航，宋军战船乘风疾驰，时间不长就进入曾经发生吴齐大战的琅琊水域。这片水域的最北边就是唐岛湾，李宝发现金军战舰停泊在此，黑压压一片，立即组织进攻。鼓声、杀声惊天动地，战旗飘飘，与海浪一起飞扬。金兵急忙起锚升帆，但那些船帆都是油布做成，绵延好几里，风浪把他们吹到一个狭小的区域，活动受限，阵容大乱。李宝下令用火箭从四周射击，敌方船帆随即燃烧，火势蔓延，有几百艘船烧毁。火没烧到的敌船还想抵抗，李宝大声命令勇士跳上敌船，用刀剑刺杀，许多敌兵纷纷跳海逃生，却被淹死。战斗很快结束，俘获敌兵3000多人，斩杀其副统帅完颜郑家奴等6人，擒获倪询等叛贼交给朝廷。还缴获敌方的统军符印与文书，以及大量装备与粮食。剩下的东西无法带走，统统烧毁，大火烧了四天四夜还不灭。

燃烧在唐岛湾的大火，宣告了宋军的辉煌胜利。李宝真是南宋的一位大功臣，临危请命，力挽狂澜。金主完颜亮此时刚在采石之战被虞允文打败，依然坚持渡江攻宋，在瓜洲渡（今江苏扬州）汇集水军。得知唐岛水军被全部歼灭，完颜亮暴跳如雷，命令金军三天内必须全部渡江，否则处死。部将完颜元宜反对这种冒险行为，将他杀掉。金国欲灭南宋的战略计划，从此化为泡影。

唐岛海战，是中国古代战争史上突然袭击、以少胜多的一个成功范例。因为是第一次将火器运用于大规模海战，在人类海战史上也占有重要地位。

发生在黄海海域的这两次海战，属于华夏内部的海上格斗。元朝统一中国之后，经明清两朝，直到1840年，这样的大规模内部海战再没发生，倒是去朝鲜半岛的跨海作战有过几次。

一次是西汉水军进攻朝鲜。

汉武帝是中国历史上一位具有超常霸气的帝王，登基后北击匈奴、东并朝鲜、南诛百越、西北越葱岭、西南通云贵，征服大宛，奠定中华疆域版图。其中东并朝鲜一事，发生在元封二年（公元前 109 年）。

朝鲜是商末贵族箕子东渡后建起的，历经千年，却遇上了克星：汉惠帝元年（公元前 194 年），燕人卫满率众入朝，势力强大后将箕子政权推翻，自立为王，史称"卫氏朝鲜"。汉朝承认卫满为外臣，受辽东太守约束。卫氏王朝传至第三代右渠，这个国王妄自尊大，断绝与汉朝的关系，并且切断了中国经朝鲜至日本的海上交通线。汉武帝很生气，就在元封二年派涉何为使，去劝说右渠归顺。可是右渠不听，派他的裨王长送涉何回国。涉河因为出使没有达到目的，憋了一肚子气，走到澳水（鸭绿江）时，就指使随从杀死了裨王长。汉武帝闻讯后，认为涉何干得好，任命他为辽东郡都尉，即辽东郡的军事长官。右渠得知后大怒，出兵袭击辽东郡（郡治襄平，今辽宁省辽阳市），杀死了涉何。汉武帝怒气更高，于这年秋天发兵朝鲜，一路由楼船将军杨仆率楼船军 5 万人，自芝罘（今烟台）渡海，去朝鲜登陆；一路由左将军荀彘率陆军出辽东，渡澳水，与楼船军合击卫氏王城王险（今平壤）。

楼船是古代战船，战国时期就有，秦代更多。至了汉代，楼船是水军的主要战船，因此便成为水军的代称，也是对战船的通称。水兵称为楼船卒、楼船士，水军将校则称为楼船将军、楼船校尉等。汉代楼船的规模、形制都比前朝大得多，根据古籍记载，楼船一般为四层。甲板下设有舱室，供棹卒划桨之用。棹卒是划桨的士兵，在舱内的棹卒可以免受敌人之攻击。楼船甲板上的战卒手持刀剑，与敌人短兵相接，进行接舷战。舷边设有半身高的女墙，以防敌方矢石。女墙之内设第二层建筑，称为庐，庐上周边也有女墙。庐上战卒手执长矛，居高临下，或攻或守。庐上有第三层建筑，称为飞庐，藏许多弓弩手，可以远距离射杀敌人。最高一层为爵室，为驾驶室和指挥室。这样的楼船，在汉代有数千艘。

杨仆麾下有楼船军 7 万人，他先带前军 7000 人出发。7000 人需要多少条楼船我们不清楚，但肯定是一个庞大舰队。如此高大上的舰队在海上挺进，战旗飞舞，气势恢宏。但是楼船将军杨仆想争头功，在列口（今朝鲜南浦河口）登陆后，没有等到荀彘率领的陆军到达，就急急忙忙奔袭王险城，单独发起攻击。朝鲜军先是闭城固守，后见杨仆兵少，便出城反击。杨仆前军一败涂地，后续部队来了也被击破，只好退到山中收集残部，这时候才决定等待荀彘。但是荀彘和杨仆一样，也想单独建功，没与楼船军会合也去攻王险，同样失败。

后来，水陆两军终于在王险城下会师，分别从城南和城西北攻城。由于缺乏统一指挥，两军互不协同，一连数月未能攻破。汉武帝得知战况，派济南太守公孙遂去任统帅，统一指挥两军。但公孙太守到了朝鲜，偏袒荀彘，将杨仆囚禁，并将杨军并入荀军，这让汉军更加混乱。经过长时间整顿，直到第二年夏天，汉军才在荀彘指挥下再攻王险城。眼看京城将破，朝鲜方面主和的臣属杀掉右渠，出城投降，这场战争才终于结束。随后，汉武帝在朝鲜地盘设置真番、临屯、乐浪、玄菟四郡，朝鲜半岛除了南端的马韩、弁韩、辰韩，均归入汉朝版图。

再一次是唐军与日本的白江口之战。

唐朝初年，朝鲜半岛有三个政权：高句丽、新罗、百济，它们之间相互争斗。在对外关系方面，高句丽与唐朝作对，新罗与唐朝结盟，百济则与高句丽和倭国（日本）交好。公元 660 年，位于西南端的百济进攻东南端的新罗，新罗丢城失地，招架不住，急忙向唐朝求援。唐朝当时刚刚经历贞观之治，国家繁荣富强，当然不会容忍百济欺负自己的小弟，于是派兵 10 万，由神丘道行军大总管苏定方率领，从山东半岛东端的成山渡海。经过几天几夜的海上颠簸，在熊津江口（今韩国锦江口）登陆。百济军据江口拒守，唐军先锋抢滩登陆，与百济军激战。这时海上涨起大潮，后续唐军船队到来，扬帆盖海，十分壮观。登陆后突破百济守军防线，很快攻陷其都城泗沘，百济投降。胜利之后，苏定方班师回国，留下刘仁轨率三千唐军镇守百济。

　　然而，百济人不甘心失败，很快形成了以鬼室福信为中心的复国力量，在南方多个城市造反。福信还派人向日本求援，并请求将在日本做人质的百济王子扶余丰迎回国内。日本决定援助，公元661年，齐明女皇亲自赶赴筑紫前线，却因旅途劳顿，病死于朝仓宫中。而后天智天皇即位，对百济事务继续采取行动。这年9月，将当时日本最高等级的织冠授予扶余丰，并派遣一位大将率军五千将他护送回国，继承王位。见唐朝军队依然不撤，百济新王岌岌可危，日本准备了一段时间，于663年3月发兵。这支队伍集中了全国精锐，有2.7万人，乘1000多艘船，气势汹汹跨海而来。

　　对于日本的军事行动，唐军早已报告朝廷，高宗皇帝派援军3000人，从海上火速赶往百济。这期间，刘仁轨指挥唐军与新罗的联合水师，顺白江（锦江的一条支流）而下，在江口与唐朝援军会合。盘点一下，共1万多人、170条船，可谓敌众我寡。好在唐军多是艨艟巨舰，大而坚固。

　　对于这次海战，日本史书《日本书记》卷二十七《天命开别天皇》记载："大唐军将率战船一百七十艘，阵列于白江村。戊申（二十七日），日本船师初至者，与大唐船师合战。日本不利而退，大唐坚阵而守。己申（二十八日），日本诸将与百济王不观天象，而相谓之曰：'我等争先，彼应自退。'更率日本乱伍中军之卒，进打大唐坚阵之军。大唐便自左右夹船绕战，须臾之际，官军败绩，赴水溺死者众，舻舳不得回旋。朴市田来津（日军主将）仰天而誓，切齿而嗔杀数十人，于焉战死。是时，百济王丰璋与数人乘船逃去高丽。"

　　从双方战术来看，第一天作战，是日军主动进攻，唐罗联军以逸待劳，日军没能占到便宜。第二天，日军指挥者不察看天气与风向，就鲁莽进攻，唐罗联军用大船将他们包抄夹击，很快将其打败，并杀死其主将。

　　《旧唐书》中这样描述："仁轨遇倭兵于白江之口，四战捷，焚其舟四百艘，烟焰涨天，海水皆赤，贼众大溃。"

"烟焰涨天，海水皆赤"，这个出现在北黄海上的场面，让战胜国举国欢庆，日本国一片哀恸。日本这时明白了与大唐之间的国力差距，此后夹紧尾巴老老实实，继续派遣唐使到中国虚心学习，长达900多年没有主动挑起战事。

还有一次是明军抗倭援朝。

16世纪末，日本出了一位战争狂人。此人叫丰臣秀吉，经过多年征战，统一了日本，他便萌发野心，想征服朝鲜、中国甚至天竺（印度）。他先对朝鲜声称，借道朝鲜去中国，朝鲜当然不会答应，丰臣秀吉就于1592年3月13日发布侵略朝鲜的出兵令，计有陆军近16万人、海军3万—4万人、战船700—800艘，4月12日在朝鲜釜山一带登陆。这场战争，日本称为"文禄庆长之役"，中国通常称为"壬辰战争"（1592年为农历壬辰年）。日军渡海后分三路发起进攻，仅用一个多月时间，就攻占了汉城、开城、平壤等地，逼近中朝边境。国王逃到鸭绿江边派人向明朝求救，万历皇帝决定派李如松统领4万大军抗倭援朝，很快取得平壤大捷。以后中日双方各有胜负，朝鲜全罗道左水使李舜臣多次取得海战胜利，对扭转战局起了决定性作用。1595年，战争的第一阶段基本结束。

1597年正月，丰臣秀吉派14万大军再侵朝鲜。朝鲜再次求援，明朝调7万兵力赴朝作战。打了一年，战争未了，明朝派兵增援，并且动用了水师。邢玠招募江西水军，并以海路运兵以作持久之计。老将邓子龙率浙江、南京之兵过海，与朝鲜水师一起作战。打到秋天，中朝联军终于将日军压缩到半岛南端的狭小区域。8月，丰臣秀吉病死，临死前发布命令从朝鲜撤军。由于命令传达渠道不够畅通，10月才传到侵朝日军这里。日军得知，无心再战，立即组织撤离，但在撤离过程中一次次遭到中朝联军打击。这时，朝鲜水师兵力有约48万人、各种舰船488艘。中国明朝水师兵力有约13万人、战船500余艘。日军还有最后的 4.6 万余人、3000 艘左右的战船正在集结，拟分三批撤退。朝中联合舰队的 800 余艘战船封锁海面，严阵以待。

11 月 11 日，日本驻朝鲜西南部的第 2 军开始撤退，但一再被朝中联合舰队拦击，只好向驻泗川、南海之日军求援。援军共两支船队，兵力万余人，船只 500 余艘，于 18 日午夜开始通过露梁海峡。朝中联合舰队接到情报，火速赶到露梁以西海面等待他们。明军老将邓子龙率兵 1000 人，驾 3 艘巨舰为前锋；陈璘率明朝水师为左军；李舜臣率朝鲜水师为右军。三支大军趁月夜到达预定海域，完成部署。

有一位叫柳成龙的朝鲜官员亲历了这场海战，后来用汉语文言文写了一部《惩毖录》，专门记述朝鲜壬辰卫国战争。书中对露梁之战的描述详细而生动，有这么一段："月挂西山，山影倒海，半边微明。我船无数，从阴影中来，将近贼船，前锋放火炮，呐喊直驶向贼，诸船皆应之。贼知我来，一时鸟铳齐发，声震海中，飞丸落于水中者如雨。"

不幸的是，邓子龙率领的前锋舰被日舰包围。"子龙素慷慨，年逾七十，意气弥厉，欲得首功，急携壮士二百人跃上朝鲜舟，直前奋击，贼死伤无算。他舟误掷火器入子龙舟，舟中火，贼乘之，子龙战死。"（《明史·邓子龙传》）

邓子龙，这位武举出身的明朝名将，年过七十还统率水军出征朝鲜，却在露梁海战中壮烈牺牲。邓子龙善书法、好吟诗，有《风水说》《阵法直指》《横戈集》等著作。他还自题对联"月斜诗梦瘦，风散墨花香"挂于自家书房。联句中的"月"，在露梁之战时便与 1597 年 11 月 18 日午夜的那轮冷月合为一体了，海风将他的英雄事迹传播至中朝两国，400 多年来他一直被人景仰。

在这场海战中陨落的将星还有朝鲜民族英雄李舜臣。在邓子龙战死后，他和陈璘分别率领左右两军快速赶来，对日军发动猛烈攻击。朝鲜史书《朝鲜李忠武公行述》这样描述："两军突发，左右掩击，炮鼓齐鸣，矢石交下，柴火乱投，杀喊之声，山海同撼。许多倭船，大半延燃。贼兵殊死血战，势不能支，乃进入观音浦，日已明矣。"天明之后，李舜臣率朝鲜水师乘胜追击，在观音浦再与日军短兵相接。陈璘也率明朝水师赶来，用炮连续袭击，日舰纷纷起火。日军垂死挣扎，拼命反击。这时，李舜臣突然中弹牺牲，他儿子隐瞒父亡消息，鸣鼓挥旗，代父指挥。到了中午，战斗结束。

露梁海战中，日军死亡1万多人，船只尽毁。中朝水师虽然损失了李舜臣与邓子龙两员大将，却以辉煌战果彪炳史册。

值得提及的还有中国为这场战争所组织的海运。因为朝鲜北部山路崎岖，交通不便，向前线输送军队和物资，多是通过登、莱二州，经海上运达。据当时的不完全统计，战争期间从登、莱海运到朝鲜战场的明军有23万余人，粮米54万石，金36万两，银159万两，绢帛近40万匹。渤海与黄海之上，运输船队来来回回，旌旗猎猎。

明军抗倭援朝，改变了历史进程，让东亚地区的政治力量重新洗牌，深刻影响了中、日、朝的战略格局。战后，日本改朝换代并闭关锁国，中日之间维持了近300年的和平。

八 南粮北运

公元13世纪末期到14世纪中期，从黄海到渤海，经常有成百上千艘船组成的庞大船队来来回回。这些船从长江口北上，再从成山头拐弯西行，吃水线都很深，因为船上满载粮食。船首船尾都有一面白旗，上面写着一个人名。那是押运官的名字，每个押运官负责30艘船，官级正八品，相当于现在的乡镇长。他们上面还有更高层级的官员，管理整个船队的是大司农（管农桑水利事务，相当于部长）。他叫朱清，原来是著名海盗。

朱清是长江口崇明县人，年少时随母亲以捕鱼贩柴为生，成年后"身长八尺，貌如彪虎"。他在一家姓杨的大户做工，主人为富不仁，压榨雇工。朱清一怒之下，"夜杀杨氏，盗妻子财货去"。此后住在海中沙洲之上，或贩私盐，或抢财物，成为海盗。有一次，朱清去吴淞江贩私盐，在新华镇换米时结识张瑄，二人意气相投，结为兄弟。他俩带领一帮人越干越猛，被官府盯上，抓他们入狱。本来判了死刑，行刑前却遇到救星——提刑官见他们气宇非凡，私下放了他们，对他们说："今中原大乱，汝辈皆健儿，当为国家立恢复之功。"二人出狱后，率众驾船北上，三昼夜逃到了沙门岛（今渤海海峡的长岛）。立足后发展壮大，部众有几千人，船500艘，成为一支颇有声势的海盗队伍。南宋时山东是抗金的重要战场，朱清也踊跃响应。他曾带船队打出宋师旗号，攻破蓟州城，辽东士民和那些被俘在此的南宋人纷纷起义响应，让金国后院大乱。但朱清自知兵力不足，很快"率众复归"，辽东的起义力量随即遭到镇压。

此后，朱张二人继续当海盗，南到通州（今南通），北至胶莱，"往来若风与鬼，影迹不可得"。他们还从事海上贸易，把买卖做到了朝鲜、日本。久而久之，积累了丰富的航海经验，熟悉南北海道。元军南进时将其招安，朱清携老幼和部众泛海至胶州受降，与张瑄一起被元朝廷授予行军千户职，都成为军官。二人随元军南下，屡建战功。南宋都城临安被攻破，他俩受命将获取的乐器、祭器、宝物、图书等等装船，经海路运往渤海湾直沽，再通过陆路运到京师。

元朝定都大都（今北京）之后，"去江南极远，而百司庶府之繁，卫士编民之众，无不仰给于江南"。尤其是南粮北运问题更加突出。"苏湖熟，天下足"，元朝一年要征粮1200余万石，其中将近1000万石出自南方。公粮供应京都地区，全靠漕运，漕运是中国古代通过水路运送公粮的专业运输方式。唐宋时，首都在长安、开封等城市，粮食通过内河运去。元朝初期还是利用内河，经淮河、黄河（此时黄河与淮河并流入海），逆流运至河南中滦（今河南省封丘县），再陆运至淇门（今河南省汲县），入御河（今卫河），最后到达京城。但这条水陆运输线很不好走，有些河段淤浅，行不了大船，运力受限。朝廷决定另辟蹊径，"广开新河"。先是在原运河基础上"开济州泗河，自淮至新开河，由大清河至利津，河入海"，但海口经常有沙淤积，很不通畅。

此时有人脑洞大开，向朝廷献计，"开胶、莱河道通海"，就是在山东半岛拦腰挖一条运河，南连胶河，北接胶莱北河，从胶州湾直达莱州湾，可以避开成山头的激流巨浪，距离也能缩短500多公里。元世祖准许，命人于至元十八年（1281年）动工，第二年挖通。这条胶莱河流经原胶南、胶州、平度、高密、昌邑和莱州等地，全长200公里。但因急于求成，河窄水浅，行船困难。开挖胶莱运河看上去是个壮举，结果是"劳费不赀，卒无成效"，至元二十六年（1289年），这条运粮路线被放弃。

那个时代，有无数人在江河上忙于漕运，纤夫们弓腰撅臀挥汗如雨，将一船船粮食拉往北方，却喂不饱京都和京畿地区无数人的肚子。君臣忧心似焚，经常讨论南粮北运一事。1282年的一天，元丞相伯颜灵机一动，忽然想起曾经命张瑄、朱清从海道往京师运送典籍一事，认为还是这条海路可行。皇上立即同意，命上海总管罗璧、朱清、张瑄等马上去办。这就有了关于漕运的另一决策：弃河图海。

海漕的起点选在平江刘家港（今江苏省太仓市浏河镇）。朱清、张瑄到了那里，督造平底海船60艘，于12月装上公粮4.6万石，扬帆入海。"经扬州路通州海门县黄连沙头、万里长滩（二处在今江苏省海门市东南，现已与长江三角洲涨连）开洋，沿山屿而行……"这时正是寒冬腊月，逆风逆水，"抵淮安路盐城县，历西海州、海宁府东海县、密州、胶州界，放灵山洋，投东北路，多浅沙，行月余始抵成山"；"转过成山，望西行驶到九洋，收进界河（今海河）"，至直沽杨村码头（今天津市武清区）泊定，耗时将近两个月。

第一次海上通漕运粮成功，朝廷从此罢河运，行海道，并设立行泉府司，专掌海运。元世祖忽必烈授予朱清、张瑄宣慰使，以表彰他们的海漕之功。然而，这条航线主要是傍海岸行驶，艰难曲折，航期长达一两个月。尤其是遇沙搁浅、倾覆的事故经常发生。据漕运资料统计，至元十九年（1282 年）第一次运量为 4.6 万余石，事故损失粮食将近 4000 石；至元二十八年（1291 年）起运量为 150 余万石，竟然损失约 24.6 万石，这意味着有 16% 的船粮沉没于海洋。海损严重，航期漫长，京都所需粮食依旧供不应求。

至元二十九年（1292 年），朱清、张瑄等向朝廷讲，"此路险恶，踏开生路"，决定探索新的航线。当年夏季，漕运船队还是自刘家港出发，出长江口，过"万里长滩"，但并不傍岸，一直向东行至海水"透深"，才转向东北"开放大洋"。"先得西南顺风，一昼夜约行一千余里，到青水洋"，再"得值东南风，三昼夜过黑水洋，望见沿津岛（又称延真岛，实为山东石岛群山）大山。再得东南风，一日夜可至成山"。转向西行，"一日夜至刘岛（今刘公岛），又一日夜至芝罘岛，再一日夜至沙门岛"。"守得东南便风，可放莱州大洋，三日三夜方到界河口。"这样一来，航行时节由冬季改至夏季，可借西南向或东南向的季风，船期大为缩短，如果风向好，半个月就到直沽杨村码头。再一个好处是，从万里长滩直驶青水洋，避开了江苏与山东沿岸的浅险区域，事故大大减少。漕运资料表明，此条航线通航当年，事故损失粮食与起运粮的比重，已由上一年的 16% 降至 3%。

然而此条航线还不理想：如果风向不对，海流不对，就会迂回盘折，需要一个月甚至四十多天才到。至元三十年（1293 年），海运千户殷明略受朝廷委派，指领船队再探新路。"从刘家港入海，至崇明州三沙放洋，向东行，入黑水大洋，取成山，转西至刘家岛，又至登州沙门岛，于莱州大洋入界河。"这条航路最大的好处是，出长江口直往东去，虽然撑出去很远，却找到了"顺水"。这里有一股洋流（黑潮暖流的分支黄海暖流）终年往东北方向流动，流速很快。当时漕运多在四、五月启程，来到这片黑水洋之后顺风顺水，整个航程只需十天左右。走这条航线也更加安全，至元三十一年（1294 年）的漕运记录显示，该年起运量为 51.4 万余石，事故损失粮为 1100 石，仅占起运量的 2% 左右。

新航路的成功开辟，标志着当时北洋漕运航路已臻成熟，由一年一运增至一年两运。一般是正月集粮，二月起航，四月至直沽，五月回帆运夏粮，八月重返本港。往返一次，一般为 3 个月。漕运规模不断扩大，每年用几百上千艘船，如延祐元年，从浙西平江路刘家港起航 1653 艘，从浙东庆元路烈港起航 147 艘。漕船也越造越大，最初用平底沙船，一船仅载三百石左右，后来打造适合走深水大洋的尖底大船，"船幅殆为四角形，下侧渐狭尖如刃，以便破浪"，最大的可载八九千石。元文宗天历二年（1329 年）运量增至 352 万石，至正元年（1341 年）为 380 万石。

元代海漕从无到有，从弱到强。朱清、张瑄先是利用自己的海船与海盗旧部众，又招募盐枭、灶丁、沙民、船户以及开河卫军、水手，后来有几十万人从事海漕大业。这些人积累了丰富的航海与造船经验，明朝初年郑和七次下西洋，用的"宝船"就是这些人的子孙打造的，有些船户的子孙成为郑和手下的大副、舵工、水手，让海外许多国家见识了中国航海业的强大与辉煌。

朱清、张瑄成为漕运功臣之后，地位越来越高，二人都擢升为宰相一级的重臣，他们的很多子侄、部下成为大官。出身贫贱，做过海盗，而今如此富贵，便招致嫉妒与诽谤。加之他俩在掌管北洋漕运的同时，插足朝廷打算独揽的海外贸易，触犯了"凡权势之家，皆不得用己钱入蕃为贾"的禁令，遭到弹劾。大德六年（1302 年），皇上派人审讯他们，朱清"发愤以首触石而死"——因为气恼悲愤，自己用脑袋撞石而死。他的儿子和张瑄父子均被处决，并连累了好多人。

起于沧海，没于宦海。朱张命运，令人扼腕！

元朝末年，农民起义如火如荼，漕运无法继续，于至正二十三年（1363 年）告终。1368 年正月初四，朱元璋在南京称帝，国号大明。当年 7 月 28 日，朱元璋部下大将徐达攻陷大都。两年后，朱元璋封他的第四个儿子朱棣为燕王，就藩北平。后来，朱棣发动靖难之役，起兵攻打建文帝，1402 年攻破南京，即皇帝位。为加强对北方的控制，于永乐十八年（1420 年）迁都北京。迁都之后，南粮北运自然也成为一件大事。

明代漕运，以河漕为主，海漕为辅，最初的海漕主要是往辽东运送军粮。明成祖朱棣即位后，一方面加紧疏浚南北大运河，一方面积极推进海漕。永乐十二年（1414 年）每年运粮百万石，海运势头已接近元代北洋漕运之盛期。也就是在这一年，会通河疏浚成功，南北大运河通达无阻，就停止了自江南至直沽的海运。此后虽有多位大臣提议恢复海运，但朝廷都不答应。

100 年过去，运河运输屡现窘境，主要是河淤水浅，行船困难，有人就建议重启海漕。为了缩短运程，想再利用元代的胶莱河。明嘉靖十九年（1540 年），又在马濠（在现今黄岛区）的旧河道向西七丈处开挖新河。《明史》卷 68《河渠志五·胶莱河条》记载，这里都是石头，"其初土石相半，下则皆石，又下石顽如铁。焚以烈火，用水沃之，石烂化为烬"。那时没有炸药，便用柴火放在石头上烧，而后用冷水浇淋，让石头爆裂。历时 3 个月，"海波流汇，麻湾以通，长十有四里，广六丈有奇，深半之。由是江、淮之舟达于胶莱"。胶莱新河开通后，有两个问题一直难以解决：一是泥沙极易淤积，"大潮一来，沙壅如故"；二是水量不足，尤其是中间在分水岭上的一段（平度县姚家至窝铺），有 15 公里长，地势高，水太浅，船舶需拖沙而行。

所以，明代想在胶莱河运粮的计划还是没能成功。加之倭寇在沿海骚扰，朝廷又决定改海漕为河漕，胶莱运河渐渐荒废。

隆庆四年（1570年），黄河在宿迁突然决口，冲翻了800艘漕粮船。第二年"徐邳州河淤"，运河这条运输大动脉断掉。给事中宋良佑上书，请朝廷考虑再行海运。山东巡抚梁梦龙也在此时上书，大讲海运的好处，提出"以河为正运，海为备运"的方案。他还派人"自淮安转粟二千石，自胶州转麦千五百石，入海达天津，以试海道"，试验的结果是一帆风顺。他再度奏请，经廷议核准。梁梦龙马上汇集了12万石粮食自淮入海，运至京师，停止了很久的海运终于复苏。然而仅仅过了三年，也就是万历元年（1573年），北洋海运船队在即墨海域发生海难，坏船7艘，漂米数千石，溺死军丁15人，朝廷又重罢海上漕运。

万历二十五年（1597年），日本丰臣秀吉第二次出兵侵略朝鲜，明朝政府抗倭援朝，"自登州运粮给朝鲜军"，保证了战争的胜利。万历四十六年（1618年），明政府又在辽东用兵，再度采用海运。但这都是在黄海与渤海海域运送军粮，南北漕运仍以河运为主。

明末崇祯十二年（1639年），海上漕运再度恢复。恢复的原因是清兵攻入山东的临清、济宁一线，运河航线断掉。情急之下，内阁中书沈廷扬提出方案，亲自去江苏运粮。"乘二舟，载米数百石，十三年（1640年）六月朔（初一），由淮安出海，望日（十五日）抵天津。守风者五日，行仅一旬。帝大喜……"崇祯觉得抓到了一根救命稻草，下令继续组织海运。但是他只吃了四年从海上运来的南方大米，大明王朝就走到了尽头。1644年4月25日，李自成的队伍攻进北京，崇祯帝亲手砍杀自己的两个女儿，悽悽惶惶去景山将自己吊死。

清朝定都北京，同样面临南粮北运问题，但因为实行海禁，主要依赖运河。后来多次因为运河浅涸等问题，打算恢复海漕，都引起激烈争论，不了了之。

道光四年（1824年），"南河黄水骤涨，高堰漫口，自高邮、宝应至清江浦，河道浅阻，输挽维艰"。户部尚书英和上奏声称，只有暂停河运治河，雇募海船以利运，才能解目前之急务。并指出，因为来不及造船和招募人员，应以商运代官运。道光帝也知道兹事体大，但还是担心有违"祖宗之法"不敢决断，只是诏令"有漕各省大吏议"。与漕运有关的各省官员便纷纷建言，主张恢复海漕的居多。安徽巡抚陶澍提出，"请以苏、松、常、镇、太仓四府一州之粟全由海运"，并附上一份航路说明书"恭呈御览"。这份航路说明非常详尽，自上海黄浦口岸出发，共分六段。还是沿袭元代海漕的路线，出长江口之后奔"黑水大洋"，北上至成山洋面，西转芝罘岛，最终入天津海口，总计水程2000多公里。每一段需要多长时间，海是什么颜色，深度多少，能看到哪些岛和山，都说得很清楚。清廷采纳了这些意见，设海运总局于上海，并设局天津，委任高官督管海运。

道光六年（1826年）正月，浙江一带的稻米集中到上海，2月1日正式启运，9月30日结束，分批装运，"逾旬而至"。共动用商船1562艘，运输粮食160万石。但是此次海运并没走黑水洋，而是傍岸而行。《钦定大清会典事例》中有如下记载："大洋中千余里，并无山岛可泊，直至即墨县之崂山、文登县之北槎山，始见岛屿。如无风便，暂须收泊，则在日照县之夹仓口，胶州之古镇口，均可寄椗。胶州之唐岛，即墨县之青岛，海阳县之棉花岛、乳山口等处，皆可停泊。"

1885年刊行的《日照县志》，载清代青浦教谕方正玭的律诗《石臼所观海》，有这样两句："江淮红粟达神京，转运都由石臼行。"由此看来，日照县石臼所当时也是海上漕运途中停泊的港湾。

南粮北运，持续千年。千年之后，格局反转。从20世纪末开始，原来的粮食主产区长江三角洲和珠江三角洲因为第二、第三产业迅速发展，土地大量减少，粮食自给能力不断下降，要从北方地区输入。

北粮南运的大头是东北产的粮食，陆路海路，大举南下，这是古人无论如何也想象不到的情景。

九 明清海禁

自从出现在地球上，人类就与海洋结下了不解之缘。凭借勇气与智慧，人们或从海洋获取食物，或建立贸易通道，或寻找友族，或扩展疆土。公元 14 世纪之后，西方航海业大兴，除了从事捕捞，海上贸易、海洋探索也方兴未艾。尤其是 15 世纪到 17 世纪的"地理大发现"，进一步刺激了西方人的好奇心和占有欲，欧洲的船队出现在世界各处的海洋，航海名家不断涌现，新的航路不断开辟，让整个世界通过海洋连为一体。

然而，从 14 世纪到 17 世纪的 300 多年里，在太平洋西岸的中国近海，却一次次出现诡异景象：难觅帆影，少见人迹。

这是为何？因为实行"海禁"。

海禁，指对航海活动做出限制或者禁止。最早的海禁令是元朝颁布的，共有 4 次，时间总计 11 年，主要是出于军事需要或加强对海外贸易的控制，对渔业没有多少影响。到了明朝，形势大变。1371 年，刚刚登基三年的朱元璋便发出了海禁令，中心内容是"片板不许入海"。一片木板也不许到海里去，更何况由木板拼装起来的船只。

朱元璋为何这般决绝地实行海禁？因为"海疆不靖"，面临两大敌患。一是倭寇。当时日本处于南北分裂时期，战争中失败的武士，因为贫困加入海盗队伍，侵扰朝鲜与中国沿海地区。1369 年，即明朝建立的次年，便发生了倭寇对山东、苏州、淮安等地大面积侵扰事件。二是张士诚余部。张是盐民出身的起义军领袖，曾自立为王，国号"大周"，后来在朱元璋部队的进攻下上吊自杀。他的余党逃亡海岛，与朱氏王朝不共戴天，经常上岸抢劫。

与海禁令相配套的措施有以下三条。

一是加强海防，广建卫所。山东是京都门户，需要重点防守，先后在沿海建起安东卫、灵山卫、鳌山卫、大嵩卫、靖海卫、成山卫、宁海卫、威海卫、登州卫、莱州卫。在辽东半岛南端，有金州卫。在江苏（当时属南直隶），临海有镇江卫、扬州卫、高邮卫、淮安卫。一卫有5600人，长官为指挥使。一卫辖属5个千户所，一千户为1120人，长官为千户。

二是"罢市舶司"。撤销自唐朝以来就存在的负责海外贸易的福建泉州、浙江明州、广东广州三处市舶司，断绝了中国对外贸易。

三是迁海岛之民。为了杜绝岛民和张士诚余部的联系，也为了使倭寇失去抢劫的对象，将海岛上的居民徙迁内陆。在黄海沿岸也实行了这一措施，"必使岛无一人"，否则"杀死勿论"（雍正《山东通志》卷三十五）。当时，山东、辽宁间三十余岛被尽数荡平。海州云台山一带（包括郁州岛）那时还在海中，有"云台十八村"之称，洪武年间被官府强制迁移至鲁东南的一些地方，在临沭、郯城、日照、莒南一些家族的家谱中能找到记载。

明成祖朱棣即位后，重开海禁。他准许海上漕运，指定沿海港口与周边各国进行贸易，对于民间与外国的贸易还是不许，"遵洪武事例禁治"。永乐二年又下令，"禁民间海船"。但让世人惊诧的是，从永乐三年（1405年）起，在长达28年的时间里，明成祖派回族宦官郑和率船队七次下西洋，每次都带200多艘大船、2.7万多人，远航西太平洋和印度洋，到达30多个国家和地区。朱棣的这个惊天壮举，目的是宣扬国威、鼓励朝贡贸易，另外，还试图寻找被他推翻的建文帝。当时有传言，说建文帝还活着并流亡海外。虽然没有找到建文帝，但这七次航海活动为中国航海史增添了精彩篇章，因为无论是船队规模还是技术水准，当时都居世界前列。

郑和最后一次下西洋，在归航途中病死在印度西海岸，船队回国后再没出去，明朝从此由盛变衰。嘉靖二年（1523年），外交领域出了一桩奇事，让倭患再次爆发。

那年6月15日，日本大名大内氏和大名细川氏两个政权都派使团来明朝贸易、进贡，到了宁波市舶司，都说对方是假的，争执不休。与细川氏一同来的中国人宋素卿，暗中贿赂太监赖恩，得以先进港验货。在招待宴会上，细川氏使臣瑞佐被置于首席，大内氏使臣宗设被置于次席。明朝市舶司的人并不知道大内氏和细川氏在国内就相互敌视，而且大内氏的使团成员大多为海盗。大内氏的人觉得受到侮辱，恼羞成怒，便把按规定收缴保存的武器抢出来，攻入嘉宾堂，将正在饮酒的细川氏使臣瑞佐杀死。大内氏使团还纵火烧毁嘉宾堂，烧毁细川氏使团的船只，一路追击逃走的宋素卿，在宁波一带烧杀掳掠，最后夺船逃往日本。备倭都指挥刘锦、千户张镗率军追赶，不幸战死。兵科给事中夏言上书，说倭乱起于市舶，礼部也请罢市舶司。明世宗于震惊之中草率批准，再次废罢市舶司，并下令封锁沿海各港口，销毁出海船只。

这样一来，堵住了中日之间正常的贸易渠道，中国的一些商人、渔民铤而走险，成为海盗。如安徽人王直本是一名海上巨商，同时拥有强大的武装力量，曾屡屡打击倭寇，却因为海禁，只好去日本安下据点，自立为王，成为与明朝作对的大海盗，其部下经常引导倭寇到中国沿海发动攻击。日本海盗和中国沿海豪族、海盗勾结，造成嘉靖40多年间旷日持久的所谓"倭寇之乱"。

沿海人民此时苦难深重，他们不只是屡遭倭寇袭击，还因海禁，不能从事海洋生产或有关贸易，难以维生。如海州地区沿海居民本来依海为生，官府封海扣船，好多人只好逃往内地寻找活路。有资料显示，海州在明代中期正德十一年至嘉靖三十一年，30年间人口零增长，嘉靖三十一年至四十一年人口减少4943人。胶州沿海本是发达之地，而此时"民多积赋远逃，居者有代纳之苦"。明嘉靖二年进士、即墨名士蓝田有诗道："捕鱼恒苦饥，采薪无完衣。相见长叹息，催租夜叩扉。倭奴东海渡，我无一叶舟。叹息麦秋到，筑城犹未休。"万历年间抗倭援朝，急需运兵运粮，而官船不够用，山东巡抚万象春下令募集民船，"一月间，只募得辽船三只"。由此看来，山东沿海的民间捕捞业与运输业此时严重凋敝，到了无以复加的程度。

正所谓"乱世造英雄"，许多豪杰奋起抗倭，居功至伟者当数山东汉子戚继光。他16岁继承祖上职位，任登州卫指挥佥事，对倭寇恨之入骨，写下了"封侯非我意，但愿海波平"的诗句。嘉靖三十四年（1555年），他调任浙江都司佥事并担任参将，率领自己亲自招募并训练出来的"戚家军"与倭寇血战，接连取胜。此后又挥师南下，将闽广一带的倭寇几乎杀光，成为家喻户晓的民族英雄。

我的家乡也出过一位抗倭英雄。他叫孙镗，莒州大铁牛庙村人（今属山东省莒南县坪上镇），年轻时善骑射，嘉靖三十二年（1553年）到苏杭一带经商。适逢倭寇嚣张，松江知府张贴告示，招募义兵，抗御倭寇。孙镗立即谒见郡守，表达投军平倭之志，并当即献出钱财，以助军饷。郡守深受感动，把他推荐给松江府参政翁大立。翁大立命孙镗比试刀马武功。见孙镗运刀若飞，当即录用。不久，苏松兵备副使任环率军平倭，被倭寇围困，孙镗杀退倭寇，救出任环，荣立大功。他派人回到故里，将家中钱财拿出来资助军饷，并招募家乡壮士从军平倭，"吴中倚镗若长城"。嘉靖三十三年（1554年）春，倭寇突犯松江府西，烧杀掳掠。孙镗率兵数名，前往交战，苦战一天，援兵不至，只好撤退。退至石湖桥时，倭寇伏兵突起，孙镗不幸坠马落水，被倭寇用长矛刺死，壮烈殉国。嘉靖皇帝于三十四年敕赠孙镗为光禄寺署丞，并令人在其家乡建祠祭祀。

1567年，明穆宗朱载垕继位，海禁政策仍在实行，一些军政大员对此态度坚决。兵部右侍郎、总督蓟辽军务的刘应节就认为："必使岛无一人，庶可患绝。"他采取了"佯示剿捕以寝逆志，曲为招抚以系归念"的两手策略，将山东、辽宁间 30 余座岛上 4400 余人尽数召回，"凡房屋、井灶及碾磨居食所需之物，俱荡平无存"。以后每月委官搜捕一次，"如有一人一家在岛潜住，即擒挐到官照谋叛未行拟以重罪。如敢拒捕，许官兵登时杀死勿论"。（清雍正七年《山东通志》卷三十五，刘应节《海岛悉平疏》）

然而，朱载坖对于海防形势的认识与前任不同，总结得失之后，认同这一观点："市通则寇转而为商，市禁则商转而为寇。"他在登基的当年即宣布解除海禁，开放福建漳州府月港（今福建海澄），史称"隆庆开关"。虽然偌大中国只开放一个小港，但毕竟能让民间私人的海外贸易获得合法地位。这一举措，也能将真假"倭寇"区分开来。此后，倭寇越来越少。日本此时也进入江户幕府时代，结束了长期的分裂状态。为防止西方传教士到日本传教，从 1633 年至 1639 年，江户幕府先后 5 次发布法令，禁止对外交通和贸易，史称"锁国令"，其严厉程度与明朝的禁海令有过之而无不及，动辄就要杀头。日本浪人和武士再也不敢轻易出海，对中国沿海的祸害终于告一段落。

明朝灭亡，清兵入关。八旗军的铁蹄踏遍绝大部分中国国土，却在东南一隅受到阻挡。那里有郑成功领导的抗清队伍，以厦门、南澳等岛为基地，转战浙、闽、粤沿海，声势浩大。后来郑成功又从荷兰人手中夺回台湾，父子在此坚持抗清。朝廷威逼利诱皆不见效，只好实行海禁。顺治十二年（1655 年），浙闽总督屯泰奏请"沿海省份，应立严禁，无许片帆入海，违者置重典"。顺治十三年六月，清廷正式颁布"禁海令"，敕谕浙江、福建、广东、江南、山东、天津各省督抚提镇曰："严禁商民船只私自出海，有将一切粮食、货物等项与逆贼贸易者，……不论官民，俱行奏闻正法，货物入官，本犯家产尽给告发之人。该管地方文武各官不行盘诘擒辑，皆革职，从重治罪；地方保甲通同容隐，不行举首，皆论死。"顺治十八年又实行"迁界令"，强令东南沿海居民内迁三十至五十里。史上最大规模的野蛮拆迁发生了，千千万万的老百姓不得不洒泪离开海边祖屋，到内地居住。

在北方，迁界的主要措施是清理海岛。康熙二年（1663年），山东总督祖泽溥上疏称："宁海州之黄岛等二十岛及蓬莱县之海洋岛，皆远居海中，游氛未靖，奸宄可虞，请暂移其民于内地。"当时奉命立界的兵部尚书苏纳海，到了海州，惧怕风浪，没有仔细考察，就把当时与大陆只隔一道窄水的云台山也划为界外。苏大司马如此武断，导致严重后果，"三百年备倭防海之要地，人烟稠密之乐土，竟荡然空矣"（《嘉庆海州直隶州志》卷二十）。与迁界同时进行的是破坏港口，在沿海各个港口打桩钉塞，以防郑成功水师登陆。

禁海令加迁界令，让沿海百姓不能从事渔盐之业，无法生活，流离失所。曾任兵部尚书的马鸣佩在《海滨民困疏》中说："自海禁森严，凡徒步取鱼者概行禁止，小民无以为生。"嘉庆年间出版的江苏省赣榆县志载称："顺治十四年海船禁，康熙元年盐场革，海利以废，民多失业。"安东卫守备赵双璧在其主编的《安东卫志》中这样议论："自鲸鲵为祟，海禁森严，卫民鸠形鹄面，流离他乡，亦几殆尽。"当时日照县知县杨士雄在康熙十一年《日照县续志》中写道：该县地皆斥卤，所恃者区区鱼盐之利，而十年海禁森严，小民不敢问津，结果是"千门悬磬，徒歌化离之章""郊原荒荒，村舍萧条，殊增扼腕"。光绪年间出版的《通州直隶州志》中有这样的描述，南通海边"鱼鳖则腾跃欢邀，视人而嬉，环海咸戚戚愁嗟"——鱼鳖虾蟹大量繁衍，见到站立海边却不能捕捞的人类愁容满面，它们欢腾嬉戏。这幅场景，意味深长。

一些有胆有识的大臣纷纷上疏，反对海禁，有代表性的是两个山东人。一个是出生于山东武定的湖广道御史李之芳，他上疏列举了八条反对意见，认为"自古养兵，原以卫疆土；未闻弃疆土以避贼也"，海民"一旦迁之，鸿雁兴嗟，室家靡定。或浮海而遁，去此归彼，是以民予敌"。再一个山东人，是出生于日照涛雒的吏部给事中丁泰。他于康熙十七年前后，清政府已经初步控制东南沿海局势之时，具《开海禁疏》上奏朝廷。

臣家居濒海，知海滨之情形颇悉，请为我皇上陈之。

夫山东海岸，迤北由利津以达天津等处，业在皇上洞鉴中者，无庸赘陈。其迤南则由胶州、诸诚、日照，以至前岁所复海州之云台山，仅半日程。由海州海边至淮安之庙湾镇，亦一日夜可到；庙湾迤南则山阳、高邮一带之里河，直通江淮而不用海舟矣！是庙湾镇、云台山皆为海边内地，而南北贸易之咽喉也。况云台山现今收入界内，居民复业已久，其自山东海岸以达海州庙湾者，之为海边内地也明甚。南北丰歉不常。未禁海口以前，所恃以运转兴贩，南北互济者，米豆非船不能运载，船非至庙湾上直隶、盛京、山东，海禁应开之旨，尤洞悉其腹里、海边之情形矣！但会议不通河口。台臣孙必振疏内所云"南通淮扬，北达天津"等语，已略言其概。而我皇复奏之疏，将淮扬地方系山东贸易必由之路，未经声明。恐山东地方官怀越俎之嫌，执刻舟之见，即有船只，自不敢令贸易逾东省地方一步，是欲其出而闭之门也，如民生何？即东抚臣具疏请明，或部复不便悬拟，乃行江南查议，计非迟之数月不可。不惟辜小民望救之心，而复议而四，不重滋批之烦乎？

臣以为淮安迤南通大洋者，仍应禁也。而庙湾、云台一带为山东门户者，应通行也！数百石大艘可通大洋者，仍应禁也。而一二百石之小艇沿边行走者，应通行也！况庙湾设有汛游击一员，海防同知一员，海州云台山亦设有游击、守备数员，足供稽查而资备御，无庸另议防守增添兵弁也！至货物之纳税于经管，船只之挂号于本地，皆有旧例可遵。特恐事属新复，贪黩官役。或借稽察以行私，强横弁兵，或假巡拦而生事。甚之势耍光棍，霸行渔利，种种厉民，皆不可定。尤祈严勒督抚提镇等官，加意禁止。如有前项害民事迹，许小民指名控告，督抚即严行参问，或科道防实指参，依律重行治罪。务小民得安生理，以享乐利，所关非渺小也！缘系详陈海边贸易事理，字多逾格，统希睿鉴。勒部一并议复施行。

民间人士也在积极呼吁，《晚清文选·请开海禁疏》记载，云台儒生联名上书漕运总督帅颜保："与其纵民于犯禁之地，何若复民于耕薅之所，既可还足灾黎，更可增益国库。"要求拆除海边排钉桩木，许令木筏通行，并"请其上奏"。他们申请用木筏捕鱼，可能是变通之策，意思是不用"寸板片帆"，应该能被批准吧？

《嘉庆海州直隶州志》卷二十载《国朝江之范等请复云台状》中，有这样一段话："缘顺治十八年，迁撤沙洲民人，苏大司马踏看云台，未曾过海，相度形势，遂概行迁撤。海边各港口，严钉桩木……况圣恩许民木筏捕鱼，而云台一山逼近州左，潮落可以徒行，海内物产甚富，官兵防察不及，与其纵民于犯禁之地，何若复民于耕耨之所。"这里透露一个信息，朝廷此时已经准许渔民捕鱼，但只能用木筏。安东卫守备赵双璧在《安东卫志》中对用木筏捕鱼表示担忧："幸内大臣多轸念民瘼，题请少弛海禁。筏木之开，已奉谕旨，而向之流离他乡者，咸乐再生矣。但筏式用木数株，联以草索，半沉半浮风浪波涛之中，安能以苇薄之力与海若争横耶？"

山东沿海一些渔民至今还讲，祖上曾在海禁时用木筏捕鱼。没有了船头与船帮拦挡，海浪轻易地就可打到木筏上，溅湿衣物，渔民苦不堪言。青岛《石老人村志》介绍：木筏俗称"筏子"。清光绪二十三年（1897 年）前后，全村拥有筏子 100 多条，停靠渔港，整齐浩荡，声势壮观，号称"百条旗杆"。该村渔民用的筏子，使用 9 根或 11 根圆木，筏长约 10.08 米，宽约 4.2 米，以绳索铰紧固定。渔闲时节，须将筏子拆开晾于海边沙滩，以苫席严密覆盖，以备来年使用。筏子尾部设 4 支橹，橹长约 4.2 米。因木筏浮力和稳定性有限，只能在浅滩附近打鱼。直到 20 世纪 30 年代末，这里的木筏才渐被淘汰。

康熙帝看到有关奏折，了解到民意诉求，又鉴于郑成功已经在台湾去世，其势力大大削减，遂于康熙十八年（1679 年）放松海禁。民国《阜宁县新志》大事记记载，这一年"总河靳辅奏，去年旱灾，庙湾、云台山一带系山东门户，装载一二百石小艇应准通行。得旨报可，于是海艘云集，百货交通"。康熙十九年，福建官员杨捷等人上疏，请求开海贸易，金门、厦门、铜山、海坛四岛率先开海。康熙二十二年，施琅率水师 3 万余人收复台湾，海外反清势力基本荡尽。"十月，兵部议，诣各省开界。"康熙二十三年（1684 年）三月，允浙、闽、粤海援山东例，听百姓海上贸易与捕鱼。同年九月，康熙帝发布谕令，正式废除海禁政策，下令南方沿海省份开海展界。

康熙开海之后，直到鸦片战争，中国海外贸易才渐趋活跃，黄海沿岸港口出现商船云集的景象。渔业捕捞也再度重启，渔歌号子又与黄海涛声交相呼应，此起彼伏。

然而，这 300 年间屡屡实行海禁，让中国的海运事业大踏步后退，丧失了与西方争雄的机会，也限制了国内经济、科技等多方面的发展。到了清末，整个中国积贫积弱，坐等西方列强欺凌。今天，我们面对这份惨痛教训，用得着争论这段历史到底是闭关锁国，还是"自主限关"吗？

十　海神幻影

一个夜晚，有人在海上跑船。突然电闪雷鸣，风雨大作，船老大急忙让伙计们落篷。这个时候，海上一片漆黑，船上人迷失了方向。大风刮个不停，大雨像瓢泼一样猛，浪涌越来越大，船上人急坏了。突然眼前一亮，原来有一盏红灯挂在桅杆顶上。船老大惊喜地喊："娘娘挂灯啦！"他急忙跟伙计们跪在甲板上磕头，一边磕一边大声说："海神娘娘大慈大悲！"这时候，那盏红灯飘飘悠悠，去了船的前方。船老大招呼伙计们各司其职，跟随红灯破浪前行。到了黎明时分，灯不见了，前面是一个可以避风的港湾。全船人感激万分，一齐跪谢海神娘娘。

这个"娘娘挂灯"的民间故事，千百年来一直在日照沿海流行。不只在日照，在中国沿海到处都有相似的传说，只是版本略有不同。有的版本，不说在桅杆上挂灯，只说在海上夜航迷路，前面出现亮点，为其指引。对"娘娘"的称呼有多种：妈祖、龙女、圣女、神姑、天后、娘妈、天妃、圣妃、神女、圣娘、神妃、灵女、姑婆、祖姑、灵妃、默娘、林夫人、天妃神、女海神、湄洲妈、林孝女、圣妃娘、灵惠妃、显济妃、林默娘……数不胜数。

"林默娘"的称呼，最接近她的真实身份。相传她是一个渔家女，宋建隆元年（960年）出生在福建莆田湄洲岛。父亲林惟悫，母亲王氏，生1男6女。最小的女儿出生后，整整一个月不哭不闹，默然安静，父亲便给她取名"默"。林默聪明异常，且非常善良，长大后善于泅水驾舟，勇气超群。她经常救急扶危，在惊涛骇浪中拯救过许多渔民商船。她一直不出嫁，慈悲为怀，以行善济世为己任，当地人称她"通贤灵女"。宋雍熙四年（987年）九月初九，湄州岛一带来了狂风暴雨，林默娘奋不顾身，在海上抢救遇险船民，被台风卷走。后来有人见她"常衣朱衣，飞翻海上"——身穿红衣，飞翔在海上。一个美丽动人的女神形象从此诞生。

上千年来，林默娘被越来越多的航海船工、旅客、商人和渔民认作神灵，顶礼膜拜。关于她的传说也日渐丰富，有海上救难，有助战取胜，有御灾捍患，甚至还有主嗣孕育，让妈祖神格内容有了多重性。历代王朝也大力推崇妈祖，对她一次次褒封，从"夫人""妃""天妃"直至"天后""圣母"，而且封号越来越长。清咸丰帝对妈祖的封号长达64字：护国庇民妙灵昭应弘仁普济福佑群生诚感咸孚显神赞顺垂慈笃祜安澜利运泽覃海宇恬波宣惠道流衍庆靖洋锡祉恩周德溥卫漕保泰振武绥疆天后之神。从封号用字可以看出，妈祖有"辅国""护圣""庇民"等许多功绩。随着华人的移民足迹遍布全球，妈祖信仰也成为世界性信仰，正所谓"有海水处有华人，华人到处有妈祖"。

元代南粮北运，妈祖信仰被南方船工带到了北方。黄海沿岸，建起一座座"天后宫"，成为海边的重要文化符号。香火较盛的有盐城天后宫、海州天后宫、日照两城天后宫、胶州天后宫、青岛天后宫、女姑口天后宫、即墨金口天后宫、莱阳天后圣母宫、石岛天后宫、威海天后宫、烟台天后宫等等。就连黄海最北端的丹东，也有一座天后宫。有一些天后宫，最初的修建者是来自福建的商人。譬如烟台天后宫，就是由福建商人集资建起的，所以又名福建会馆。该建筑所用的全部砖瓦木石，均从福建泉州一带精选，请良工巧匠就地雕琢、彩绘，然后运至烟台安装。在各个天后宫，妈祖塑像都是美丽端庄、面带慈悲的，与佛教中的观音菩萨相似，契合了人们心目中女神的模样。每当妈祖的生日三月二十三这天，都要举行隆重的庙祭活动，平时也有人进庙上香，匍匐在妈祖脚下磕头。重要的航海活动，出发前更是要进庙祭奠一番。天后宫里，大殿上还挂了许多缩微船只模型，那是船主造船时特意让匠人制造的，色彩、形状完全一样，送到这里让妈祖娘娘过目，希望她记住船的样子，以保其航海平安。

对妈祖的崇敬除了庙祭，还有海祭、舟祭、家祭等形式。海祭，是指在一些重要节日，人们到海边举行仪式，虔诚祷告。在烟台的一些渔村，每年正月十三都要送渔灯。那天傍晚，渔民们抬着渔灯、鞭炮、大鲅鱼、猪头、饽饽等祭品到龙王庙或海神娘娘庙送灯，再敲锣打鼓，抬着祭品到自家船上祭海，最后到海边放灯。秧歌队前来助兴，鼓号声、鞭炮声、欢呼声响成一片。他们往海里放进的一盏盏渔灯，用萝卜刻制或用白面捏制，内设油盏，用"仙草"缠棉絮做捻，倒入燃油点着。漂入大海的渔灯，如星光点点，应是对妈祖娘娘那盏神灯的呼应与致敬。在威海荣成，每到谷雨这天，海边都会举行盛大仪式，向海神娘娘献祭，并且持续七八天，成为渔民们的狂欢节。谷雨节当日凌晨，渔民们会抬着大枣饽饽、整猪、香纸、鞭炮等，先到海神娘娘庙祭奠，再到海边祭船，祈求海神娘娘保佑船行万里，一帆风顺，满载而归。待到黎明时分，每条船只留一人在岸上操办宴席，其余人便驾船出海打鱼。等到鱼虾满舱，大伙回来，一起敲锣打鼓燃放鞭炮，焚烧纸锭香札，接着大摆宴席，热闹非凡。在海州湾南部，海祭则放在大年三十这天中午。届时船老大带领伙计们捧着猪头到船前，面向大海烧香磕头。猪头是煮熟的，放在椭圆形的元宝桶内，里面放上三棵大葱，猪脸上涂有面酱，横竖各剁一刀，成十字形，表示敬天后娘娘是实（十）心实意。

舟祭，是指航海者在船上供奉妈祖神像或神龛。有的大船还专设神堂，出海期间每日上香。遇到大风大浪，船上人更是急切地跪拜妈祖，向她求救，乞望她挂灯引路，解危除厄。

家祭，是指在家中设妈祖神位供奉。过去，黄海沿岸的许多渔民，家里都供有妈祖像或牌位，经常上香。胶东有的地方，大年三十夜晚要鸣锣上船，请"娘娘"回家过年。五更起来，首先要鸣锣上船拜祭，然后才回来给亲人拜年。

2006 年 5 月 20 日，妈祖祭典被国务院列入首批国家非物质文化遗产。2009 年 9 月 30 日，妈祖信俗被联合国教科文组织列入人类非物质文化遗产代表名录。

海神，不只妈祖一位，还有别的神祇，来历更为久远。

最早的海神见于《山海经》。书中讲，东、南、西、北四海，各有一位海神：东海海神禺䝞，南海海神不廷胡余，西海海神弇兹，北海海神禺疆。他们的样子都很特别，东海、西海、北海的三位，人面鸟身；南海海神，人面人身。但他们都将两条蛇挂在耳朵上做耳饰，脚下还踩着两条蛇，只是这些蛇的颜色不同。《山海经·大荒东经》讲："东海之渚中，有神，人面鸟身，珥两黄蛇，践两黄蛇，名曰禺䝞。黄帝生禺䝞，禺䝞生禺京……"如此看来，掌握当今黄海海域的这一位住在海岛上，人面鸟身，耳朵上挂两条黄蛇，脚下踩两条黄蛇。他是黄帝的儿子，又是北海海神禺疆的父亲。现代人想象一下这些海神的形象，在为古人奇谲想象力感到惊讶的同时，大概还会有惊悚之感。

龙王，是中国人几千年来最为熟悉的海神。在古代道教神话中，龙是通天神兽，是升仙的坐骑。佛教传入中国之后，佛经中龙王的形象与道教神话中的龙合为一体，成为重要神祇。唐代制定祭五龙之制，天宝年间，朝廷正式册封四海龙王：东海为广德王，南海为广利王，西海为广润王，北海为广泽王。宋大观二年（1108 年），宋徽宗下诏封五龙神为王爵：青龙神封广仁王，赤龙神封嘉泽王，黄龙神封孚应王，白龙神封义济王，黑龙神封灵泽王。明清两代帝王也有封龙为王的举措。帝王的褒扬，使龙文化在中国大兴，中国人甚至自称龙的传人。

古人认为，凡是有水的地方，无论江河湖海，都有龙王驻守。东、南、西、北四海，分别有龙王管辖。在古典小说《西游记》中，四海龙王是东海龙王敖广、南海龙王敖钦、北海龙王敖顺、西海龙王敖闰。其中东海龙王敖广为"四海龙王"之首，也是所有水族之王。他统治东海，居住在海底龙宫，指挥虾兵蟹将，与孙悟空、哪吒等有过节，发生了一连串精彩故事。

　　龙王的职责主要是兴云布雨，司一方水旱丰歉。龙王爷不像妈祖娘娘那么慈悲，他的脾气很暴烈，一不高兴就会兴风作浪。他手下的巡海夜叉、虾兵蟹将也会假借龙威，恐吓人类。因此无论海滨还是内地，过去到处都建有龙王庙，虔诚供奉，讨其欢心。建在威海刘公岛上的龙王庙，规模很大，有前后殿和东西两厢，庙前还有一座戏楼。有俗谚道："出海祭龙王，丰收谢龙王，求雨靠龙王。"

　　传说龙王的生日是六月十三（也有正月十三、六月初三等说法），每到这天都要举行庙祭，仪式中最重要的是由司仪宣读祭文。清光绪年间编修的《日照县志》，录有《龙神庙祭文》："维神德洋寰海，泽润苍生。允襄水土之平，经流顺轨。广济泉源之用，膏雨及时。绩奏安澜，占大川之利。涉功资育物，欣庶类之蕃昌。仰藉神庥，宜隆报享。谨遵祀典，式协良辰。敬布几筵，肃陈牲币。尚飨！"宣读完毕是"三献"：献高香、献菜肴、献黄酒。还有的地方是献"三牲"：黑毛公猪、红公鸡、鲈鱼。在主祭、辅祭的带领下，参加祭海活动的所有渔民向龙神三叩九拜。献上菜肴，敬酒三巡，最后要把各样供品夹少许放一盆中撒向大海，称之为祭鱼神。祭奠过程中，大户人家可以叩拜许愿，声称龙神如保佑其渔获丰收，收海后唱戏三天。因此每年鱼汛结束，海边往往是戏台搭起来，大戏唱起来。在平时，渔民也经常去龙王庙祭拜。旧时即墨渔民，每当出海之前都要到龙王庙烧香，祈求其保佑。不只是庙祭，还有海祭，就是在海边祭祀。

　　还有人认为，龙王会主持公道，伸张正义。在日照石臼渔村，过去有到龙神庙"抓行"的习俗。旧时渔民多是使用定置网具捕鱼，因各海域潮流有大有小，各潮流又有上下流之分，鱼游的路线又有不同，因而"行地"的好坏严重影响捕鱼数量。当地有民谚:"拿了老虎头,吃喝都不愁;拿了金盒底,不种稻子也吃米;拿了下边外,坛、漂、撑子一起卖。""老虎头""金盒底""下边外",都是"行地"的名称。因为经常发生争抢现象,有人提议,到龙神庙抓阄"拿行",大伙赞同,每年在六月十三龙王爷生日这天,便齐聚龙神庙办这件大事。拿行仪式由公推的德高望重的船老大主持,届时道士念经,众人上香、放鞭、供三牲(猪头一个,鱼一条,鸡一只)。各船主的姓名都写在竹签上,装在竹筒里。船主各自抽签,再去"抓行"。"行地"的名称写于纸上,装在一截芦管内,用红纸包好放在"升"(古时一种计量粮食的容具,木制或柳编而成)内,用红布蒙好后放在庙内神台上。各船主从"升"内摸出芦管,展示后,主持人高声宣布,让人登记到"行帐"上,以备查询。这样一来,大家出于对龙神的敬畏,各认各地,减少了纠纷。

观世音菩萨,也被航海人认作保护神。佛经中多次提到,观音有救民于水火之中的法力。《妙法莲华经》中《观世音菩萨普门品第廿五》说:"若为大水所漂,称其名号,即得浅处。"《妙法莲华经》中还讲:"若有百千万亿众生,为求金、银、琉璃、砗磲、玛瑙、珊瑚、琥珀、真珠等宝,入于大海,假使黑风吹其船舫,飘堕罗刹鬼国,其中若有乃至一人,称观世音菩萨名者,是诸人等,皆得解脱罗刹之难。以是因缘,名观世音。"这段经文,是过去许多航海人敬奉观音的依据,每当在海上遇险,便急忙颂念观世音菩萨的名号。高僧法显在其著作《佛国记》中讲,他从斯里兰卡搭乘蕃船回国,在海中遇上大风,十分危险,"唯一心念观世音及归命汉地众僧。我远行求法,愿威神归流得到所止"。大风吹了十三个昼夜,海船并没有倾覆,漂到了一个叫耶婆提的岛国。明代戏曲家汤显祖曾任雷州半岛徐闻县典史,航海经历丰富,在《牡丹亭》中化用佛教偈语作为戏文:"大海宝藏多,船舫遇风波。商人持重宝,险路怕经过。刹那,念彼观音脱。"在海上遇险,向观音求救,也成为一个传统。

　　对上述诸位海神，人们或单独敬奉，或放在一起祭拜。有的龙王庙里也有妈祖殿、观音殿，天后宫里也供着龙王、观音的神像或牌位。在祭海仪式上，常出现诸神共享香火的情景。如青岛即墨的田横祭海节，历年来都办得热闹而隆重。要请德高望重的老人写五份"太平文疏"，分别给龙王、海神娘娘、财神、仙姑、观音菩萨，摆上供品后点燃，让他们得知，而后抛撒糖果，燃放鞭炮，请戏班唱戏酬神。

　　在威海刘公岛，有另外一位海神的故事。传说很久以前的一个夜间，海上突起狂风，有一艘船危在旦夕。忽然，远处出现火光，船工们认定那是海岛，便拼命将船划向那里。到了岸边，见一位老人手举火把站在悬崖下。船工们上岸后，老人将大家领到自家草屋，说他姓刘。他的老伴刘母也极其和善，急忙做饭。只见她抓了一把米放在锅中，转眼变熟。人们狼吞虎咽，吃了一碗又一碗，却丝毫不见锅里的米饭减少，这才明白，两位老人乃救命神仙。大伙慌忙跪下磕头答谢，再抬头时，二老已不见踪影。为了感谢刘公夫妇救命之恩，船上的人联合岛上居民修建了刘公刘母祠，并把该岛取名刘公岛。此后，航海船只路经此处，都要上岛进香祈祷，求刘公刘母保佑。

　　广鹿岛号称"大连门户"，岛的南端有一座马祖庙，寺庙中供奉着一位"马老祖"。相传明末清初，广鹿岛上居住着一个姓马的渔民，雇给人家打鱼，死在海里。妻子也因悲痛过度去世，留下一个小男孩。八仙之一的汉钟离路过此处，得知孩子的悲惨遭遇，心生怜悯，便领他到蓬莱仙境一起修炼。在他的指点下，男孩修炼成仙，凭借恩师赐予的一领炕席，男孩漂洋过海回到了广鹿岛。他每日在海上巡游，渔民遇到恶劣天气、发生危险时，他必定乘坐飞席赶到，将他们救起并送至岸边。久而久之，他成为渔民们的保护神，被称为"马老仙人""马老祖"。马老祖羽化后，渔民们为了纪念他，在他居住的地方建了马祖庙，每年农历六月十六马祖生日，便来祭祀这位救苦救难的仙人。

　　人们之所以供奉各尊"海神"，根本原因在于对于海洋的敬畏。大海，波平浪静时美得醉人，风暴袭来时却是巨浪滔天，往往导致船破人亡。看看沿海各地志书上的大事记，对于海难的记录屡屡出现，让人触目惊心。在平时，也时常有人因为种种原因命丧大海。黄海岸边流传的渔家谚语"三面水，一面天，平基板下是阎王""一寸三分阴阳板，隔壁就是阎王村"，便道出了船上的凶险。在一些渔村，有的渔家好几代人在海上遇难，死不见尸，亲人们只好为他们建起一座座衣冠冢，一些寡妇与孩子时常到坟前泣血痛哭。过去日照海边有一个年轻妇女，丈夫出海没有回来，她迈动一双小脚，沿着海边疯跑，就为了找回丈夫的尸体。鞋和裹脚布都被礁石和海蛎子壳割破，血染几十里海滩，但她最终也没能找到丈夫。还有人在海上死了，尸体漂在海上被人遇见，或者被渔网捞起，往往被看作倒霉之事，称之为"见财神"，或叫作"见元宝"。这些"财神""元宝"，会被弃于海中。

　　所以，在过去的航海人心目中，海上游荡着各种神灵与鬼魂的影子，必须持敬畏之心，不能冒犯。有的渔民在船上吃饭之前，要撒几粒饭于海中，谓之与鬼神"结缘"。有人夜间跑船，跑一会儿就在船头烧几张纸，扔于水中，叫作"烧水皮子纸"，有"撒买路钱"的意思。有人说，火纸飘落、波浪翻卷之时，能听得到神笑鬼哭。

　　为求海上平安，人们在敬重神灵、畏惧鬼魂的同时，对一些言行也有了忌讳。在黄海之滨，渔家禁忌多种多样。

　　有行为禁忌。譬如，在供奉海神娘娘的船上，绝对禁止船员裸体，因为这是对妈祖娘娘的大不敬。不能在船头大小便或倾倒脏物，这是亵渎海神，会遭报应。如果有人犯忌，会被别的船员踢下海，再捞出来，以示惩戒。船上禁忌还有：不能坐在船舷将双脚伸入水中，因为这是对海龙王不敬，同时也防止被鱼咬伤或被"水鬼"拽脚拖入水中。船上的东西不能扣着放，如锅、碗、瓢、盆、匙等，扣着放这些东西预示船有凶兆。在船上吃鱼，忌剩鱼头，忌先吃鱼眼，否则不吉利。

吃饭时不能把筷子横搁在碗上，因为这会使人联想遭遇海难时放倒桅杆的情景。忌在船上拍手，意为"两手空空"。忌在船上吹口哨，意为"招风惹浪"。渔民在出海期间不能剃头，即使头发长了，也只能上岸后再剃。因为"剃"这个字眼，意味着网具或渔船受损失。

有语言禁忌。以日照渔家禁忌为例，在船上忌说"翻"字及其谐音字。在船上烙饼，一面熟了"翻过来"，要说"划过来"；"船帆"要说"船篷"；"帆船"要说"风船"；吃鱼时一面吃完不能说"翻过来"，要说"正过来"或"打个章"。船离岸远了，不说"远"，要说"开"，越"开"即越远，离岸近了说"拢"，越"拢"即越近。忌说"倒""沉""扔"等不吉利的字，将剩菜倒在海里不能说"倒"，要说"卖掉了"；"下水饺"为"煮水饺"；在船上吃饭时筷子叫"篙"，拿筷子叫"举篙"。忌说"盐"字，因盐与"淹"谐音，盐叫作"臊"。

另外，还有与女人有关的禁忌。最重要的是女人不能上船，不能踩网，有"女人上船船会翻，女人过网网必破"之说。有的地方，如果渔网被女人踩过，要用谷草烤过之后才能再用。在海州湾南部，如有妇女从网具上跨过，船主为避晦气，要停一两天或三天内不出海，再择吉日重新出海。但当事妇女如果聪明，反应快捷，立马高声说"小脚拦拦路，这趟必定富"，或说"小脚踏踏纲，马鲛鳓鱼尽船装"，晦气就会远去。打鱼人此时一起高喊"好！好！"，遂高高兴兴出海。这时，他们如果转脸回望，见那位聪慧女人还站在那里深情款款地看着他们，再回想一下她的吉祥祝语，心中大概又多了一位女神。

第三章

风云激荡

一　火轮船来了

大清道光二十一年（1841 年）夏历七月初，山东半岛成山头的渔民休渔歇伏，一些人正在海边的树下乘凉，突然看见西南方向的海面上冒起一股黑烟。他们指着那里惊叫："有船失火了！有船失火了！"很快，一些船从海平线上冒出来，风帆高张，向这边行进，其中一条船的桅杆上冒着浓浓黑烟。目击者感到困惑：桅杆顶上失火，这是从来没有的事情呀。然而等到船队近了看看，冒烟的不是桅杆，而是矗立在甲板上的一根烟筒。船的两边，分别有两个大圆轮子突突转动。这是什么船？怎么会是这个样子？渔民们议论纷纷，百思不得其解。

船队没有靠岸，绕过成山头向西而去。渔民们看到，船共有 8 条，都很大，每条船都插着一面蓝旗，上面写了个大大的"米"字。有人猜，这是运米的船。有人反驳："不对，漕运船咱们见得多了，没有插这种旗的。"有人指着船说："看，船上有炮筒子，这是兵船！"有人根据旗帜判断："那就是米国的了。"还有人宣布他的新发现："船上的人是黄头发，跟咱不一样！"大伙睁大眼睛看看，果然如此。随着船队的远去，沿海一带便有消息传开：米国的兵船从这里过去，大概要去京城打仗。

他们并不知道，这个船队是英国的，刚在中国南方打过仗。他们也不知道，与中国打仗是因为一种叫鸦片的东西。他们更不知道，这种冒黑烟带轮子的船，是外国人制造的机器船。

世界上第一艘蒸汽机轮船，是由美国人富尔顿利用英国人发明的蒸汽机在 1802 年制造的。1807 年 8 月 17 日，他制造的"克莱蒙特"号在美国哈德逊河上试航，从纽约出发，逆流航行到阿尔巴尼城，把一艘艘帆船抛在后头，引发河边观众阵阵欢呼。成功后，便有了"克莱蒙特"号在哈德逊河上的定期航班。法国人马奎斯发明制造的"皮罗斯卡皮"号，是世界上第一艘完全使用蒸汽动力推进的轮船，船上有一台单缸蒸汽发动机，用来带动船两侧的两个明轮，明轮驱水让船行进。海上运行的第一艘蒸汽机船是美国人富尔顿发明建造的"凤凰"号轮船，它在纽约与费城之间航行。此后，蒸汽机船越来越多，人类航海由风帆时代向蒸汽时代迈进。

人类的发明创造，往往被用于战争，蒸汽机船也是这样。一艘艘战舰下水，喷烟吐火，耀武扬威，让军队的战斗力与杀伤力大大提升。

1839 年 11 月 23 日，在英格兰西部的造船中心伯肯黑德，一艘崭新的战船下水。它叫"复仇女神"号，长约 56.1 米、宽 8.8 米，以蒸汽为动力，配备水密封舱，是世界第一艘铁甲战舰。它配备两门前装式滑膛炮，可发送 5 种射弹——实心弹、爆破榴弹、葡萄弹、霰弹和燃烧弹，射程可达 1.6 千米，是当时世界各国海军的顶尖配置。它由东印度公司出资制造，公司头目给这条船命名时，一定向东方投去了贪婪而狠毒的目光。因为，他们在中国的鸦片生意做不下去了，造这条战舰是为了去那儿打仗。

英国东印度公司在 1600 年成立之后，就开始与中国做生意。起初是买茶叶与丝绸运回英国，供贵族们享用，每年要用大量白银。到了 18 世纪，他们发现一些中国人喜欢吸鸦片，就让印度人种植，然后将烟土运到中国卖，这样可以大大减少白银逆差。1729 年，他们往中国输入 200 箱；1835 年，竟然达到 3 万箱。鸦片让无数中国人上瘾，一日不吸如生大病，倒卧在床，涕涎交流，龌龊万状。有人为了得到鸦片，道德沦丧，男盗女娼。鸦片问题也导致经济问题，大量白银到了英国商人手中，源源不断运往西方，使中国国力日渐衰弱。无数人忧心似焚，一道道奏折到了道光皇帝手中，请求赶快禁烟。1838年12月，道光帝任命湖广总督林则徐为钦差大臣，去广州办理这件大事。

林则徐一身正气，有胆有识。他到达广州后，从英国商人手中强行收缴鸦片近2万箱，约237万斤，1839年6月3日在虎门海滩上当众销毁。23天全部烧完，并引海水把烟灰冲得干干净净。8月15日，林则徐下令禁止一切贸易，驱逐英人出境。他还奉皇上之命照会英国女王维多利亚，内称：英国恭顺，而不肖者夹带鸦片来华，夷人分中国之利，而害中国，天良何在？别国贩烟至英，亦王所深恶而痛绝也。而刚刚登基两年、芳龄二十的年轻女王没有被中国政府的照会所打动，反而在看了英国驻广州商务总监督查理·义律的报告之后，在议会上发表演说，呼吁"为了大英帝国的利益"，向中国发动战争。1840年4月，英国国会以271票对262票通过决议，对清国采取军事行动。

英军1840年6月来华，总司令兼全权代表为乔治·懿律，查理·义律为副代表，这二人为堂兄弟，都是英国海军的高级军官。英国海军有军舰16艘，大炮540门，武装汽船4艘，运输船27艘，陆军共4000余人。武装汽船就是武装起来的蒸汽轮船，这4艘分别是"马达加斯加"号、"亚特兰大"号、"皇后"号和"进取"号，全是木壳，编入这支英军的第一艘铁甲船"复仇女神"号还在来中国的路上。英军先将广州封锁起来，与林则徐交涉一段时间，却毫无进展，于是北上舟山群岛，进攻定海。7月5日，英舰首先炮击定海"舟山渡"海防阵地，定海总兵张朝发率战船及水师2000余人出海迎战。战斗仅持续了9分钟，大清水师就抵挡不住英舰炮火的攻击，总兵张朝发战死，清军溃退。英军乘胜登陆，定海知县姚怀祥率领军民顽抗，但第二天早晨英军破城而入，姚怀祥自杀殉国。

攻下定海之后，英军留下一批人和几艘战舰驻守，大部队北上，经过黄海，进入渤海，于 8 月 11 日抵达天津大沽口。那种冒烟带轮子的船，也让天津人见识到了。

英军之所以到天津，是因为他们认为在广州通过林则徐与中国政府交涉，既费时间，又得不到他们想要的结果，便在定海显示一下军威之后，到这里直接与中国政府谈判。他们要求中国长官派员接收照会，直隶总督琦善急忙奏报朝廷，道光帝允许接收照会。8 月 14 日，琦善派千总白含章携食物，前往英舰见懿律。白含章登上英国舰船，发现其"船坚炮利"，远在中国之上。懿律向白含章递交英国外交大臣巴麦尊致中国宰相书，提出割地、赔款、自由贸易等要求，限十日答复。白含章急忙下船，将此文书呈交琦善。在此期间，英舰分赴渤海湾各地、辽东半岛及山东沿海一带，测绘地势，搜集情报。

照会送到北京，道光帝被吓坏，认为林则徐禁烟措置失当，才招致战祸，便让琦善告诉英人，允许通商，惩办林则徐，以求得英舰撤至广州，并派琦善南下广州谈判。英军同意，舰队离开天津，于 9 月底回到定海。

此时，广州海面依然被封锁，林则徐被困，内心愤懑，接连上奏朝廷，请求继续禁烟，主张造船造炮以制夷，却连遭训斥，道光帝甚至在林则徐的一份折子上批曰"一片胡言"。接着将其革职，任命琦善为钦差大臣接任。此时，因为疫病流行，英军在定海半年间病死 448 人，也南下广州。琦善通过私人翻译与义律谈判，拖延时间，朝廷则下令沿海各省督抚筹防海口。英人失去耐心，决定战后再商。1841 年 1 月 7 日，英军突然攻占虎门的大角、沙角炮台，清军遭受重大损失。琦善一味退让，擅自与英人商定《穿鼻条约》，道光帝恼怒，将其革职，令人锁拿押解进京，派奕山、隆文和杨芳赴广东指挥作战。5 月底，英军进攻广州城，奕山竖白旗求和。奕山为开脱罪责，上奏折造谣，说英方愿意议和，他们只恨林则徐一人。道光帝求和心切，再次归罪于林则徐，说他在广州任职时没把防务做好，导致清军失败。6月28日下旨，将林则徐"从重发往新疆伊犁，效力赎罪"。林大人愤然西行，那一行踏在戈壁荒滩上的深深脚印，标记了中华民族的奇耻大辱。

让道光帝想不到的是，从重处罚了林则徐后，英国人不但没有收敛，反而愈发嚣张，发动了更大规模的军事行动。1841年8月，英军再次北上，接连攻陷厦门、定海、镇海（今宁波）等地。第二年5月，英军从宁波出发，集中兵力北犯，突破吴淞口进入长江。英军集中了73艘船，其中有蒸汽船10艘，"复仇女神"号也在内，7月21日攻陷镇江。8月4日到达南京下关江面，并登陆察看地形，扬言进攻南京城。清朝钦差大臣耆英、伊里布和两江总督牛鉴被迫与英军议和。英军提出，中国向英国割让香港岛，赔款2100万银圆，开放广州、福州、厦门、宁波、上海五口通商，给予协定关税权、领事裁判权、片面最惠国待遇等一系列特权，清朝钦差大臣统统答应。1842年8月29日，在英军旗舰"汗华"号上，中英《南京条约》的文本摆在一张小圆桌上，中国代表耆英与英国代表璞鼎查分别签字，宣告了第一次鸦片战争的结束，昭示了清政府的软弱无能。

这次战争中，英军主力战舰是木帆船，少量的蒸汽船主要用于侦察、通信、运兵，逆风逆水时用来拖引风帆战舰，但它们的怪异形象给中国人留下了深刻印象，甚至成为心中的可怕鬼影。大多数人想不明白，水与火怎么能结合在一起，船怎么能用两个轮子跑。人们给这种船起了多个名字，"明轮船""车轮船""火轮船""火焰船"等等，但后来叫它"火轮船"的居多。林则徐在一份奏折上这样讲述"英夷续来兵船情形"："五月二十三日……先后来有车轮船三只，以火焰激动机轴，驾驶较捷。"接替他的钦差大臣琦善也在奏折中向皇上讲这种船："据称名为火焰船……其后梢两旁、内外俱有风轮，中设火池，上有风斗，火乘风起，烟气上熏，轮盘即激水自转，无风无潮，顺水退水，皆能飞渡。"时任浙江巡抚的刘韵珂上奏道，英国人制造战船"无不各运机心，故其船坚大异常，转运便捷。而兵船与火轮船尤甚。当其行驶之时，既为风色潮信所不能限，及其接战之际，并为炮火所不能伤"。魏源曾为两江总督裕谦幕府，直接参与抗英战争，并在前线亲自审讯俘虏。他后来编著影响巨大的《海国图志》，对蒸汽船这样描述："于是以火蒸水，包之以长铁管，括柄上下，张缩其机，借炎热郁蒸之气，递相鼓激，施之以轮，不使自转。既验此理，遂造火轮舟。舟中置釜，以火沸水，蒸入长铁管，系轮速转，一点钟即可行三十余里，翻涛喷雪，溯流破浪，其速如飞。"尽管这些描述并不十分准确，但是轮船的出现，完全颠覆了国人对于船只的传统概念，觉得西方科技不可思议。加上清军面对"火轮船"的束手无策和一再败绩，"天朝大国"的自信心受到严重打击。

黄海海域再次出现大批"火轮船"，是在1858年4月。英国通过鸦片战争在中国所获甚多，让西方列强垂涎，法国、美国、俄国像饿狼一样扑了过来。英国以"亚罗"号事件为借口，法国以马神甫事件为借口，联合发动了第二次鸦片战争，攻陷广州之后北上天津。美国声称是中立国，但其远东舰队也派出4艘战舰来到大沽，以救护英舰。10余年下去，西方海军装备进一步提升，三国几十艘战舰大多以蒸汽为动力，而且为了浅水作战，除了以蒸汽巡洋舰作为断后舰，其他都是小型浅水蒸气炮艇。英法联军攻下大沽炮台，逼近天津，美国公使从中"调停"，促使清政府接受他们提出的条件。咸丰帝起初态度傲慢，但考虑到洪秀全的造反大军刚刚攻下南京，建立了太平天国，想赶紧平息与外国的争端，全力剿灭"长毛"，遂同意与英国签订《天津条约》。法国、美国、俄国也提出相似条件，一一与清政府签约。

四国条约，主要内容有公使驻京、协定关税成立、开放口岸、允许教士来中国传教、赔款、弛禁鸦片等内容。其中开放口岸10个，黄、渤海沿岸有牛庄、登州。条约既成，舰队离津。

　　然而，"火轮船"走了不到一年，又从南方来了，因为英、法、美三国公使提出在上海与清政府交换《天津条约》批准书，遭到拒绝，便率领舰队又到了天津。清政府同意英、法公使从陆路去北京换约，随员不得超过 20 人，并不得携带武器。英、法公使断然拒绝，坚持以舰队经大沽口溯白河进京。狡猾的美、俄公使分别在天津北塘和北京与清政府换约，英法联军坚持他们提出的条件，于 1859 年 6 月 25 日进攻大沽炮台。清军英勇抵抗，击沉击伤敌舰 10 艘，毙伤敌军 400 余人，重伤英舰队司令何伯。这是自鸦片战争以来，清军唯一的胜利。

　　失败后的英法联军回到香港重整旗鼓，1860 年 2 月集结约 2.2 万人北上。4 月占领舟山，派出一些汽船到山东半岛的即墨、海阳、烟台、蓬莱等地以及辽东半岛南端侦察。5 月 27 日，英军占领大连湾；6 月 8 日，法军占领烟台。两支军队在两地准备一段时间，于 7 月底到达天津大沽口外。清军还想据大沽炮台坚守，联军却从北塘登陆，清军只好撤退。联军所向披靡，攻陷大沽，占领天津，打到北京城外，吓得咸丰帝以北狩为名逃往热河避暑山庄。10 月 13 日联军攻入北京，发现清军将英法使节团多人虐待至死，便在圆明园大肆抢劫，并放火焚毁。之后，联军还威胁要烧紫禁城，迫使清政府代表奕䜣在 10 月 24 日、25 日分别与英、法公使交换了《天津条约》批准书，并订立《中英北京条约》《中法北京条约》。这期间，俄国趁火打劫，逼迫清政府签订了《瑷珲条约》和《北京条约》，割占中国土地 150 多万平方公里，相当于三个法国的面积。

　　痛定思痛，清政府一批高官要员和有识之士为解除内忧外患，富国强兵，发起"洋务运动"，大规模引进西方先进的科学技术，兴办军事工业和民用企业。"洋务运动"的代表人物曾国藩、李鸿章、左宗棠，都曾主持制造过轮船。

　　曾国藩在与太平军作战时曾租用过一艘外轮，他在察看后说，轮船"无一物不工致，其用火激水转轮之处，仓卒不能得其要领"。他认为："购买外洋船炮，则为今日救时之第一要务……不过一二年，火轮船必为中外官民通行之物，可以剿发逆，可以勤远略。"1861年，曾国藩主持建立安庆内军械所，造子弹、火药、枪炮，还造轮船。造轮船的技术人员主要是自学成才的徐寿、华蘅芳二人，他们经过反复摸索试验，在1862年8月制成一台蒸汽机，1863年制出螺旋桨推进的轮船，但不太成功。经过改进，1865年3月终于在南京制成木质明轮轮船，曾国藩将其命名为"黄鹄"号。黄鹄是黄色的天鹅，取这名字，寓意中国科技一飞冲天。该船长55尺，重25吨，时速20余里，蒸汽机为单缸，回转轴、锅炉和烟囱的钢铁是进口的，总造价白银八千两。试航时，徐寿掌舵，华蘅芳担任机长，摁响汽笛驶向大江之际，岸上人群欢呼雀跃。待一小时后"黄鹄"号返航靠岸，曾国藩迎上前去对徐寿、华蘅芳赞道："洋人之智巧，我中国人亦能为之！"

1865年9月，两江总督李鸿章禀报朝廷，在上海成立"江南机器制造总局"。曾国藩将徐寿和华蘅芳派到这里，1868年生产出了一艘蒸汽船（木制船身）。曾国藩亲自登船试行，赞其"坚致灵便"，命名为"恬吉"号（后改为"惠吉"号），寓意"四海波恬，公务安吉"。此后，江南制造局又建造了"海安""驭远"等多艘兵船。

1866年，时任闽浙总督的左宗棠奏请在福州马尾创办船政，奏折中说："自海上用兵以来，泰西（泛指西方国家）各国火轮兵船直达天津，藩篱竟成虚设，星驰飙举，无足当之。自洋船准载北货行销各口，北地货价腾贵，江浙大商以海船为业者……费重行迟……不惟亏折货本，浸至歇其旧业……非设局监造轮船不可。泰西巧而中国不必安于拙也，泰西有而中国不能傲以无也……彼此同以大海为利，彼有所挟，我独无之。譬犹渡河，人操舟而我结筏；譬犹使马，人跨骏而我骑驴，可乎？……谓我之长不如外国，藉外国导其先，可也；谓我之长不如外国，让外国擅其能，不可也……轮船成，则漕政兴，军政举，商民之困纾，海关之税旺，一时之费，数世之利也。"这些言语，将制造轮船的紧迫性与诸多好处讲得十分透彻。

福建船政成立之后，立即自行设计制造中国第一艘钢甲舰，1886年12月开工，1888年1月下水。舰长59.99米、宽12.19米，排水量2150吨，航速10.5节。此船本名"龙威"，下水后驶入黄海，编入北洋水师，更名"平远"。这是北洋水师"八大远"主力战舰中唯一的国产舰，代表了19世纪80年代中国造船工业的最高水平。

尽管国产轮船陆续造出一些，但航行速度都不够快，生产成本及所耗燃料较多。算一算账，自造一艘船的钱，可以向英国买两艘船，"造船不如买船"便成为决策者的共识。因而，此后数10年，直到新中国成立，在中国海航行的轮船多是外国制造。

二　烟台山易容

中国古代，边防士兵如发现敌情，要迅速在烽火台点以烟火报警。传说是用狼粪点燃，烟气直上，风吹不斜，因此叫作狼烟。但狼粪不好收集，就用柴草代替，这样烧出的烟还叫狼烟，烽火台也叫狼烟台。"狼烟四起"，是古时候最让君主臣民担忧的一种景象。

在山东半岛的芝罘湾畔，600多年前就建起了一座狼烟台。明洪武三十一年（1398年），魏国公徐辉祖巡视山东海防，发现这里是临海要塞，可抗击倭寇，是守卫北平府的重要门户，便上书建议在芝罘设千户所，获明太祖朱元璋批准。此处便建起一座城池，为奇山守御千户所，直属山东总督备倭都司管辖。奇山守御千户所在其防御区内设有八座狼烟墩台，其中的熨斗墩建在所城北门外的山上，又称狼烟台。所城内外，居民渐多，都把山上的墩台叫作烟台，久而久之，烟台便成为地名。1664 年，清康熙帝认为倭寇已不再来犯，下旨废除奇山守御千户所，守军解甲为民。烟台山下，船来船往，这时早已成为渔港、商港。南粮北运，海陆贸易，多把这里当作中转站与集散点。

1860 年 6 月 8 日，海上突然来了十几艘火轮船，芝罘湾里黑烟弥漫，机器轰鸣，把沿海百姓吓得不轻。3000 名法国军人下船，端着洋枪登岸，但没有遇到任何抵抗，因为清政府没在芝罘安排守军。法军头目爬上烟台山，在龙王庙里安下司令部，士兵们就在山下搭帐篷、建板房。此后 1 个来月，又有多批法军来此，此地法军舰船有 50 余艘，总兵力 1.4 万余人，战马上千匹，火炮 30 余门，大小炮车 340 余辆，小推车 100 余辆，另外还有从南方带来的三四千名中国劳工。法军在这里练兵备战，连准备去天津、北京登城的竹梯都准备好了 120 余架。他们还从海上抢了 50 多条商船用于战时运输，把上面装载的茶叶、丝绸、鸦片和贵重皮毛等留下，其余物资抛到海中。

时任山东巡抚的文煌得知烟台被占，多次派青州府候补知府董步云等人前往烟台劝敌退兵，均不奏效。文煌报告朝廷，朝廷不解：此处既非通商之地，又非商办换约之处，何以有兵船忽至？文煌又奏请清政府批准，调集青州驻防的旗兵马队 300 人东进，"拟在莱州一带遥为声援，不令该夷闻见，以免疑我设备，引肇衅端"，随后又"严催续拨之兵一千名，赶紧驰往设伏"。旗兵马队就这样远远躲在莱州，不敢前行。有人向朝廷谎报军情，说驻烟台的法军"马队三千，上骑中空木人"，意思是敌方为了虚张声势，马背上都安了假人。

7 月下旬，法军留下 20 多条战船和 1000 余人在此，大部队在司令孟托班的率领下从烟台出发，与驻大连湾的英军会合于渤海，浩浩荡荡杀往天津，进逼京城。到了通州八里桥与清军大战，法军将伤亡的 100 余名士兵全部运回烟台，伤者在此疗养，死者葬在崆峒岛。英法联军取得胜利，分别与清政府签订了《北京条约》，其中重要的一条是天津辟为通商口岸。12月上旬，英法两国撤兵，第二次鸦片战争结束。

1861年3月中旬，烟台山草木泛绿，一位叫马礼逊的英国人在几位中国官员的陪同下来了。马礼逊先前担任过英国驻厦门、福州、天津等地的领事，刚被任命为英国驻登州领事。他从天津出发，到济南见过山东巡抚文煜，说明此行目的是来落实中英《北京条约》，到登州沿海考察，选定通商口岸。文煜立即派董步云陪同，东去登州。到那里考察一番，马礼逊认为蓬莱"滩薄水浅"，不宜做通商口岸，遂一路步行，边走边看，来到烟台。他爬到烟台山顶，用"千里眼"向海上观望，发现这里水深湾阔，是个天然良港，满意地点了点头，当即提出将通商口岸由登州改为烟台。董步云回去禀报，马礼逊就在烟台山下找了临时住处，于3月18日挂出领事旗，接着在烟台山上建领事馆。后来，英国人为了纪念这位首任领事，把烟台山上的一条路命名为马礼逊路。

5月，清政府下旨，改定烟台为通商口岸。直隶总督崇厚随即调直隶候补知府王启曾到烟台专办通商事宜，并请旨派董步云及登莱青道道台崇芳、登州知府戴肇辰等协办。王启曾是蓬莱人，精明能干，他经过一番紧张筹备，于8月22日主持烟台正式开埠仪式，并宣布筹建东海关征税。

鸦片战争之后，中国被迫同意鸦片公开贸易，但改名为"洋药"。烟台开埠之后，"洋药"随火轮船进入山东半岛，"瘾君子"日益增多。据烟台海关统计，开埠后的一年半时间里，共征收进出烟台港外籍轮船的"洋药正半税钞"计白银8.8万余两。

因为烟台的地位变得重要，开埠4个月之后，总理衙门领班大臣奕䜣奏请登莱青道移驻烟台。清廷准奏，登莱青道于同治元年二月（1862年3月）由莱州移到了烟台，这里便成为山东半岛东部的首府，登莱青道道台崇芳兼任东海关监督。这个东海关，管辖山东沿海5府

16 州县的 24 个港口：登州府有福山县烟台（大关），蓬莱县天桥口，黄县龙口、黄河营，宁海州戏山口，海阳县乳山，文登县威海、张家埠，荣成县石岛、俚岛；莱州府有掖县海庙、大平湾、虎头崖，昌邑县下营口，即墨县金家口、青岛，胶州塔埠头；青州府有诸城县陈家官庄；武定府有利津县铁门关，海丰县埕子口，沾化县陈家庙口；沂州府有日照县龙旺（王家滩）、涛雒、夹仓。

当时烟台港没有码头，没有导航设施，进口商船一般锚泊在离海岸较远的深水处，货物靠小船驳运。负责征税的巡役只能乘船到海上检查货物、按章征税。但外国人不准巡役人等近船，即使靠上去，也因为言语不通而无法工作。崇芳便出面"与英法两国领事官悉心筹议"，商定雇用外国人协同征税，于是，一位叫汉南的英国人就被任命为东海关税务司。他 1863 年 3 月 23 日上任，自此，东海关被外国人把持达 80 年之久。

汉南来到烟台先租民房办公，随即在烟台山西侧盖洋楼一座为海关总署，同时开始修建码头。这两项工程于 1864 年竣工，总造价白银 12525 两。所建码头被称为海关码头，是烟台港历史上的第一座公用码头。汉南考虑到进出港口船只的导航问题，在离岸 9.5 公里的崆峒岛上修建一座灯塔，采用反射定光灯，1867 年 5 月 1 日开启，10 公里外即可看见灯光。这灯塔以当时的海关税务司卢逊的名字命名，后改称烟台灯塔。烟台山顶原烽火台上，则建了一座带木柱屋顶的简易灯楼，立了旗杆，用于指挥进出港船只，并预报天气情报。1905 年，烟台山也建起灯塔，设三等明灭灯一盏，崆峒岛上的烟台灯塔改称崆峒岛灯塔。烟台山灯塔设专人管理，也由外国人负责。不只烟台，山东所有沿海灯塔的看守，基本上都由东海关安排外国人负责。直到 20 世纪 30 年代初期，日照县的石臼灯塔还由 3 位英国人看守。

烟台港在甲午战争之前，是山东省唯一对外开放的港口，是"北洋三口"之一（另外两口是牛庄、天津）。而且，烟台港处于渤海以东的黄海南岸，是北方三港中唯一的不冻港，是南北沿海交通的重要枢纽。因此，进出烟台港的船只络绎不绝，汽笛声不绝于耳。仅 1863 年的 9 个月里，进出口的外国籍船舶就达 600 余艘次，总吨位 20 余万吨。"洋货"通过烟台港大量涌入中国北方市场，种类多达几百种，其中以鸦片、棉制品、毛制品、糖、海菜、纸、铁、铁钉、铅、针、锡、煤、丝、米等为大宗。1867 年 9 月，由驻烟英商汤麦斯·福开森租赁的英国船"芬塞尔"号满载煤炭，从英国加的夫港试航烟台成功，这是第一艘从英国直接驶抵烟台的船只。之后的 3 个月里，又有 8 艘英国船只先后抵港，分别来自英国的加的夫、威尔士、纽卡斯尔、新南威尔士、利物浦等 5 个港口，所装货物主要是煤、铁、布匹等。洋货大量输入，土货也开始通过烟台港外流，历年出口保持在千担以上的大宗货物有豆饼、棉花、枣、咸鱼、百合花、甘草、药品、豆油、豆、干对虾、甜瓜子、草缏、粉丝、小麦等等。1873 年，烟台港还开展了客运业务，当年客流量为 3000 人。

烟台开埠当年，英国就在烟台山上建起一座"外廊式"建筑为领事馆。之后，法国、美国、德国、日本、俄国、意大利、丹麦、挪威、瑞典、荷兰、奥地利、匈牙利等 17 个国家在烟台设立领事或代理领事，建起领事馆。许多国家的商行、银行、教堂、学校、医院等等也落户于此，烟台山及其周围出现各种风格的洋楼别墅，加上山顶灯塔高耸，这座海拔 42.5 米的小山彻底改变了容颜。英国等国将烟台当作在华将士的避暑胜地，每到夏天就热闹起来，让这里随处可见高鼻凹目的洋人。

1876 年 8 月，又有一些轮船来到烟台，从船上下来一些英国人。他们不是来休假的，而是来与中国政府谈判的。直隶总督兼北洋通商大臣李鸿章也来了。中英两国之间的这次谈判，与烟台没有关系，是因为发生在云南的"马嘉理事件"。

英、法等国通过两次鸦片战争在中国沿海打开了中国门户，又想从中国的西南方向打开"后门"，不断寻找从缅甸、越南进入云南的通路。1874年，英国再次派出一支探路队，以柏郎上校为首，近200名武装士兵护送，探查缅滇陆路交通。英国驻华公使派出翻译马嘉理前去迎接，1875年1月在缅甸与他们会合后，回头向云南边境进发。2月21日到达云南蛮允（今云南省德宏州盈江县芒允村）附近，被当地景颇族民众阻拦，发生冲突，英军开枪，马嘉理与数名随行人员被当地人打死。英方立即和中国政府交涉，清政府第一时间派专员赶往云南彻查也不行，英国驻华公使威妥玛直接到北京找时任总理衙门大臣的李鸿章。李大人觉得英方条件没法接受，犹豫不决，威妥玛反而不跟他谈了。李怕出事，追着威妥玛谈，从北京追到天津，又从天津追到上海，威妥玛这才发话：我们一周后到烟台谈。这时上海酷暑难捺，他大概想借机到北方凉快凉快。

于是，1876年8月底，双方来到烟台，在凉爽的海风吹拂之下举行了三轮谈判。美、法、德、俄、意、奥的公使、水师提督、军官也来观察形势，想分一杯羹。谈了半个月，李鸿章撑不住了，9月13日与威妥玛在烟台山西侧的东海关公署再次会见，签订了《中英烟台条约》。这个条约也叫《滇案条约》，分三大部分16款，并附有"另议专条"。主要内容有中国向英国赔偿白银20万两，增开宜昌、芜湖、温州、北海四处为通商口岸，准许英商船在沿江的大通、安庆、湖口、沙市等处停泊起卸货物，各口租界免收洋货厘金，等等。有了这个条约，英国进一步获得侵略中国的多方面特权。西方列强见此，都想"利益均沾"，此后对中国骚扰不断。

眼看大清岌岌可危，李鸿章等朝廷重臣拼命支撑。此时他已受权督办北洋海防，着手筹办北洋海军，来烟台时发现此地重要，决定进一步加强防务。烟台山西面的通伸岗上已有炮台两座，是山东巡抚丁宝桢奏请朝廷建造的，李鸿章觉得不够，又增建六座，各炮位之间用城墙连接，总长700余米，依山就势，蜿蜒雄壮。墙上设置了200余个射击孔，墙内侧还有跑马道。最关键的是，李鸿章派人从德国买来克虏伯大炮，安在了这里。这种炮当时在世界上最先进，火力强大，在炮台上指向芝罘湾海面，威风凛凛。

有了这个炮台，李鸿章还不放心，15年后（1891年）再来烟台视察，决定在芝罘湾东面的岿岱山上再建一座。奏请朝廷同意后，登州镇总兵章高元便调动许多军民，在这里劈山凿石，紧张施工。很快，这里建起了坚固的指挥所、隐蔽的藏兵洞、畅通的交通壕，以及容量很大的弹药库，还配备了五门德国产的克虏伯大炮。整个炮台，共耗银100万两。从此，烟台有了一东一西两座炮台，分别叫作东炮台、西炮台，能在烟台海面构成强大的交叉火力。

1894年4月20日，李鸿章乘坐军舰从天津过来，在东炮台山下的海军码头登陆。炮台威严，军旗猎猎，鼓乐声声，将士们整齐列队，隆重欢迎这位军机大臣。李大人在部下的簇拥下登上东炮台，抚摸一下黑粗巨长的炮身，望着炮口指向的滔滔大海，心潮澎湃地说道："东炮台与崆峒、芝罘两岛鼎峙海门，天然关隘，渤海千余里，固若长城矣。"

万万想不到的是，时隔不久，甲午海战爆发，北洋水师全军覆没。接着便是八国联军侵华，大清帝国惨败，1901年被迫签订丧权辱国的《辛丑条约》。《辛丑条约》规定：拆毁大沽炮台及有碍京师至海通道之各炮台。根据这一条款，烟台炮台也在拆毁之列。那些克虏伯大炮，还没来得及放上一炮，炮机就被拆除，只剩下一根根黑铁筒子。

烟台山上有一块"燕台石"，高约两米，长达三米，宽约两米。相传建烽火台前，每年春季都有群燕聚集于石上。清光绪二十二年（1896年）六月，浙江人林炳修于石上刻四言诗十句：

> 崆峒距左，芝罘横前，
> 俯临渤海，镇海齐燕。

吁嗟群夷，蚕而食之，

唯台山山，一石岿然。

谁守此者，保有万年？

100 多年来，无论谁到烟台山上读一读，都是感慨良多，叹息不已。

三　甲午大海战

1840 年 9 月 27 日，鸦片战争正在中国进行，一个美国男孩在西点军校的教授楼里出生。他父亲是该校教授，给他起名叫阿尔弗雷德·赛耶·马汉。马汉毕业于安纳波利斯海军学校，曾进入海军服役，担任过炮舰舰长。1885 年任美国海军学院教授，讲授海军史及海军战略，并开始著书立说。他提出了"海权论"，认为制海权对一国力量最为重要。一个濒临海洋或者要借助于海洋来发展自己的民族，海上力量就是一个秘密武器。他主张美国应建立强大的远洋舰队，控制加勒比海、中美洲地峡附近的水域，进一步控制其他海洋，再进一步与列强共同利用东南亚与中国的海洋利益。马汉的"海权论"当时在美国以及西方国家产生了很大影响，进一步刺激了各国争夺海上霸权的欲望。

马汉的理论，是对当时世界形势的洞察，对西方各国争夺海权情况的总结。他曾经服役过的美国海军，那时候早已跟随英、法等国的脚步，在太平洋上显示威风争夺海权了。

在马汉 13 岁时，美国海军将领马休·佩里率领 4 条蒸汽船首次闯进日本的江户湾（今东京湾）。这个佩里可不简单，他 1837 年建造出美国海军的第一条蒸汽船"富尔顿号"，被称为海军的蒸汽船之父。

1852 年 3 月就任东印度舰队的司令官，被授予"日本开国"的指令，同年 11 月带着米勒德·菲尔莫尔总统的亲笔信函，从维吉尼亚州的诺福克港启航，于 1853 年 7 月 8 日进入日本江户湾。日本人头一回看到这种颜色发黑的铁甲军舰，称之为"黑船"。佩里上岸后向幕府递交总统的亲笔信，声称不开国就开火，引起一片惊慌。日本已经闭关锁国 200 多年，"米利干"（美利坚）人过来把他们的生活扰乱了。幕府说要报告天皇，约定明年答复。第二年佩里带 7 条战舰再访日本，3月 31 日强迫幕府签订《日米和亲条约》，同意向美国开放除长崎外的下田和箱馆（函馆）两个港口，并给予美国最惠国待遇等。从此，日本向美国学习，进入"和魂洋才"时代，走上富国强兵之路。

明治天皇励精图治，锐意改革，通过"明治维新"，让日本在三四十年的时间里迅速崛起。两次鸦片战争让他们看到了清政府的极度软弱，也开始对中国下手。1874 年，日本以琉球船民在台湾遇难为借口，派兵 3000 余人，登上中国台湾岛，野蛮屠杀高山族居民。清廷派福建水师赴台将之驱逐，却被索赔军费 50 万两。琉球国从 1372 年起就是明朝的藩属国，清朝时也一直向中国进贡，但日本却在 1875 年强令琉球王国停止对清政府朝贡，并改用日本年号。琉球国不愿意，派使者过海到中国求援，但清政府此时内外交困，无能为力。琉球使者在总理衙门外伏地哭泣，还有人以命相求，在宫外自杀。慈禧太后得知这件事，让李鸿章处理。李大人能做的只是一次次提出抗议。抗议到 1879 年，日本宣布琉球废藩置县，将琉球强行并入日本，设"冲绳县"。

西方列强虎视眈眈，现在又有一个拳头硬起来的东邻觊觎中国，让清廷愈发头疼。1875 年，清廷决定大力加强海防，建设三支海军：一是北洋水师，负责今天的辽宁、天津、河北、山东沿线的黄海和渤海海域；二是南洋水师，负责江苏沿海和东海海域；三是福建船政水师，负责南海海域。北洋水师的筹建，由北洋大臣、直隶总督李鸿章具体分管。

李鸿章对这支海军的建设可谓费尽心思。当时英国人赫德担任中国海关总税务司，李鸿章让他向英国代购军舰。买不起威力巨大的头等铁甲舰，只好买一种排水量仅有 200 吨的小型炮艇。因为它的形状独特，被叫作"蚊子船"。1876 年 11 月 20 日，首先交付的两艘"蚊子船"经过 5 个月的航行到达天津。27 日，李鸿章与赫德兴冲冲前往海边验收。李鸿章对军舰表示满意，认为"实系近时新式，堪为海口战守利器"，分别将其命名为"龙骧""虎威"。但检阅过程中，一名英国水兵过于紧张，导致手中步枪走火，子弹紧贴着李鸿章的帽檐飞过。幸亏李鸿章是坐着的，否则后果不堪设想，中国近代史可能变成另外的样子。

到 1881 年底，北洋海军除国内自造船只外，已陆续从国外购进战舰 10 余艘，其中有购自英国的炮舰"龙骧""虎威""飞霆""策电""镇东""镇西""镇南""镇北""镇中""镇边"，购自英国的巡洋舰"超勇""扬威"，从德国定造的主力舰"定远""镇远"也即将竣工。这一年，丁汝昌受命统领北洋水师，挑选了一批将领任各舰管带。随后，从绿营登州水师中挑选了一些水兵，又从荣成、登州沿海招募渔民船员，严格培训后编入北洋水师。值得注意的是，被任命为管带的各舰舰长及高级军官，几乎全部从福州船政学堂毕业，而且多数曾到英国海军学院留学实习，能操英语。中层军官里也有许多原留美幼童，被召回国后到福建水师学堂学习，之后服役。舰队内一直由外国人担任军官、技术专家，内部指挥命令也以英语发号。可以说，北洋水师是当时亚洲最强大、最先进的海军部队。

李鸿章经过数次实地勘查，选定在旅顺和威海卫两地建设海军基地。旅顺口是北洋水师的维护、修理基地，以黄金山和老虎尾为锁钥，两侧地势险要，航道狭窄，水深 6 米，周长约 10 公里。在此建起港口、码头、船坞、修船厂、仓库等等，港坞四周的设施用铁路连接，可以运煤供给军舰。为保卫这个海军基地，周围建起 30 多座炮台，在大连湾也修筑炮台 6 座，共有炮位 183 个。整个基地于 1890 年 11 月 9 日竣工，堪称亚洲第一军港。

威海有天然海湾，海湾口有刘公岛遮护，因此威海便被李鸿章选中，作为北洋水师的永久驻泊地。因为资金等方面的原因，1887 年才开始建设，但设计建造得比旅顺基地更加先进。用三年时间建起北帮（威海北岸）炮台 3 座，南帮（南岸）炮台 3 座，刘公岛炮台 6 座，后又在威海卫后路修建陆路炮台 4 座。整个威海卫炮台群，共配置大小炮位 167 门，所配火炮多为德国克虏伯后膛巨炮。在刘公岛和日岛上，还分别建造了地阱炮，能升降，能旋转，射程远，威力大。另外，配套后勤设施如铁码头、船坞、海军医院、海军公所等也相继在刘公岛建成。海军公所是北洋海军提督办公的官署，为三进院落。第一进的主体建筑为"礼仪厅"，用于接待官员。第二进的主体建筑为"议事厅"，是北洋海军高级将领召开军事会议的场所。第三进的房屋，供议事官员、执勤官兵休息和储藏军需品。刘公岛上还建了有线电报局，各炮位之间能打电话，通信联络十分方便。在南北海口则布置了大量水雷，通过电线控制，一触即发。

旅顺、威海卫两个基地建成后，一南一北遥相呼应，战舰来回穿梭，形成了对京畿地区的钳形防卫网，也似乎牢牢把握了黄海、渤海的制海权。这是李鸿章的大手笔，清王朝也自恃有了一支续命香。

这期间，日本几次在朝鲜挑起事端，但北洋水师出动战舰平息局面，并几次在朝鲜、日本沿海游弋。北洋水师的战舰也继续增加，1887 年又从英国购进鱼雷艇 1 艘，自德国购进鱼雷艇 5 艘。在西方定购的"致远""靖远""经远""来远"几艘战舰也于这一年竣工，李鸿章派人接回。

日本政府看到了与中国在军事力量上的差距，加速追赶。1890 年后，以国家财政收入的 60% 来发展海军、陆军，举国上下斗志高昂，下决心要超过中国，并且准备打一场以"国运相赌"的战争。1893年，天皇下谕节省内廷经费，文武官员交纳十分之一俸禄作为造舰费。到1894年，日本海军有新式海防舰3艘、巡洋舰18艘、炮舰7艘，加上其他舰只计31艘，另有鱼雷艇24艘，总排水量7.2万吨，超过了北洋海军。而且，日本舰艇大多是新造的，航速快，火力强，并装有较多的速射炮。

《北洋海军章程》规定："每逾三年，王大臣与北洋大臣出海校阅海军。"李鸿章严格执行这一制度，1891年6月1日，第四次到威海视察。北洋海军在威海湾中的操演"万炮齐发，无稍参差，西人纵观亦皆称羡"。然而，清政府国库日益空虚，用钱的地方又太多，加上1887年黄河决口，北洋海军经费被进一步压缩。1891年，户部又以财政空虚为由，停止向北洋水师拨款两年。从1887年到1894年整整七年，北洋水师竟然没有外购一条新舰、一门新炮。1894年5月，李鸿章又从天津出发，视察海防，于19日到达威海。在整整18天的阅操中，看到北洋水师仅凭现有装备就能显示出强大军威，李鸿章对其充满信心，欣欣然写下一副对联："万里天风，永靖鲸鲵波浪；三山海日，照来龙虎云雷。"

让李大人想不到的是，仅仅过了两个来月，甲午海战遽然爆发，北洋水师一败涂地。

战事发端于朝鲜，由日本挑起。1894年春，朝鲜爆发东学道农民起义，政府军节节败退，只好向清政府求救。清政府派兵入朝，起义军与政府议和。日本政府早就密切注视朝鲜局势的发展，寻找机会与中国开战，6月9日，1万多名日军以保护侨民和使馆为借口，陆续从仁川港登陆。7月23日，日军突袭汉城王宫，挟持高宗和闵妃，扶植了以兴宣大院君李昰应为首的亲日傀儡政府。李鸿章得知这一情况，希望中日共同撤兵，日本却提出"共同改革朝鲜案"，目的是使日军以"协助朝鲜改革内政"为名赖在朝鲜不走，同时拖住驻朝清军。清政府拒绝了"共同改革朝鲜案"，强调日本必须撤兵，日本便在6月22日向清政府发出了"第一次绝交书"。

这时，日本欲发动战争的姿态已经十分明显，但因为慈禧太后正举全国之力筹备六十大寿，不愿让战争破坏喜庆气氛。李鸿章寄希望于美、英、俄等欧美列强调停，但列强发表一通"谴责"之后，都采取观望态度。7月14日，日本向清政府发出"第二次绝交书"，拒不撤兵，中日谈判破裂。

发现事态严峻，主战的光绪帝要求李鸿章火速增兵朝鲜。7月21日，清政府派北洋海军的"济远"号、"广乙"号、"威远"号3艘军舰从威海卫出发，护送租用的"爱仁"号、"飞鲸"号、"高升"号3艘英国商船，从大沽口载运2500名兵员去增援牙山清军，同行的还有运饷银、炮械的"操江"号炮舰。中国军舰协助"飞鲸"号将物资卸载，去接应运兵的"高升"号。农历甲午年六月二十三日（1894年7月25日）凌晨，"济远""广乙"两只军舰行至丰岛（仁川西南）附近海面，突然遭受8艘日舰的袭击。中国海军将士奋勇反击，炮火多次击中敌舰。但"济远"号13人壮烈牺牲，40余人负伤，前炮已不能使用，只好用后炮边射击边向西撤退。日舰"吉野"号疯狂追赶，追击2500米后，"济远"号管带方伯谦挂白旗乞降，但"吉野"号穷追不舍。水兵王国成、李仕茂挺身而出，操纵尾炮射4发命中3发，击退"吉野"号。方伯谦撇下己方别的舰船不管，带"济远"号逃往旅顺。"广乙"在战斗中遭炮弹袭击，舰员死伤20余人，舵手阵亡。因船伤势过重，便向朝鲜西海岸驶去，却在十八岛搁浅。管带林国祥等70余名官兵悲愤中将舰炸毁后离去，途中被日军俘虏。"操江"舰收到"济远"舰开仗的信号，立即掉头向西退去，但被日舰追上，也挂起白旗投降，83名官兵及20万两饷银被日军俘获。"高升"号认为悬挂英国旗会保平安，但日舰"浪速"号追上后用所有火炮对准它，要求其停船接受检查。日军发现船上载有清兵，"浪速"号舰长东乡平八郎发令要其随日舰航行。英籍船长服从，清军将领不干，东乡平八郎下令攻击。清军官兵临危不惧，端起步枪回射。"高升"号很快被击沉，清军950人除200余人生还外，余均殉难。丰岛海战一共持续了一个小时，北洋水师惨败，日方仅有三舰受伤。

丰岛海战打成这样，光绪帝震怒，文武百官也说北洋水师无能。北洋水师提督丁汝昌为缓解压力，从7月底到8月初，三次率舰队"巡洋"。8月1日，中日两国同时宣战，北洋舰队这天去了朝鲜海域。他们既没见到日舰，也不上岸增援，理由是怕碰到水雷，怕敌方突袭。在牙山苦等支援的清军，只能远远看见在海上漂过的北洋舰队，却不见一兵一卒登陆。

9月中旬，驻守平壤的清军受到日军攻击，清政府决定增援，雇用5艘商船，从大连运6000名援兵，在大东沟登陆。北洋舰队护航，计有铁甲舰4艘、巡洋舰8艘、炮舰2艘、鱼雷艇4艘。

大东沟在鸭绿江口西面，是一条海汊子。9月17日上午，北洋舰队在此完成护送任务准备返航，发现西南海面突冒一股股黑烟，知是日本舰队，立即准备迎战。丁汝昌率领10艘军舰出击，12时50分与敌接近，"定远"舰首先开火，中日各舰也随之发炮。一时间炮声震耳，硝烟滚滚，海水沸腾。日舰猛攻北洋舰队右翼的"超勇""扬威"两舰，中国官兵奋力抵抗，但两舰均中弹起火。日"吉野"号也中弹起火，但很快被扑灭。旗舰"定远"号舰桥和旗号索具被炮弹炸毁，丁汝昌等人负伤，命令发不出去，舰队一度失去指挥，各自为战。右翼总兵刘步蟾接替他指挥，丁汝昌包扎伤处后，坐在甲板上督战。在"定远"号等舰重炮猛攻之下，日舰"比睿"号被击成重伤逃走，"赤城"号也多次中弹，舰长坂元八太郎等多人被击毙。日舰队第1游击队绕过北洋舰队右翼急速转向，挡住了北洋舰队的攻势。

此时，北洋舰队在大东沟海湾的"平远"号、"广丙"号两艘巡洋舰和数艘鱼雷艇也赶来参战，但这些舰艇火力较弱，不能改变战场上的被动态势，而日本舰队已形成夹击之势，让北洋舰队腹背受敌。但广大将士同仇敌忾，拼死作战。"超勇"号舰体倾斜，舰员们一边救火一边向敌舰开炮，直到战舰沉没，管带黄建勋等 125 名官兵阵亡。"扬威"号起火后，向大鹿岛退去，中途搁浅。"致远"舰虽多次中弹，但管带邓世昌率领部下顽强还击。看到弹药消耗将尽，他打算与敌同归于尽，下令高速猛冲前面的敌舰"吉野"舰。"吉野"舰急忙避开，发射鱼雷击中"致远"舰，使其沉没，邓世昌等 246 名勇士壮烈殉国，只有 7 人获救。"济远"舰管带方伯谦胆小怕死，见"致远"舰沉没，重演丰岛海战中临阵脱逃的丑行，慌乱中撞沉了搁浅的"扬威"舰（方伯谦后被光绪帝定罪斩首）。"扬威"舰管带林履中愤而跳海，含恨自尽。"广甲"舰管带吴敬柴效仿方伯谦，也下令出逃，在大连湾三山岛外触礁，第二天发现敌舰追来后将船自毁。"经远"舰管带林永升临危不惧，1 艘舰与 4 艘敌舰对抗。后来敌方射来炮弹，战舰起火，林永升等壮烈牺牲，其余官兵继续作战，直至人舰俱沉。

至此，北洋舰队只剩下"定远""镇远""来远""靖远"四舰，日方尚有九舰。中方依然顽强作战，"定远"号发炮击中日"松岛"号旗舰，使其甲板上的弹药爆炸，死伤达百余人，舰体倾斜。"来远""靖远"两舰苦战多时，负伤后且战且走，退至大鹿岛抢修机器，扑灭火焰，并用主炮阻击敌人，修好机器后再回战场。

海战持续了五个小时，日舰也已无力再战，向南撤退。重新集结的北洋舰队剩余舰船，尾追敌人一程，而后收兵驶往旅顺方向。血红的夕阳坠入黄海，这里的隆隆炮声终于消失，4 艘沉舰与几百位将士的躯体被滚滚波涛掩埋。

2013 年，考古人员在鸭绿江口西南约 50 公里海域发现了 1 艘沉舰，经过三年水下考古，共提取文物 200 余件，确认这是当年邓世昌与部下殉国的"致远"舰。黄沙成塚，忠骨无存，只有一些钢板、武器与瓷器等"自将磨洗认前朝"。

甲午海战集中了中日两国的主力战舰，是世界海战史上首次战役级铁甲战舰的大决战。不幸的是，北洋水师大败，痛失战舰5艘，日舰虽有多艘受伤，但无一沉没。

日军乘胜在陆上扩大战果，9月底完全控制朝鲜，跨过鸭绿江攻陷安东县（今丹东）、金州、大连湾。1894年11月21日，日军从陆路向旅顺口发起总攻，次日攻陷，4天之内大肆屠杀中国军民。

在旅顺沦陷之前，北洋水师在那里的舰艇就已撤到威海，总计还有28艘。李鸿章为保存实力，指示丁汝昌"避战保舰"，北洋水师就龟缩在威海港内不再出去。日军决心打掉北洋水师总部，沿用拿下旅顺的办法从陆路进攻。1895年1月19日，日军40余艘舰艇倾巢出动，护送19艘运输船从大连出发南下，绕过成山头，将陆军第2军送往荣成湾。

在日军从陆上进攻辽东时，朝廷下旨令山东巡抚李秉衡派兵支援，山东半岛海防兵力空虚，只好让各州县筹办团练。团练就是民兵，连像样的武器都没有，当日舰在荣成湾开炮时，他们立即逃走。21日大雪纷飞，日军登上龙须岛，接着奔向荣成县城（以前的成山卫，现今荣成市成山镇）。这里的团练得知日军来了，打开城门纷纷逃掉，没用日军耗费一枪一弹。至23日，日军2.5万余人全部登陆。

那时的荣成县城距离威海卫约40公里，有一条大路可到达，日军自25日起就沿着这条大路西去。1月30日，日军攻占南帮炮台群，清朝水师动用舰炮轰击，毙伤少许日军，但炮台还是被占，日军立即用那些大炮对准港湾里的北洋水师。2月2日，北帮各炮台守军溃散，丁汝昌急派敢死队将炮台炸毁。当日，北帮炮台群和威海卫城落入敌手。

随后几天，日舰从东西两口猛攻刘公岛，双方展开激烈的炮战。北洋舰队的"左一"号鱼雷艇管带王平率领10艘鱼雷艇、2艘汽船冲出西口，但未按丁汝昌的命令去袭击敌舰，而是逃向烟台。日军发现后立即追赶，将其全歼。2月4日，日军鱼雷艇偷袭，以鱼雷击中北洋水师旗舰"定远"号左舷，清军将其移至浅滩搁浅，当炮台使用。2月9日早晨，日舰再次来攻，丁汝昌指挥"靖远""平远"两舰驶至日岛附近同敌接战，"靖远"舰被炮火击中，沉入海中。日军从已占的清军陆上炮台发炮，再次将"定远"号击伤。10日，丁汝昌下令炸毁"定远"号，该舰管带刘步蟾在炸舰后悲愤自杀，践行了自己战前的誓言"苟丧舰，必自裁"。

也就在这一天，刘公岛上的北洋海军提督署内人声喧哗，吵吵嚷嚷。原来是军中外国雇员和营务处提调牛昶炳等人煽动部分官兵闹事，要求丁汝昌率部投降。丁严词拒绝，随后下令沉舰，但无人执行。11日，日军再攻刘公岛，守军仍奋力抵抗，先后击伤多艘敌舰，击毙敌方多名官兵。但北洋海军弹药将尽，又等不来援兵，丁汝昌于当晚吞食从军医院拿来的鸦片自杀。次日，牛昶炳伙同几个外国雇员向日军乞降，14日签订降约。1895年2月17日上午，日本联合舰队鸣炮21响，开进威海卫。下午4点，经日军允许，练习舰"康济"号载着丁汝昌、刘步蟾等人的棺木，于沉沉暮霭中驶向烟台。

一个月后，北洋水师的创建者李鸿章，作为清政府头等全权大臣，前往日本马关（今下关）谈判。他们是乘一艘德国船从天津出发去日本的，渤海与黄海上再次被画出一道耻辱的航迹。到了马关，见到日本首相伊藤博文、外务大臣陆奥宗光，日方提出十分苛刻的议和条款，李鸿章一再乞求降低。见他态度如此，一名狂徒在他会谈后回住处的路上行刺，用手枪击中他面颊。李鸿章当时流血晕倒，伤好后再谈，日方也将索赔金额降低，双方签订了《马关条约》。条约的主要内容有：中国承认朝鲜"完全无缺之独立自主"，实则承认日本对朝鲜的控制；中国将辽东半岛、台湾岛及所有附属各岛屿（包括钓鱼岛）、澎湖列岛割让给日本；中国"赔偿"日本军费白银两亿两；开放沙市、重庆、苏州、杭州四地为通商口岸，日船得驶入以上各口岸搭客装货；日本臣民得在中国通商口岸城市任便从事各项工艺制造，将各项机器任便装运进口，其产品免征一切杂税，享有在内地设栈存货的便利；中国允许日本在威海卫驻军，于赔款付清商约成立，始行撤退。

天干与地支，六十一轮回。中国人经历过无数个甲午年，但深深嵌入民族记忆中的，首推 1894 年这个"甲午"。那一曲黄海悲歌，以屈辱痛苦为主调，至今催人泪下，发人深思！

四 三地变租界

晚清时，在上海诞生了中国最早的画报《点石斋画报》。它由上海《申报》附送，十天一期，每期画页八幅，用图画配文的方式报道时局和社会新闻。1895 年 5 月出版的一期上，有一则名为《赞成和局》的新闻插画报道。画面右边是烟台的岠嵎山炮台（东炮台），炮台上站着多位清政府大员，头顶飘扬着龙旗。炮台下面的海面上，停着日、俄、英、法等国的军舰，日本战舰上有许多人在振臂欢呼。画中配文有这样一些话：日人无礼，扰我中土，幸有李傅相大度包容，重申和议，日方仍多要挟，赔款又割地。西方各国闻而不平。四月十四日（公历 5 月 10 日）换约之期，俄、英、法、美各派兵舰赴烟台严阵以待，16 时，各舰鸣炮为礼，日方知众怒难犯，双方修改后，于子夜时分换约签字，中日和局遂成。

这幅画，包含了太多信息，反映了 1895 年 5 月在烟台发生的一件大事，展示了东亚地区新的政治与军事格局。中日甲午战争结束，4 月 17 日双方签订《马关条约》，严重刺激了西方列强，都觉得日本获益太多，动了他们的奶酪。尤其是俄国，一直想占领中国东北地区，且将旅顺、大连作为军港，没想到被日本人捷足先登。俄国便调动 3 万兵力到海参崴集结，准备出兵满洲。4 月 23 日，俄拉拢法、德共同出面干涉，向日本提出照会，"劝告"其放弃割占辽东半岛，限期答复。与此同时，三国海军出现在日本海面，有兵戎相见之势。俄、德、法三国强硬干涉，日本也因为刚与中国发生了一场战争，无力与这几国抗争，就在 5 月 4 日的内阁会议上决定，将辽东半岛退还给中国，但要求中国付给日本"酬报"3000 万两白银。这就是说，对日本的赔款总额在 2 亿两白银的基础上又加了 3000 万两的"赎辽费"。清廷同意之后，两国在烟台换约，其他几国也派军舰到了那里。这就是所谓"李傅相"李鸿章"大度包容"下达成的"和局"。可怜烟台东炮台自 1894 年 5 月竣工，一炮也没打过，在整个甲午战争期间没有发挥丝毫作用，这时却成了见证清日"换约"之处、见识西方列强军威之处！

　　紧接着，俄、德、法三国自恃逼日退辽有功，争相向清政府讨取利益。他们首先以借款为手段。当时大清国一年财政总收入只有 8000 万两，而赔偿日本的 2.3 亿两要在三年内还清，只能举借外债。成为中国的债主，会带来许多好处，西方几国便争相向中国揽贷。俄国贷给 1 亿两，年息四厘半，45 年还清，以海关等收入为担保，德、法、英、美等国立即眼红，吵吵闹闹。有时他们的公使竟然闹到总理衙门，军机大臣兼总理各国事务大臣翁同龢在日记里写道："咆哮恣肆，为借款也。此等恶趣，我何以堪！""无耻无餍，而日在犬羊虎豹丛中！"

　　1896 年，俄国借沙皇尼古拉二世举行加冕典礼的机会向清政府发出邀请，希望能派员参加，目的是讨论如何限制日本在中国东北的利益。李鸿章在《马关条约》签订后，遭到全国谴责，还激发了康有为组织十八行省举人联名上书的事件，清廷革去李鸿章直隶总督、北洋大臣之职，徒留虚衔文华殿大学士。但这时又被光绪帝任命为钦差头等出使大臣率团赴俄，并往英、法、德、美四国访问。当时李鸿章已74 岁，临行前家人恐其不测，专门准备一副棺材随行。他带领随员 45人，在俄、德、法、英、美五国驻华使馆人员的陪同下，乘坐法国邮船从上海出发，一个月后到达俄国，受到极其隆重的礼遇。在尼古拉二世的加冕典礼仪式上，要依次演奏来访各国国歌，因为当时的清王朝没有国歌，李鸿章就起身扯开老嗓子，唱了一段他家乡安徽的庐剧，成为一个历史笑话。

之后便是秘密磋商。李鸿章对俄很有好感，和俄议定《中俄密约》，于 6 月 3 日签字。密约的主要内容有：一、日本如侵占俄国、中国或朝鲜土地，二国协同御之；二、战时，俄兵舰驶入中国口岸，如有所需，地方官应尽力帮助；三、中国允许俄国修筑一条从黑龙江、吉林到海参崴的铁路。这个密约，为俄国在中国东北迅速扩张势力做好了铺垫。

离开俄国，李鸿章又去德国。德国是西方列强中的后起之秀，资本主义发展强劲，此时已成为欧洲新霸主，其影响力超过法国。1888年即位的德皇威廉二世雄心勃勃，由追求"欧洲强权"转为"世界强权"，期待在全世界发挥更大作用。李鸿章来后，德皇高规格接待，还陪同他一起检阅德军操练。李鸿章见德军威猛惊人，说："我如果能有这样的十个营，甲午之战就不会败给日本。"德皇趁机提出，向中国租借海港，为其东方舰队停泊储煤，请李鸿章协助。李鸿章敷衍应付，说回国再议。

李鸿章离开德国之后，又先后去了荷兰、比利时、法国、英国、美国，横渡太平洋回来。途中要经停日本横滨港，倒换船只。早在《马关条约》签订之后，李鸿章就发誓"终生不履日地"，换船时，他让人在美国轮船和中国招商局轮船之间搭起了木板，而后颤颤巍巍，在侍从的搀扶下走了过去。

此次出访，李鸿章大开眼界，见识了西方之富强，制度之优良。归来后踌躇满志，觐见光绪帝和慈禧太后时详细谈了所见所闻，介绍了欧美的繁荣强盛，指出中国贫弱，提出"须亟设法"。但他的意见并未得到重视，他也未获重用，这年 10 月 24 日被任命为总理衙门上行走，并无实权，被人称为无用的"伴食之宰相"。

这期间，列强对中国一直没有停止侵略步伐，德国表现得最为急切。德皇曾向李鸿章提出租借军港，李鸿章说回去再议，德国便紧盯这件事，积极推进。德国海军在原来的计划中，是从威海卫、胶州湾、舟山群岛、大鹏湾等地选一处。1896 年 8 月，德国政府收到巡洋舰队长铁毕子海军上将的报告，认定胶州湾冬季是不冻的，是最为适当之地。

11 月 3 日，德国海军司令克诺尔上将与协助李鸿章访德后回国休假的天津税务司德璀琳见面。德璀琳是个中国通，此时对克诺尔说，胶州湾非常值得德国争取。他列举了胶州湾的七大优点：一、它的位置便于控制整个中国北部，而不仅便于控制山东；二、它适宜于修筑船坞和码头，因为它离扬子江并不远；三、它有能够开发的富饶的腹地，有煤，有铁，还有其他足资开采的矿产；四、交通路线已有一部分，另一部分也易于修筑，胶州堪为一条到达北京的铁路的良好终点；五、它的居民在体力和智力方面是全中国最优秀的；六、气候完全适宜欧洲人居住；七、港内挖泥挖到足够的深度，也没有困难。

此时，还发生了一件让后人费解甚至唾骂之事。这是德国驻俄国大使拉度林公爵在致德国首相何伦洛熙公爵的公文中透露的。中国驻俄公使许景澄让使馆美籍参赞金楷理极秘密地暗示德方：要在中国取得一个稳固的、受人尊敬的地位，只能干脆攘夺一个港口据为己有，否则中国人不会因此而感激。金楷理对德国公使说："中国人绝对不会懂得这种思想方法，道义取得的观念对他们是绝对陌生的。只有武力才是他们唯一懂得的语言。如果德国不干脆地取它所希望或需要的，华人只会把它当作是一种软弱的表示……俄国人就是掌握了对付华人的唯一正确方法……俄人表示了他们能随意支配及处理一切，这就折服了华。"德皇威廉二世看了报告兴奋地批注："正确！这正是我两年来对外交部所谆谆劝说而没有成功的！"

其实早在 10 年前，许景澄就给朝廷上了《条陈海军应办事宜折》，详细讲述了胶州湾在地理位置上和海防意义上的重要，"应该渐次经营，期十年而成巨镇"。李鸿章在派人调查后，承认此地不失为建港良地，但"目前尚难筹办"。10 年后，许景澄竟然建议德国到中国攫夺一个港口。他之所以对德国人递这样的话，可能是因为在长期的外交生涯中受德国人思想的影响，成为亲德派，不愿俄国在中国谋取更多的利益，想利用德国力量抗衡、抵消俄国在华势力，"以夷治夷"。他这么做，无疑是给德国占领胶州湾起到了鼓动作用。

德国政府在当时的内定方案，首选和平办法，希望中国政府能够顺顺当当割让胶州湾；其次，采取土地租借方式；再次，动用武力占领。1896 年 12 月，驻京德使海靖奉命向清政府提出租借港口的要求，期限为 50 年。清政府怕同意之后，别国照样学样，坚持不可。次年 1 月，海靖再次要求，仍被拒。请俄、法二国公使帮忙援助，两位公使也不干。海靖将经过报告德皇，德皇威廉二世十分恼火，1897 年 2 月 19 日在一份文件上批示说："经过这样的拒绝后这将是个耻辱。那是最后一次。"以后"无须再询问！地点定后，立刻占据"。

在这个春天里，德国派海军部顾问福兰西斯、海军中校徐亦等人前往中国沿海考察，认为湾中只有胶州湾一处值得考虑。5 月 5 日，海靖将这个结论报告给德国首相何伦洛熙，并指出俄国人对胶州湾并没有提出要求。德皇准备以武力解决，向俄皇征求意见，却遭反对，只好暂且作罢。不料，俄皇很快来了个脑筋急转弯，认识到如果德国强占胶州湾，正好给他们强占旅顺、大连提供极好的借口，于是就怂恿、支持德国对胶州湾的占领意图。1897 年 8 月，德皇威廉二世访问俄国，与尼古拉二世就胶州湾问题达成一致。11 月，俄国太平洋舰队以"过冬"为名，令 10 余艘军舰驶入胶州湾停泊。德国驻华公使海靖立即将此事照会清政府。清政府向俄提出抗议，俄外交部诡称，在胶州湾停泊是暂时的，等到海参崴开冻便撤。清政府就把俄方说法告知海靖，再次拒绝了他的要求。

　　德国人一直在寻找占领胶州湾的借口。1897年10月3日，德国军舰停泊在武昌，水手们上岸时，一伙中国人向他们扔石头，有德国水手受伤。德皇接到报告，认为时机已到，立即电命军舰驶往胶州湾。就在军舰奉命行动时，山东巨野县突发一桩教案，让德国有了更为"恰当"的借口。

　　巨野教案发生在该县张家庄天主教堂。当地一个叫刘德润的人参加大刀会，县官许廷瑞想抓他没抓着，就把他17岁的女儿抓到监狱关了一些日子。刘德润恨死了县官，纠集一帮铁哥们报仇。他们想刺杀许廷瑞，又觉得没有把握，听说外国传教士出了事会追究县官，就在1897年11月1日夜间去张家庄天主教堂杀神父。住在这里的神父叫薛田资，恰巧这天有两位在别处传教的德国神父来参加教会活动，薛田资把自己的寝室让给他俩住，自己住到门房里。刘德润等人进入薛田资的寝室，将外来的两位神父杀死。薛田资侥幸逃命，跑到济宁电告德国驻华大使并转德国政府。11月7日，威廉二世接到报告，亲自向驻守上海的远东舰队司令狄特立斯克少将下令，让他指挥舰队立刻驶往胶州湾，占领合适地点。德皇同时命令王弟亨利亲王为远东舰队司令官，率领5艘战舰向中国进发。威廉二世还就此事征求沙皇意见，沙皇表示，对于德军开入胶州湾，既不能赞成，也不能不赞成。

　　这期间，清政府想赶紧处理好巨野教案，息事宁人，令山东巡抚李秉衡迅速捕捉凶手，以防事态扩大。但杀人者早已逃之夭夭，官方就随便抓了9个无辜百姓，称这是盗窃钱财的谋杀案，以便缩小事态。但让清政府想不到的是，狄特立斯克率领3艘巡洋舰已从吴淞口出发，13日上午抵达胶州湾。

　　胶州湾东岸，有一支清军驻守。1891年6月，李鸿章在威海观看海军演习后到这里视察，发现这里"实为旅顺、威海以南一大要隘"，第二年秋天便调登州镇总兵章高元统领四个营驻防青岛，总兵衙门也移到青岛，设在天后宫旁边。还建起了两座码头，一是总兵衙门前方的小码头，二是小青岛（海中一座小岛，原名青岛，距海岸 720 米）东北向的青岛栈桥。当时青岛栈桥长 200 米，宽 10 米，以石头垒筑桥身，以水泥铺桥面，码头两侧装有从旅顺运来的铁材制成的栏杆，所以也叫"铁码头"。

德军到达青岛栈桥以外海域，先派几名军官登陆，拜访登州总兵章高元，诡称要在这里举行军事演习。第二天一早，德国海军陆战队 720 多人登陆，清政府守军竟然排成队伍，在桥端欢迎。然而德军不理会这种友好行为，立即控制清军，占领了清军军械库、弹药库，抢占山头，割断电线，挖沟架炮，直逼总兵衙门和各营房、炮垒，向清军发出限三小时全部撤退的通牒。章高元这才明白德军是来干啥，垂头丧气地率领部队转移到四方村一带。此时，他们听到前海传来一声声炮响，那是德军"威廉二世"号军舰鸣炮二十响以示庆贺。

出了这样的大事，章高元当然要赶紧发电上报，一级一级报告给总理衙门，却得到如此回复："德国图占海口，蓄谋已久。此时将藉巨野一案而起。度其形势，万无遽行开仗之理。惟有镇静严扎，任其恫吓，不为之动。断不可先行开炮，至衅自我开。"11 月 17 日，总理衙门又电令山东巡抚李秉衡："敌情虽横，朝廷断不动兵。此时办法，总以杜后患为主。若言决战，致启兵端，必至掣动海疆，贻误大局，试问将来如何收束？章高元、夏辛酉，均着于附近胶澳屯扎，非奉旨不准妄动。"这样一忍再忍，一退再退，一个月后，清军完全撤离胶州湾。

仗不能打，只能谈判，谈到 1898 年 3 月 6 日，中德签订了关于巨野教案的协议，清政府为德国神父被杀一事赔偿 22.5 万两白银，重建毁坏之教堂，将李秉衡革职，并从严惩治杀神父之人及地方官。这天还签订了中德《胶澳租界条约》，主要内容有：一、德国租借胶州湾为军港，将胶澳之口，南北两面，租予德国，先以九十九年为限；二、德国在山东境内有建筑铁路权；三、德国在铁路沿线三十里内享有开矿权；四、德国在山东省内开办各项事务中享有优先权。总理大臣翁同龢在《胶澳租界条约》签订后自责："以山东全省利权形势，拱手让之腥膻，负罪千古矣。"8月22日，中德又在青岛签订了《胶澳租地合同》；10月6日，签订了《胶澳潮平合同》和《胶澳边界合同》。

自此，德国将青岛收入囊中，并修建铁路，建设煤矿，处理教案，控制了整个山东。因为德国传教士在许多地方传教，与中华传统文化及地方士绅产生冲突，教案频繁发生。1898年秋天，在巨野教案中差点被杀、刚被调到日照的德国传教士薛田资又惹出了事端。现属五莲县的街头村两伙村民有矛盾，其中一伙就入了教寻找教会支持。11月8日，薛田资从日照骑马去街头调解矛盾，第二天，被当地颇有声望的厉用九率大批百姓抓住，并被剥光衣服游街，架到驼儿山一座庙里评理，日照县令得知后将薛田资接回。十几天后，德国汽船到青岛将薛田资接去，迫使山东当局赔银2.5万两，作为在县城建教堂的费用。第二年3月29日，德胶澳总督派一名上尉率120名海军陆战队士兵到日照，薛田资也随船回来。德国兵在石臼所登陆后，立即攻入日照城，捉住知县，威吓他以后好好保护德国教士，并在县衙盘踞数天。撤离时还将日照5名绅士带去青岛做人质，直至"教案"谈判结束，人质放回，德国驻山东主教安治泰又索银7.7万余两。

在德国抢占胶州湾时，俄国也在北方迅速行动。1897年12月14日，太平洋舰队分舰队司令杜巴索夫率5艘军舰到旅顺口外停泊。俄外交大臣欺骗中国政府说："俄舰开进旅顺口是为了帮助中国人摆脱德国人，只要德国人撤走，我们就撤走。"而背地里俄国却与德国暗中勾结，互相承认对中国胶州湾和旅顺的占领。仅仅过了半个月，俄国就向中国提出租借旅顺、大连及修筑中东铁路南满支线的要求，并从海参崴向旅顺运去两个水雷兵中队、辎重及骑兵3000余人，还有大炮67门，准备随时在旅顺、大连登陆并占领整个辽东半岛。

1898年3月2日，俄国公使巴布罗福向清政府提出租借及修建铁路的要求，限期五日答复。清政府派许景澄自德国赴俄交涉，巴布罗福听说将他撇开，到总理衙门大闹，声称限一天回复，至多两天，而后拂袖而去。在遥远的圣彼得堡，许大使与俄方会谈也不成功，俄方毫不让步。回电报告朝廷，光绪帝又派李鸿章去俄使馆交涉，无果而归。发电报让许景澄去见俄皇面商，许景澄 17 日回电，俄仍不让步，要求 3 月 6 日必须订约。

这时，清政府内部意见纷杂，有主张联结英、日拒俄的，有主张俄、法、德、中四国同盟以拒抗他国的，莫衷一是。此时山东教案也亟须处理，德国军队已经占据胶州湾并催促签约，俄国又索要旅顺、大连，总理衙门整天开会商量，始终拿不出主意。20 日，俄国公使再到总理衙门，提出租借条件。光绪帝得到报告，心情极其烦闷，传李鸿章、张荫桓入见，但也做不出决定。李鸿章、张荫桓次日再到总理衙门与翁同龢等人开会磋商，翁同龢在日记里写道："上亦不能断也，见起三刻，衡量时局，诸臣皆挥涕，是何气象？负罪深矣！"一帮清廷重臣被洋人逼得没有办法，坐在那里哭泣流泪，这是一副什么样的惨景！

俄方嫌交涉不见进展，遂派军舰南下示威，清政府只好妥协。3 月 27 日，李鸿章与俄国公使在北京签订《旅大租地条约》，主要内容是：一、俄国租借旅顺口和大连湾及附近海面，租期 25 年，租借地及其海面完全由俄国管理，中国军队不得入内；二、租地以北设一"中立区"，该地区内行政由中国官吏主持，但界内的铁路、矿山及其他工商利益等，都不得让予他国；三、允许中东铁路公司修筑一条支线，把中东铁路和旅顺口、大连湾连接起来，支线所经地区的铁路权力不得让予他国。条约签订的第二天，俄国海陆军就分别从旅顺口和大连湾登陆，并举行占领仪式。

5 月 7 日，沙俄又强迫清政府在圣彼得堡签订《续订旅大租地条约》，规定租地北界应从辽东半岛西岸亚当湾（即普兰店湾）之北起，东至貔子窝北部画一条直线，以南为俄国租借地，总面积 3200 平方千米，人口近 30 万。租借地界线以北至盖州河口，经岫岩城北，至大洋河左岸河口以南的地区为"隙地"（即中立区）。"隙地"内之行政权虽归中国官吏主持，但中国军队必须经俄国官吏同意后方可入内。条约还规定：金州城由清政府自行治理，中东铁路支线终点确定为旅顺口及大连湾。通过这两个条约，大连地区完全被沙俄侵占。

1899 年 8 月，沙俄在今大连地区设关东州，州厅设在旅顺，同时将青泥洼改为达里尼特别市（俄语"达里尼"意为遥远）。沙俄帝国总是热衷于扩张领土，让国界与租界变得遥远再遥远。

英国是第一个用大炮轰开中国大门的西方国家，近半个世纪以来攫取了许多利益，此时看到德国占青岛，俄国占旅顺、大连，法国向大清政府提出租借广州，意大利提出要租借三门湾，便打起了威海卫的主意。1897 年 12 月 29 日，英国外交副大臣寇松上书首相索尔兹伯里，提出在中国华北租占威海卫，以抗衡列强在华的势力扩张。1898 年 3 月 25 日，英国政府电令驻华公使窦纳乐：务必以最有效和最迅速的方式，获得日本人撤离威海卫后租借该地的优先权。三天后，窦纳乐正式向大清国总理衙门提出租借威海卫的要求。

此时，清政府正焦头烂额，疲于应付列强瓜分中国的狂潮，对英国的要求感到愕然：日本军队正驻威海，等着赔款还清再撤退呢。英国公使却表示，日本方面不用你们管，我们协调。于是与德、日协商，英国还从香港派遣兵舰 10 余艘到达烟台海面，大有非租不可之势。面对这种情势，德、日、中三方只能同意。4 月 2 日，窦纳乐将一份租借威海卫的备忘录送到大清国总理衙门，总理衙门大臣、庆亲王奕劻亲自出面与其谈判。几番争辩，还没谈妥，5 月 16 日窦纳乐又来照会大清总理衙门：英国军队要先行接管威海卫。总理衙门的大员们说："我们是答应将威海卫租借给你了，可正式的条约尚未签署，这如何使得？"窦纳乐声称："此事没有任何协商的余地，我们、你们都必须这样做！"说罢扬长而去。大员们面面相觑，摇头叹气，只好要求日本迅速撤离威海卫。

5月22日，英国驻芝罘港领事金璋率英国舰队抵达威海湾。5月23日，日本国旗从刘公岛的旗杆上降落，大清国的龙旗又爬上了阔别三年之久的旗杆。当日下午，日本军舰全部撤离。

5月24日中午，中英双方举行租借威海卫仪式。清"复济"舰管带（原北洋舰队"威远"号管带）林颖启宣布：中英两国为修睦好，经我大清国恩准，现将威海卫租借给英吉利国。英舰"水仙花"号舰长金·霍尔上校代表英方宣读了租借威海卫的宣言。接着，礼炮轰响，汽笛齐鸣，英国军乐队奏响乐曲，一面"米字旗"爬升至旗杆顶端。在场的英国人特别激动，因为这天恰好是英国女王维多利亚79岁生日，他们把这块刚刚得到的东方海陆疆域作为生日蛋糕献给了女王。

两天之内，国帜三易：太阳旗—黄龙旗—米字旗。米字旗升起后，英国海军仪仗队高呼三声"吾王万岁"，并喊了一声"大清皇帝万岁"。让英国人喊"大清皇帝万岁"，是清廷官员为了脸面，向英方一再争取才实现的。

其实，大清王朝的脸面，随着黄海之滨三处租界的出现，已经更加丑陋难看了。

7月1日，大清总理衙门大臣奕劻与英国驻华公使窦纳乐在北京签署了中英《订租威海卫专条》。主要内容如下：今议定中国政府将山东省之威海卫及附近之海面租予英国政府，以为英国在华北得有水师合宜之处，并为多能保护英商在北洋之贸易；租期应与俄国驻守旅顺之期相同；所租之地系刘公岛，并在威海湾之群岛，及威海全湾沿岸以内之十英里地方。以上所租之地，专归英国管辖。此外，在格林尼治东经121°40′之东沿海暨附近沿海地方，均可择地建筑炮台、驻扎兵丁，或另设应行防护之法；威海卫城仍由中国管理，原驻城内的官员仍可在城内各司其事；中国兵舰无论何时仍可使用威海水面停泊。根据《订租威海卫专条》，东起大岚头、西至马山嘴、南至草庙子以内，除威海卫城以外738.15平方公里的区域都被划为大英租界。

　　1925年3月，正在美国留学的诗人闻一多，想起中国的澳门、香港、台湾、威海卫、广州湾、九龙岛、旅大（旅顺和大连）等七个被割让、租借的地方（当时青岛已经回归中国），悲愤交加，挥笔写下组诗《七子之歌》。他将这七个地方比作祖国母亲被夺走的七个孩子，让他们来倾诉"失养于祖国、受虐于异类"的悲哀之情，无数人朗诵时都是热泪滚滚。

五　日俄战黄海

　　1904年2月8日晚，阴谋、杀机与夜幕搅和在一起，浓浓重重，笼罩在黄海西北部。

　　此时，庞大的日本联合舰队悄悄来到旅顺口以东约40海里处。舰队司令、海军中将东乡平八郎站在旗舰"三笠"号上，手端望远镜向西北方向瞭望，发现远处一片光明——那是旅顺口军港。这位56岁的矮个子老头拧紧花白的浓眉下达命令：第1、第2、第3驱逐舰大队前去袭击旅顺口外的俄国舰船；第4、第6驱逐舰大队前去袭击驻大连港的俄国舰船。这些战舰立即分头行动，像利箭一样射向两个方向。

　　这恰似东乡平八郎那两道凶狠的目光。这位日本海军将领，无比崇拜中国明朝大儒王守仁，一直别着刻有"一生伏首拜阳明"七个汉字的腰牌，却将征服中国与西方列强当作了建功目标。他在1894年中日甲午战争中立了大功，后来升任日本海军常备舰队司令官，率舰队参加了八国联军侵华战争，这时又在日俄战争中大显身手。

　　日俄开战，源于 10 年前的旧仇。日本军队本来占领了中国辽东半岛，俄国却带头"调停"，逼其放弃。日本只好吐出已经咽下去的一块肥肉，眼睁睁看着清政府与俄国的关系越来越密切，允许俄国在东北修铁路，租借旅顺、大连。更让日本不可容忍的是，俄国 1900 年又以"镇压东北义和团"为名出兵 13.5 万，全面侵入中国东北，并占领朝鲜北部，积极扶植亲俄势力，力图取代日本在朝鲜的地位。于是，日本将俄国当作头号敌人，"卧薪尝胆"，扩军备战，准备与俄来一场大决战，从而称霸远东。从中国掠夺的赔款白银 2.3 亿两，大部分被日本用于战备方面。经过 10 年的发展，10 年的准备，日本觉得肌肉丰满，决定出手。他们与英国结盟，得到美国援助，并取得德、法等国的默认与"同情"，便与俄国谈判。起初要求俄国承认其对朝鲜的"保护"，继而要求打入"南满"，后来又要求在"北满"及其他地区的权利。沙皇政府面对日本不断提高要价、咄咄逼人的姿态，玩弄外交手腕，故意拖延谈判以争取时间。但日本统治集团等不及了，1904 年 1 月 13 日向俄国发出最后通牒，要求俄国保全中国满洲领土，承认朝鲜在俄国利益范围之外，"若犹迁延不决，恐于日俄两国均大不利"。同时，加快向中国东北调动部队。但是俄方还是拖延，日本遂于 1904 年 2 月 5 日正式与俄国断交，日本天皇随即下令开始军事行动。

　　日本联合舰队司令东乡平八郎雷厉风行，于 2 月 6 日 0 时召集下属指挥官，传达天皇的决定，命令全舰队开赴黄海，分别攻击停泊在旅顺和仁川（济物浦）的俄舰。舰队出发之前，东乡平八郎让部下在军舰上打出标语，大意是"国家存亡，在此一举，望全体将士奋勉努力"。当日 9 时，联合舰队从佐世保军港出发，共有铁甲舰 6 艘、铁甲巡洋舰 6 艘、轻型巡洋舰 12 艘，以及各种驱逐舰若干艘，可谓军威豪壮，杀气腾腾。

　　次日下午，行至南黄海中部，由第 4 巡洋舰战队和第 9、第 14 驱逐舰大队组成的瓜生支队，离开主力舰队向东北方向驶去，执行袭击仁川港的任务。主力舰队继续前行，向西北方向急驶一天一夜，渐渐接近辽东半岛南端。东乡决定发动夜间突袭，一举消灭驻扎在这里的俄国海军。

他的信心来自四年前的仔细观察。当时他带日本舰队参加八国联军攻打中国，军舰集结在天津大沽口数日，东乡平八郎每天都注意观察俄国海军的情况。后来他向日本天皇递交了一份报告称："俄国海军是金玉其外败絮其中，他们军纪涣散，而且用军舰运送步兵和军需品。也就是说，一旦发生战斗，始终充当运输船角色的军舰的战斗力肯定大打折扣，重要的是他们用军舰做运输船，说明他们的运输能力不足。"报告的结论是，和俄国开战，只要把战场控制在日本周围海域，俄国必败，因为他们长途跋涉，在运输跟不上的情况下必败无疑。

四年过去，东乡观察到的军纪涣散等情况并没有在俄国海军中消除。驻旅顺口的是该国海军太平洋第1分舰队，由施塔克海军中将指挥，辖有铁甲舰7艘、各种巡洋舰9艘、炮舰4艘、驱逐舰24艘、布雷舰2艘，以及其他舰只多艘。然而他们骄傲轻敌，日本已经在2月5日与俄国断交了，他们还以为战争打不起来，将舰队停泊在旅顺外港。因为内港狭窄、水浅，只有一个出入口，大型战舰只能在涨潮时出入内港，而且要有拖船牵引，他们嫌麻烦，舰艇警戒仍执行"平时规定"。更不应该的是，夜间不打开防雷网，却打开军舰上的探照灯，把内港的出入口照得亮如白昼。

就在东乡平八郎用望远镜向这里瞭望时，军港内外几乎没有一个军官。他们干什么去了？他们正在旅顺城内一家酒店里举办宴会，庆祝舰队司令施塔克将军夫人的命名日。庆祝命名日，是天主教和东正教的习惯——某位教徒在一个指定的纪念圣人的日子与一位圣人共享名字，每到这天就要庆祝。施塔克将军在遥远的中国率兵驻扎，把夫人带上，战云密布之时还为她举办庆祝宴会，也算一个"不爱江山爱美人"的主儿。带家眷的不只是他，别人也带，宴会上聚集了许多美女，与军官们共饮美酒，捉对跳舞。到了午夜还不罢休，突然有咚咚的响声传来，把他们惊了一下。司令急忙问怎么回事，手下人出去了解，回来报告说是实弹射击。司令把心放下，再向一位美女做出邀请的手势，其他人也纷纷效仿，舞池里一片扭动的男男女女……

他们不知道，俄国海军的死对头东乡平八郎此时已经得手。在军港岸边几座灯塔和俄舰探照灯的帮助下，日舰把俄舰停泊的位置看得清清楚楚，近距离发射了16枚鱼雷，其中3枚命中目标，重创俄国最好的3艘军舰。俄国将领们终于结束宴会回到军港，这才知道吃了大亏，急忙将停泊在外港的完好战舰开到港内。

当晨曦取代了灯塔，军港内外洒满阳光时，俄军受到更为猛烈的攻击。东乡平八郎率联合舰队主力驶近港口，指挥旗舰"三笠"号首先开炮，其他日舰随之猛烈射击。俄军将士怒火熊熊，用舰炮、岸炮一齐还击，日舰损伤严重，打了50多分钟的炮战之后撤退到黄海海面。这时，第4、第6驱逐舰大队与其会合，他们在大连湾没有发现俄国舰船。

当天晚上，仁川方向传来消息：日军大胜。9日晨，日第4战队司令官瓜生少将通过日本驻仁川领事向俄舰发出最后通牒，要求他们于12时前驶离仁川港，否则将受到攻击。11时20分，俄舰"高丽人"号与"瓦良格"号一前一后，高速冲向港外。瓜生立即率领舰队拦截，以挂国际信号旗的方式要求其投降，但"瓦良格"号舰却在桅杆上升起了战旗，双方便开始了炮战。"瓦良格"号多次中弹，严重受伤并向左倾斜。"高丽人"号一看不妙，掉转船头驶入港内。落在港外的"瓦良格"号有31名舰员死，190余人伤，舰体下沉，无法抢救，最后自行炸毁，沉入海底。16时许，俄国人又将港内停泊的"高丽人"号炮舰和"松花江"号蒸汽机商船炸毁，幸存者被转移到在仁川港停泊的法国和意大利军舰上。而瓜生舰队只损失 1 艘驱逐舰，另有 2 艘巡洋舰被击伤，死 30 人，伤 200 人。

日本不宣而战，震惊世界。尤其是大清王朝，更是一片惶恐。三年前，八国联军入侵北京，清政府要按照《辛丑条约》赔偿列强白银四亿五千万两，而今日本又与俄国在东北打了起来。日本在向俄开战之前，就向中国清政府提出，当日俄两国交战时，中国应宣布"中立"。日俄断交的第二天，即 2 月 7 日，日本再次"劝告"中国，要在日俄开战时保持"中立"。2 月 9 日、10 日，俄日两国分别向对方宣战，西方一些国家纷纷宣布"中立"。清政府感到压力巨大，忍受着外国人在满人祖宗的"龙兴之地"上开战的巨大痛苦，于 1904 年 2 月 12 日发布所谓"中立"的上谕："现在日俄两国失和用兵，朝廷念彼此均系友邦，中国应按局外中立之例办理。著各直省将军督抚，通饬所属文武，并晓谕军民人等一体钦遵，以笃邦交，而维大局，毋得疏误，特此通谕知之，钦此。"不只宣布自己"中立"，还划定熊岳城至安东县界街一线以南为"指定战地"。就这样，一场史无前例的滑稽剧上演了：日俄在中国领土上打仗，清政府以"中立"地位观看熊狼恶斗。

它们斗得真够厉害。尤其是从黄海东面扑过来的狼群，可谓疯狂至极。东乡平八郎统领日本联合舰队，下决心要把旅顺口的俄军干掉。2 月 14 日派第 4 驱逐舰大队再次夜袭旅顺口，但战果不大，东乡决定堵塞旅顺港的出口，让俄国舰队成为瓮中之鳖。他派 5 艘蒸汽动力船，在朝鲜西南岸装上石头出发，准备沉到港口外的航道上。但 24 日凌晨，5 艘堵塞船在第 9 和第 14 雷艇队的警戒下去执行任务，有 3 艘偏离了航道，在港口西侧触礁沉没，另外 2 艘在港口附近爆炸沉没。

俄国海军在旅顺遭受重创，俄皇大怒，将施塔克免职，任命马卡罗夫海军中将接任太平洋分舰队司令。这位马卡罗夫可不是一般人物，他从年轻时就投身海军，文武双全，造船、造大炮都是高手，

1897 年还发表巨著《论海军战术问题》，在西方军事界影响巨大。日俄战争前夜，担任喀琅施塔得港司令的他就正确研判形势，致函俄国海军部，指出战争即将爆发，停泊在旅顺港外锚地的俄国舰艇处境危险，随时可能遭受日军袭击，然而海军部没有理睬他的建议。等到那里真的出了大事，他临危受命，不远万里，火速从陆路来到旅顺。3月 8 日到达，第二天就派 2 艘驱逐舰出海侦察，但返航途中与日联合舰队的 4 艘驱逐舰遭遇。双方展开炮战，俄舰发现打不赢，急忙回蹿，其中的"守护"号被日舰击伤，失去航行能力。马卡罗夫获悉消息，亲率"诺维克"号和"巴扬"号 2 艘巡洋舰出海，但发现"守护"号已经沉没。

东乡继续施行对旅顺港的堵塞计划，再次派船运石头却又失败，就在旅顺口外布设水雷。4 月上旬，俄军指挥部得知日军大批登陆部队正在长山群岛集结，马卡罗夫于 4 月 12 日派出 8 艘驱逐舰前往侦察，并派 2 艘巡洋舰支援。返航时发现日方主力舰队来袭，立即报告基地。马卡罗夫立即以铁甲舰"彼得罗巴甫洛夫斯克"号为旗舰，率领舰队大张旗鼓出海迎战。对他的鲁莽行为，部下试图劝阻，说日本人在港口外围布置了许多水雷，需要先派扫雷舰扫清水雷。但马卡罗夫却说："我们的军舰就是扫雷舰，时不我待！"结果，他的旗舰闯入日方布设的雷阵，触雷沉没，马卡罗夫和全舰 600 余名官兵沉海丧命。据说，东乡平八郎详细读过马卡罗夫的《论海军战术问题》，了解他的性格和作战方式，便设法引诱他亲自参加战斗，将他的生命终结在黄海波涛之中。消息传开，全世界海军界对东乡平八郎刮目相看。

继任俄海军太平洋分舰队司令之职的是威特盖夫特。有马卡罗夫的前车之鉴，他优柔寡断，让舰队泊在旅顺口不再采取积极行动。东乡继续出手，派 12 艘船执行第三次堵塞行动，还是不成功。俄舰队为自保，也在港外布设水雷，给日舰造成障碍。日军改变计划，决定从背后攻取。

　　海战期间，日军已有大量部队从朝鲜北部登陆，突破鸭绿江防线长驱直入。日本陆军第 2 军在联合舰队的大力支援下，于 5 月 5 日从旅顺东北部登陆，只用半个月时间便占领金州和大连。辽东半岛俄军司令斯捷塞尔率部撤至旅顺，日军随即以 6 万兵力包围，同时用 52 艘战舰封锁了港口。俄军以 4 万兵力坚守，旅顺港内海军有战舰 38 艘，但舰队司令威特盖夫特看到敌强己弱，怯战心理十分严重。后来觉得不能坐以待毙，率舰队于 6 月 23 日出港，准备开往海参崴，但发现日本舰队在前面出现，威特盖夫特不敢交战，急忙返回。

　　沙皇对战争态势忧心忡忡，尤其是担心旅顺海军的安危，8 月 7 日下令分舰队迅速突围，开往海参崴。威特盖夫特少将还是犹豫不决，但日军从陆地上攻城的大炮开火了，不只对准旅顺要塞和市区，也对准了港内舰船。威特盖夫特只好硬着头皮，8 月 10 日凌晨率领 6 艘铁甲舰、4 艘巡洋舰、8 艘驱逐舰、4 艘炮舰和 1 艘红十字医院船开始陆续出港。

　　俄舰队刚出发时，海上略有薄雾。走着走着薄雾消散，水天线上出现多艘日本军舰，让他们既紧张又恐惧。这是东乡接到俄舰出逃的情报，亲率 4 艘铁甲舰和 2 艘铁甲巡洋舰前来堵截了。威特盖夫特不愿交战也不敢交战，想避开敌人逃走，但还是被日舰追赶，双方远距离开火。打了一会儿，双方都未取得战果，俄国舰船跟随旗舰转向，很快摆脱敌人。东乡一见，马上率主力战队掉头追赶，追上后激战，1 小时后，日旗舰"三笠"号中弹 22 发，舰长受伤，死伤 70 余人，其余各舰也受到不同程度的损伤。俄旗舰"皇太子"号中弹多发，威特盖夫特司令阵亡。这是日俄战争中死去的第二位海军分舰队司令。悲摧的是，这艘旗舰的舵机被炮弹炸毁，完全失控，自动向右旋转，结果闯进自己舰队行列，使编队无法保持战斗队形。更悲摧的是，威特盖夫特事先没有确定代理人，他阵亡后，下一级指挥官赫托姆斯基少将没有接手指挥，各舰不了解总的作战指导思想，也不知道各自在战斗中的具体任务，舰队成为无王蜂群，自行其是。日舰乘机猛烈攻击，俄舰溃散四逃。"佩列斯韦特"号、"胜利"号、"雷特维尊"号、"塞瓦斯托波尔"号、"波尔塔瓦"号、"神智"号等逃回旅顺。其他舰的舰长知道回旅顺是死路一条，于是，"皇太子"号和3艘驱逐舰逃往中国的胶州湾，"阿斯阿尔法"号逃往上海，"狄安娜"号逃往西贡（今越南胡志明市）。只有"诺维克"号企图逃回老巢海参崴，绕了很远的海路，却在到达库页岛的科尔萨夫港附近时，与前往该港侦察的"千崴"号等日本巡洋舰遭遇。激战一场，"诺维克"号受到重创，被舰员自沉海底。

逃回旅顺的俄舰，困在港口之内。8月12日，驻海参崴的俄国海军派3艘舰船接应他们突围，却被日本第2舰队拦截在朝鲜海峡，在蔚山附近激战一场。俄舰1艘自沉，2艘受伤返回。12月上旬日军攻克旅顺要塞，港口内的俄舰或被击沉，或者自沉，只有几艘驱逐舰冲破封锁线驶向中立国港口。至此，俄海军第1太平洋分舰队全军覆没。

经过旅顺战役、辽阳会战、沙河会战以及1905年2月底至3月中旬的奉天（沈阳）会战，日军虽然有8万多人死于战场，但已锁定胜局。但沙皇不甘心失败，继续向远东增兵。匆忙间从波罗的海舰队与黑海舰队抽调舰船，编成"太平洋第2分舰队"，于1904年10月出发，第二年5月到达越南海域，与"太平洋第3分舰队"会合，继续北上，准备打败日本舰队，到达海参崴。然而东乡平八郎早已做好准备，以逸待劳，当航行了220天的俄国舰队5月27日到达对马海峡时，与其进行决战。俄舰只有3艘逃往海参崴，其余全被消灭，俄方战死4830人，被俘5917人。

打过这一仗，日本海军完全掌握了太平洋的制海权，沙俄政府只好与日本举行和谈，在美国一个叫朴次茅斯的小城谈了将近一个月，于9月5日签订和约。和约的主要内容有：一、俄国同意将库页岛南部割让于日本；二、俄国承认韩国属于日本之势力范围；三、俄国同意将关东州割让于日本；四、中东铁路以宽城子（长春）为界，以南整体转让于日本；五、日俄两国皆同意，除关东州及中东铁路外，满洲之主权、治权应在一年内交还中国。战争之前，中国东北是俄国独占，战后则是日俄分据南北。这场战争，让身处东北的中国人吃尽了苦头。日俄两国军队在战区和中立区奸淫烧杀，掠夺财物，2万中国人死于战火，财产损失折银6900万两。

经此一战，俄国海军太平洋舰队和波罗的海舰队全军覆没，极大地削弱了俄国海上扩张和争霸的实力，俄国由二等海军强国降为四等海军国家。战争的失败，加剧了俄国国内危机，导致"1905年革命"爆发，社会严重动乱，成为1917年"二月革命"和"十月革命"的前奏。

在日俄战争的几场海战中，日本海军打出了威风。东乡平八郎是第一位打败西方人的东方将领，因而在日本成为万众景仰的海军战神。此后，"大和民族"的优越感爆棚，军国主义走上了快车道，一场世界性的灾难将要来了。

六　发愤共图强

1905年的一个冬日，日俄战争的硝烟刚在黄海上散去不久，大清海军的巡洋舰"海圻"号忽然穿过渤海海峡，以24节的航速快速东行。这艘巡洋舰是甲午战争之后从英国购买的，是大清海军吨位最大的军舰，这次执行的任务是送户部侍郎戴鸿慈与湖南巡抚端方及随从到上海。他俩受慈禧太后与光绪帝委派，将要出洋考察。"海圻"号绕过成山头南去，于12月19日到达吴淞口。考察团立即转乘美国太平洋邮船公司的"西伯利亚"号邮轮，起航去往日本。约一个月后，镇国公载泽、山东布政使尚其亨、顺天府丞李盛铎三位大臣也带团乘船，经渤海、黄海来到上海，乘坐法国轮船公司的"克利刀连"号往日本驶去。

清廷派五大臣出洋考察，主要是受到日俄战争的刺激。海中岛国小日本，以前不被大清王朝瞧得起，却在几十年间迅疾崛起，不只在甲午战争中打败中国，还在日俄战争中获胜。俄国地跨欧亚，是一等强国，与日军交锋竟然一败涂地，这到底是怎么回事？朝野上下好多人认为，俄国之所以败，是因为它的专制体制；日本之所以胜，是因为它的君主立宪制。如果效法日本，实行君主立宪，中国也能成为强国。慈禧心动，光绪更是急不可待，就决定派大臣出洋考察。不只考察东洋日本，也考察西洋诸国，快快学到真经，救我大清！慈禧对几位大臣寄予厚望，多次召见，还送给他们一些御用点心到路上充饥。

两个考察团出洋半年多，先后到过 15 个国家，大开眼界。回国后连上多道奏折，汇报考察成果，强调实行宪政有三大好处，一是"皇位永固"，二是"外患渐轻"，三是"内患可弭"。"两宫览奏，大为感动"，决定实行改革。1906 年 9 月 1 日，清廷下诏"预备仿行宪政"。1907 年，清政府宣布在中央设立资政院，在各省设咨议局。1908 年 8 月，清政府颁布《钦定宪法大纲》，规定大清帝国万世一系，同时宣布"十年后实行立宪"。想不到，立宪大事正紧锣密鼓，年方 38 岁的光绪帝却在 11 月 14 日驾崩，慈禧太后紧接着在第二天去世，然后便是 3 岁的溥仪登基，其父载沣摄政，大清王朝进入了灭亡倒计时阶段。

学习东洋西洋，寻找救国图强的方法，是当时许多中国人的共识。朝廷派五大臣出洋考察只是一次最隆重的学习方式，年轻人出国留学已蔚然成风。

早在 1870 年，两江总督曾国藩、直隶总督李鸿章就联名上奏，请求选派学童去美国留学。于是从 1872 年到 1875 年，每年派遣 30 名学童（年龄规定为 12 岁至 16 岁），四年共派出 120 名，但一直受到守旧派官僚的攻击，清政府只好于 1881 年下令全部撤回，只有詹天佑与另一人完成学业，获得学士学位。1873 年，洋务派为了向西方学习先进技术，先后向英、德、法派遣了 85 名留学生。这些留学生有严复、刘步蟾、林泰曾、叶祖珪、萨镇冰、魏瀚、刘冠雄等，回国后成为中国造船工业、海军建设等方面的重要骨干。后来，清廷又零星派往欧洲一些，都是公费。

　　大规模的留学是去日本。甲午战败之后，中国人投向日本人的目光由俯视变成仰视，认为中国若要富强，应以日本为楷模。日本政府为缓和与中国的紧张关系，也邀请中国派学生留日。一些清廷重臣都赞成派人去日本留学，如张之洞在《劝学篇》的《游学篇》中指出，留学日本有五个优点：路费少，易考察，文字易懂，习俗类似，最重要的是西学经过日本人的整理，融合了东方思维，更适合中国国情。于是从 1896 年开始，朝廷陆续派留学生赴日。自 1901 年起，清政府实行"新政"，练新军、改官制、兴学堂，更是大力提倡青年学生出国留学，并许诺留学归来分别赏予功名、授以官职。加之 1905 年清廷宣布废除科举制度，出国留学便成为中国读书人的一条重要出路，大量学生坐船东渡，去往日本。黄海西岸的大连、烟台、威海、青岛等港，黄海南缘的上海港，都与日本通航，班轮上有大量青春勃发的中国青年。他们有的是公费，有的是自费，而且自费生比例越来越大。1905 年冬，也就是清廷五大臣出洋时，在日本的中国留学生有 2560 人，1906 年夏为 12909 人，年底高达 17860 人。就连癸卯（1903 年）、甲辰（1904 年）两科进士，也有 124 名被朝廷派到日本法政大学专修科学习。日本学者实藤惠秀在其著作《中国人留学日本史》中描述："学子互相约集，一声'向右转'，齐步辞别国内学堂，买舟东去，不远千里，北自天津，南自上海，如潮涌来。每遇赴日便船，必制先机抢搭，船船满座……总之，分秒必争，务求早日抵达东京，此乃热衷留学之实情也。"

遥想大唐时代，在黄海、东海之上，日本遣唐使和留学生一批又一批西渡，是为了到中国求法取经。1000 年下去，求法取经却改为逆向而行，个中原因，发人沉思。

留日学生数量众多，鱼龙混杂。有的急功近利，想在日本混个文凭，回国能有前途。但更多的年轻人站在东洋向西看，看清了中国在世界上的位置，认识到中国存在的弊端，希望尽快学到西方的政治文化理念以及先进技术，以挽救千疮百孔的中国，让中华民族走出苦难的深渊。他们或赞成君主立宪，或认同民主共和，形成形形色色的思想流派，也成立了各种各样的团体组织，还创办了不同宗旨的杂志，经常举行爱国活动。

山东因为离日本近，赴日留学生较多，其中有来自黄县的徐镜心，来自日照县的丁惟汾，来自掖县的邱丕振，来自博山县的蒋衍升，来自栖霞县的谢鸿焘等。他们到日本后，越来越认识到，中国走改良道路行不通，必须实行革命。1905 年 6 月，革命党领袖孙中山从欧洲到了日本，受到中国留学生的普遍拥戴。8 月 20 日，中国同盟会在东京成立，百分之九十以上的入会者是留日学生，其中许多人是山东籍。入会者先写《誓约》，然后宣誓：联盟人某某，某省、某府县人。某某当天发誓，"驱除鞑虏，恢复中华。创立民国，平均地权。矢信矢忠，有始有卒。有逾此盟，任众处罚！"大会推举徐镜心为山东主盟人，高天梅为江苏主盟人。

一些留学进士到日本后也加入了同盟会。其中一位叫庄陔兰，山东莒州大店镇人，甲辰科进士，翰林院庶吉士，1906 年由翰林院派往日本法政大学法政专修科学习。进士出身，大清"体制中人"，却加入同盟会参与反清活动，如果不是看透中国大势，不会有这样的冒险之举。

徐镜心 1906 年回国，与谢鸿焘等人创办烟台东牟公学，招收爱国青年，发展同盟会员，让东牟公学成为同盟会在胶东的联络中心。丁惟汾在徐镜心回国后担任中国同盟会在日本的山东主盟人，与山东籍盟员蒋衍升创办《晨钟》周刊，揭发清廷腐败，宣传革命思想。他广泛联络反清志士，一年内在东京发展盟员30人。庄陔兰1908年回国，任翰林院编修一段时间后，于次年去山东法政学堂任监督（校长）。丁惟汾回国后到该校任教，继续秘密进行革命活动。

1911年10月10日，武昌起义爆发，徐镜心与丁惟汾等人在济南联络同盟会员积极响应，还草拟山东独立大纲7条。11月7日，山东全省各界联合会成立，推举夏溥斋为会长，庄陔兰、王讷任副会长。13日，山东全省各界联合会、同盟会、北洋陆军第五镇官兵以及商界、学界召开独立大会，迫使山东巡抚孙宝琦宣布山东独立。虽然因为袁世凯施加压力，山东独立在11天后取消，但在全国造成了极大震动。

清政府本来鼓励读书人留学日本，但许多留学生在日本经过革命思想洗礼，成为大清王朝的掘墓人，这是清政府万万没有想到的。大批有留学日本经历的人，在辛亥革命以及后来的新文化运动、五四运动中成为著名的革命家、政治家、文学家，如黄兴、宋教仁、邹容、陈天华、秋瑾、陶成章、林觉民、方声洞、胡汉民、居正、焦达峰、陈其美、朱执信、廖仲恺、鲁迅、陈独秀等等，可谓群星璀璨。

1912年8月中旬，酷暑中云蒸霞蔚的黄海，迎来了中华民族的大英雄孙中山先生。

他乘坐"安平"号客轮从上海出发，要去北京见袁世凯。孙中山1月1日担任中华民国临时大总统，但西方列强不承认，袁世凯手握重兵虎视眈眈。孙中山表示"不忍南北战争，生灵涂炭"，以清帝退位为条件，于2月13日辞职。15日，临时参议院选举袁世凯为临时大总统，袁大总统为表示拥护共和的姿态，力邀孙中山赴北京"共商国是"，也想当面试探孙中山是否真的甘心放弃大总统之位。孙中山不顾革命党人的纷纷劝阻，坦然北上。

"安平"号客轮走了两天，来到山东海面。由于突然遭遇大风大浪，只好就近进入赤山脚下的石岛港停靠。这个渔船密集的港湾给孙中山留下了深刻印象，因而他后来撰写《建国方略》时，对石岛港的建设和发展进行了规划，将其列为北方五大渔业港之一，并在铁路系统规划中为石岛港单独设计了一条专线。

8月21日早晨，安平轮抵达烟台港。烟台各界人士早已做好准备，齐聚码头隆重迎接。孙中山一行登岸，军士列队行举枪礼，其余人行鞠躬礼。孙先生去烟台山下的克利顿饭店下榻，沿途"观者塞途，颇极一时之盛"。在欢迎午宴上，烟台军政最高长官曲同丰介绍孙中山北上入京原委，烟台商会总理澹台玉田致献词。孙中山随后发表简短演说，向民众传达致力于新国家建设的信心与决心。接着，孙中山到群仙茶园出席同盟会山东分会及社会党举行的欢迎会，又发表演说，谈及同盟会改组国民党问题，还告诫本党革命同志不要居功，"此次光复由于人心趋向共和，同盟会不过任发难之责而已"。下午，他到张裕公司"茗谈"1个小时，参观了这家葡萄酒厂，并题赠"品重醴泉"4字。当天晚上他住在烟台，第二天早上登上"安平"轮赴天津。

孙中山在北京活动一个多月，与袁世凯会谈13次，终于给了袁世凯不竞选正式大总统的承诺，然后去天津、石家庄、太原、济南等地考察。青岛各界得知消息，便向德国总督提出，邀请孙中山访问青岛，却被拒绝。德国与清政府长期保持"亲密"关系，德国总督对这位致力于推翻帝制的"孙大炮"没有好感。据说，孙中山得知此事表示："我本来不准备去青岛，既然德国侵略者不喜欢我去，我就非去不可。"加上青岛民众和学生纷纷抗议，德国总督只好同意孙中山以个人身份访问青岛。

9月28日下午6时，孙中山在夫人卢慕贞、秘书宋蔼龄及老同盟会员徐镜心、刘冠三、蒋洗凡及山东交涉署总办、交通部委员、护卫警官等陪同下，坐火车到达青岛。各界代表、学生和广东同乡等 2000 多人到火车站迎接，敲锣打鼓，载歌载舞。孙中山一行乘坐四轮敞篷马车去三江会馆，会馆广场和附近街道上都挤满了民众。孙中山先生在鞭炮声、欢呼声和掌声中登上会馆大戏楼，满怀激情发表讲话。他感谢青岛人民的热烈欢迎，并坚定地表示，要废除不平等条约，打倒帝国主义政治侵略和经济压迫，还特别阐明了"还我主权，收回青岛"的决心。

孙中山先生下榻在海边的"沙滩宾馆"。次日是星期天，他在秘书陪同下，以私人身份前往总督官邸拜会了德国胶澳总督瓦尔德克。双方会谈了约一刻钟，孙中山一直使用英语。瓦尔德克事后在记录中写道，他发现孙中山并非他耳闻的"孙大炮"，而是一个讲话很有分寸，甚至有些拘谨的人。孙中山在谈话中未涉及政治问题和当前的中国局势，只限于回答他提出的问题。而在当天傍晚，瓦尔德克到"沙滩宾馆"回访时，发现孙中山像换了一个人，幽默而健谈。他谈论中国形势，表达自己的立场，还肯定了青岛 14 年的发展，说青岛的造林、港口、道路设施、房屋建设给他留下特别印象，对德国的教育事业也表示赞赏。

接下来的两天，孙中山在青岛行程满满。他 9 月 30 日上午参加三江会馆集会，拜会海关，继而与陪同人员及家眷出席了广东会馆的欢迎茶会，即席发表简短讲话，并与青岛社会各界知名人士合影留念。下午 3 点，去中德两国合办的德华大学访问，向全校师生做了讲演。他鼓励学生们："必须勤奋、热情和自我克制地致力于自己的学习，以使将来在结束自己的学业后走入生活，以其知识造福于人民。就是说为了人民去建设中国的幸福，在大众生活的方方面面，通过发明、有组织的劳动等，为中国人民的福祉而贡献自己。中国的发展、进步和未来依藉于此。"上海《民立报》事后报道，孙中山在此次讲话中

"对于青岛海港工程、森林事业及大学均异常嘉许，又言青岛足为德国文化及制度模范云"。离开德华大学，孙中山先生走访了青岛基督教青年会，晚间出席了粤东同乡会的晚宴。10 月 1 日，孙中山先生兴致勃勃，在徐镜心、刘冠三等人陪同下到崂山游览。秋高气爽，山海如画，孙中山感慨道："作为一个中国人，我今天总算尝到了作为一个自由人的滋味了。几十年来，我长期在国外漂泊，经常梦见祖国的河山，醒来总是思念不已。今天，亲眼看见我们祖国的壮丽河山，我才知道，它比我的梦境还要美丽得多哩。"

10 月 1 日傍晚，孙中山在大港码头登上德国亨宝公司"龙门"号轮船。此时，港内港外站满了欢送的人们，德国胶澳总督也派员前来送行。轮船开动，孙中山向人们挥手告别，依依不舍地离开青岛。

孙中山在青岛期间，感受着青岛的美丽，一再强调青岛的命运应该掌握在中国人民的手里，主权肯定是要回归的，但是什么时候回归，不是现在，应该是 10 年、15 年或 20 年以后。

然而，仅仅过了两年，日本人就要来抢夺这座城市了。

1914 年 9 月 18 日的夜晚，崂山一带风雨交加。在山后的仰口湾，日本独立第 18 师团堀内支队悄悄靠岸。岸上的德军轻骑兵发现后立即开枪，但因为兵力太少，没能挡住。几天后，一支有 2000 人的英国军队也在这里登陆。日、英军队都去了青岛东北方向的李村，那里已经聚集了数万日本兵，准备进攻德军。

20 世纪初，欧洲战云密布，德、奥、意三国同盟，俄、法、英三国协约，于 1914 年 7 月底打响了第一次世界大战。日本对青岛早存觊觎之心，认为德国此时无力东顾，于 8 月 15 日向德国发出最后通牒，要求德国于 8 月 23 日前，同意立即撤退在日本海及中国海上的一切军舰，并在 9 月 15 日以前将胶州湾租借地全部无条件地交予日本。德国不肯，日本便于 8 月 23 日对其宣战，派海军封锁了胶州湾。9 月 2 日，日军神尾光臣中将率独立第 18 师团以及海军重炮队计 4.9 万人在山东龙口强行登陆，侵占黄县、掖县、平度、即墨及胶济铁路沿线城镇，向青岛逼近。在海上，有日本海军第二舰队的 60 多艘军舰游弋，包括一艘水上飞机母舰"若宫丸"。德国总督瓦尔得克紧张备战，驱使数万中国人为其修筑临时炮台、挖掘壕沟工事、运送物资，并把在北京、天津、上海三地，以及武汉、济南两座城市和胶济铁路沿线驻守的德国军队调往青岛。这里本来有德国远东舰队的主力，但为了避免日俄战争中俄国军舰被困旅顺港的后果，6 艘巡洋舰在日军合围青岛前就悄然驶离，突破日军的封锁线跑了，只留下几艘小型驱逐舰和一艘老式奥地利巡洋舰。德军在前海航道布设了许多水雷，防止日本军舰进攻。青岛，此时成为世界一战中亚洲唯一的战场。

9 月 26 日，日、英联军在陆上发起进攻，先后占领德军在孤山、楼山、罗圈涧、浮山等处的外围阵地，随后向德军堡垒线发起全面攻击。德军在青岛多座山头与海边建有炮台，此时遭受来自陆上与海上的双重炮击，也火力全开，向日、英联军打炮。青岛市内市外响声隆隆，硝烟滚滚。

这期间，黄海之上还史无前例地发生了空战。日舰"若宫丸"共载水上飞机 4 架，2 架置于甲板上，另外 2 架放在机库中。飞机由舰上的吊车将其吊放到水面后，自行起飞降落，再由吊车将其吊回母舰。驻青岛德军有一个面积很大的跑马场（今汇泉广场），战争爆发后，德国"鸽式"飞机在此起降。德国人理查德·威廉 1897 年来青岛传教，却被儒家文化征服，改名卫礼贤，创办了礼贤书院。他在日记里记录了亲眼看到的这场战争。从日记中看出，9 月中旬至 10 月中旬，是日德空战的集中期，日本战机频频飞赴青岛上空，侦察地面防御堡垒，并向港口等设施投掷炸弹，炸死炸伤多人。德国战机起飞迎战，双方在空中对峙、扫射。有一天，德国飞行员贡特·普吕肖夫少尉在空中与一架日本飞机相遇，用毛瑟手枪向日本飞行员射击，但没有给对方造成严重伤害。日、德飞机在青岛上空的较量，是亚洲战史上的首次空战。

德军最初的防守是有效的，加上大雨连绵，日军被阻在外围多日。10 月 31 日是日本天皇诞辰纪念日，拂晓，日本所有枪炮一齐猛射，向天皇致意，同时也作为发起总攻的信号。经过一个星期的激战，双方士兵还进行了多次肉搏，德军最后一道防线终于崩溃。11 月 7 日早上 7 时，信号山上白旗飘飘——德军投降了。

这场战争中，德军 199 人战死、504 人负伤、4715 人被俘；日军 270 人战死、113 人负伤；英军 160 人战死、23 人负伤。从此，德国人结束对青岛的占领，让位于趾高气扬的日本人。

为了利用战后参加和平会议的机会，争取收回日本从德国手中夺取的山东主权，中国政府在 1918 年 8 月 14 日对德、奥宣战。然而等到一战结束，协约国取胜，属于战胜国阵营的中国却被残酷宰割。1919 年 4 月在巴黎和会上，美、英、法三国会议不顾中国代表反对，决定把德国在山东享有的一切权利全部让给日本，北洋政府竟然准备在"对德和约"上签字。

消息传来，举国震惊，山东更是反应强烈。4 月，山东各界公推代表赴京，与旅京山东人士一起表达坚决反对之意愿。26 日，包括庄陔兰在内的参众两院鲁籍议员赴总统府请愿，痛述山东人民愤激状况，申明争取归还青岛的立场。5 月 1 日，20 余名参众两院鲁籍议员赴总统府谒见大总统徐世昌，对时局之意见及关于鲁省善后事宜详为陈述。5 月 2 日，庄陔兰等全体山东籍参众两院议员又给中国驻欧专使致电："乞拼死力争，主张直接索还青岛及铁路矿山，并废除中日新约。" 5 月 3 日，庄陔兰与尹宏庆、张玉庚、谢鸿焘等 10 人以及旅京商界代表孙学仕、旅京山东学生代表孙毓址等再次赴国务院质问：如日本终持强硬态度，五国暂收也办不到，政府最后办法究竟如何？他们严正要求总统下令，将卖国的三位官员曹汝霖、陆宗舆、章宗祥褫职，并交法庭严讯办理。

　　5月4日下午，北京三所高校的3000多名学生代表云集天安门广场，打出"誓死力争，还我青岛""收回山东权利""拒绝在巴黎和约上签字""外争主权，内除国贼"等口号，还发生了"火烧赵家楼"事件。轰轰烈烈的"五四运动"爆发，全国许多城市的学生、工人给予支持。

　　五四运动在山东如火如荼。5月7日，有万余人冲破军警阻挠，齐聚在省议会院内，召开山东各界国耻纪念大会。众议院鲁籍议员王讷介绍了北京近日交涉情形，聂湘溪等30多人先后演讲。其中的张兴三破指血书"良心救国"四字，众皆落泪。大会议决：一、发通电四件；二、举代表五、六人见督军、省长，请求电京，力争青岛，法办国贼，开释学生。随后，各种集会接连不断，许多学校罢课，还有多个山东请愿团去了北京。

　　一些军人的血性也被激发出来。5月19日，驻守济南、潍坊等地的北洋陆军第五镇通知全师各营连各派代表数名，开会作出决议：一、通告全国同胞，以表示军人的爱国热忱；二、将来国家对外无论如何，均抱铁血目的；三、全师士兵誓不用日货，遇有购日货者，随时劝阻。以胡龙舒领衔，全师万余士兵还发表通告全国同胞电，强烈要求惩办卖国贼，"啖其肉而寝其皮"，表示"军人唯以铁血为诸君后盾"；并呼吁"全国军人猛醒""全国军人一致对外"，不使祖国重蹈"韩国前辙"。

　　在青岛，尽管日本军警封锁消息，戒备森严，还是有师生走上了街头。明德学堂是基督教美国长老会在青岛创办的一所学校，学生们在校长王守清的带领下上街游行，高喊"打倒日本帝国主义""坚决收回青岛和胶济铁路"等口号，张贴反日标语，动员人们抵制日货。许多中国百姓跟着高呼口号，在全市引起很大震动。

　　面对全国的强大舆论压力，在巴黎的中国代表终于没有在和约上签字，但青岛归属问题一直悬而未决。直到1921年11月12日至

1922 年 2 月 6 日，由美国倡议的华盛顿会议召开，中国和日本才在会上签订了《中日解决山东问题悬案条约》。条约规定：日本将德国旧租借地交还中国，中国将该地全部开为商埠；原驻青岛、胶济铁路及其支线的日军应立即撤退；青岛海关归还中国；胶济铁路及其支线归还中国。

1922 年 12 月 10 日，中日双方在青岛举行了交接仪式，中国正式收回青岛主权。那天，在栈桥北面德国人建起的胶澳督办公署、日本人用作守备军司令部的大楼前面，举行了中日两国国旗换挂仪式。随后，这里的值勤卫兵换上了中国人，整个市区的警察岗亭里也都换上了中国警察。

青岛回归，是"五四运动"的重大成果，是中国历史上的重大事件。

1919 年那一场五月的风，在中国人民的心头吹拂了上百年，至今依然强劲。

七　华工苦离别

1903 年初夏，日本北海道西部平原郁郁葱葱，两位身份悬殊的中国人在此相遇。一位是出生在江苏省海门县、1894 年考中状元的张謇，一位是来自山东省日照县的农民许士泰。

张謇中状元之前，曾和袁世凯一起担任清末名将吴长庆的文武幕僚，并在光绪八年（1882 年）一同随吴长庆去协助朝鲜平定叛乱。他42 岁中状元，在清政府和北洋政府做官数年，后因目睹列强入侵，国事日非，毅然弃官，走上实业、教育救国之路。他在家乡南通兴办多家工厂，还在沿海荒滩组织农民开垦出 10 万亩原棉基地。1903 年农历四月二十五日，张状元应邀参加日本大阪劝业博览会，对日本进行了历时 70 天的考察，回国后整理出一部《癸卯东游日记》。

　　张謇访问日本的第 10 天，参观博览会农林馆，看了对于北海道开垦的详细介绍，得知北海道开拓使黑田清隆曾在山东烟台招募中国农民，决意去那里看看。他在大阪、名古屋等地参观考察之后，于闰五月八日过轻津海峡至北海道，初十至札幌，在郡丘珠村见到了许士泰。

　　许士泰是山东省日照县青墩村人，光绪元年（1875 年）被招募过来，成为参与北海道最初开拓的中国农民。当时一共招来 10 人，月工资 20 元，其中 9 人表现不好，被赶回中国，"许以勤力独见信任"。因为"勤力"（勤快，肯出力），他认领了 80 余顷地（8000 多亩），将其开垦成良田，还雇 4 个福建人为佣。这几个人是因为经商失败，流落海外，被许收留。许娶日本女子为妻，生了两男两女。当时的日本首相三条实美和北海道长官以其应募艰辛，励精农业，10 余年如一日，奏达天皇。明治三十五年，由兴农产会会长、总裁先后赏银杯及白桃绶名誉章，对他褒奖。

　　许士泰见了张状元，二人交谈时，"状桠拙，口呐呐，操日本语而山东音，自言山东语不尽能记忆。来时家人父母，有兄弟 5 人，近 15 年不通音问矣"。张状元在日记中感叹："世不必读书，治政治家言，方为人才，凡能平地赤立而发名成业者，真人才也。莫为之前，虽美弗彰。彼黑田清隆所招之十人中，有一许士泰。夫置一许士泰于烟台苦工之间，何异恒河沙数中之一沙。有人焉，簸之扬之，而许士泰见矣。"

　　我读《癸卯东游日记》，发现了许士泰的事迹，立即打电话向日照经济开发区青墩村书记郭长青问询。他说，青墩村是有这人，许氏家谱上有他的名。他兄弟五个，他这一支在日本。许士泰可能是要闯东北，到烟台坐船，正遇上日本人招工，就跟着人家走了。青墩村那时地少人多，无地耕种者便外出谋生。许士泰到了日本，一辈子再没回来。20 世纪 80 年代，家族中有人去日本看望过许士泰的后代。

鸦片战争之前，像许士泰这样到外国做工是不被允许的，清朝的政策是闭关锁国，不准国人出洋。鸦片战争中，这条禁令被外国大炮轰毁。1842 年中英签订《南京条约》之后，广州、厦门、福州、宁波、上海五处口岸与外国通商，一些外国商人和中国招工贩子就开始贩卖华工。一批又一批的中国劳工像猪仔一样被装上船，运往海外，从事奴隶劳动。这种罪恶行径，激起中国人的一次次反抗。为了让华工出国"合法化"，1860 年 10 月，英法等国强迫清政府签订《北京条约》，其中规定，允许中国人赴英法殖民地或外洋做工。如《中英北京续增条约》第五款规定："戊午年定约互换以后，大清大皇帝允于即日降谕各省督抚大吏，以凡有华民情甘出口，或在英国所属各处，或在外洋别地承工，俱准与英民立约为凭，无论单身或愿携带家属一并赴通商各口，下英国船只，毫无禁阻。"美国、德国、俄国、日本等国也依照这样的条款，取得清廷许可，开始从中国运出劳工。

山东是劳工的主要输出地之一，最早从烟台港外运。日本人来此招募农工开拓北海道，就是在烟台成为开放口岸之后。

沙俄从烟台招工最多。1870 年，英国驻烟台的代理领事曾记载了沙俄利用英国商船贩运华工的情况："在刚过去的六月份中，约有 60 名当地人由此乘英国船只，以移民身份到了 Passiet（俄罗斯远东地区的一个港口），他们被运到那里是要按一个两年的合同充当建筑工人和运输苦力，要等到期满后才能被遣返回国。"这是从烟台港出口的第一批"契约劳力"。此后每年都有山东劳力到沙俄，夏季受雇在那里采集海菜，寒冬到来之前带着赚的钱再返回烟台。1891 年，俄国为开发西伯利亚，从烟台运到海参崴华工 1 万人，后来每年过了春节，就有大批劳力离家前往。1893 年春季，仅烟台—海参崴一条航线，就有英、日、俄三国的 9 条船参加营运，不到两个月就运载劳力万余人。甲午战争后，去往沙俄的山东劳力进一步增加，从 1896 年到 1903 年，通过烟台港走出去的山东劳力有 125364 人，平均每年 1.5 万余人。后来，运送华工的轮船不只从烟台，还从青岛、威海出发。据档案记载，1907 年春有船从"威海、青岛装运华人一千余名赴海参崴"。华工从山东几个港口出发后，多是到海参崴下船，所以，"闯崴子"是当时很流行的一个说法。"闯崴子"和"闯关东"，成为山东人旧时外出谋生的两大途径。

英国也从烟台招运华工。当时英国殖民者在南非开发金矿，急需矿工，殖民大臣张伯伦到南非和高级专员米尔纳等商议，决定到中国"招募"。1904 年 5 月 13 日，中英两国在伦敦签订《招华工往南非洲开矿之约》。有一位叫胡佛的美国人（后来成为美国第 31 任总统）是"中国通"，曾在天津开平矿务局任工程师，中文名字是胡华，在伦敦组织了一个空头的"中国工程矿务公司"同南非特兰士瓦矿业公会签订合同，取得包揽在华招工的专利权。他认为山东人体格强健，很适宜做矿工，将烟台作为主要招工地，在此设招工局，建招工屋，从沿海到内地四处招工。当年 10 月 21 日，第一批去南非的华工离港出发，到年底共发送华工 3747 人。1905 年，南非矿局租轮船 17 艘抵达烟台，运走 10066 名华工。加上从青岛与威海运走的，这两年间，英国在山东共招募华工 35000 人去南非金矿。这些华工的契约期为 3 年，除死亡或逃跑者外，至 1910 年全部回国。另外，英国还在烟台招募劳力，发送到婆罗洲（加里曼丹）、比利时、刚果和斐济等殖民地。

法国人也盯上了山东华工。从 1864 年至 1891 年，法国轮船企业与在华法商互相配合，将多批华工从烟台向墨西哥、巴西等国运送。1887 年至 1907 年，法国为开挖巴拿马运河，也来烟台招募了一些。

德国人也招募过华工。1903 年至 1912 年，先后 7 次从青岛、广州将 2200 名华工运到南太平洋西萨摩亚。

此外，还有许多山东人被运往美洲各国。我阅读华工出国史料，发现好几份"大清国"与"大日国"签订的文件。"大日国"指"日司巴尼亚",是西班牙当时的译名。因为古巴是西班牙的殖民地,去那里的华工遇到问题,由"大清国"与"大日国"议定。从有关文件上看到,去古巴做工的中国劳工,每人每年大约可得洋银175元。除去日常费用,每年大约可得87.5元。做工一年半,才可以还清出国时的服装费、船费131.5元。

从1864年到1907年,英国、法国、德国、俄国、日本、美国从山东运出华工40万至50万人。江苏一带也有许多出国华工,主要从上海和长江下游几个港口登船。这些契约华工多是破产农民,或者家境尚可,但受到"挣大钱"的诱惑而走。他们历尽数月漂洋过海,不仅要经受晕船的痛苦,还遭受非人待遇,像猪群一样被驱赶上船。船舱里非常拥挤,空气污浊,病死、自杀者甚多,这些华工运输船被称作"海上浮动地狱"。抵达目的地后,中国劳工相继被卖入"糖寮"(制糖的地方)、金矿等场所做苦力,每天工作时间20小时左右,几乎没有休息日。许多人常被工头任意毒打,病者、伤者、死者无数,很多人被逼自杀或遭毒打致死。契约华工大多在期满时回国,但有一部分人留在当地成为华侨。

中国近代史上的第二次华工出国高潮,是在第一次世界大战后期。中国北洋政府本来对一战持中立态度,坐山观虎斗,但是总统府秘书长梁士诒很精明,他认为这次大战会改变世界格局,对中国命运影响深远,力主参战。当时一些著名政治人物如梁启超、李大钊等也认为,参战是中国跻身国际社会、提高国际地位的千载良机,是中国数10年来外交史上的一线曙光。这些人都预测到,协约国会赢,应该加入协约国向同盟国宣战。但中国兵力较弱,梁士诒又想出了一个点子:派遣华工支援协约国。他认为:"中国财力兵备,不足以遣兵赴欧,如以工代兵,则中国可省海陆运输饷械之巨额费用,而参战工人反得列国所给工资,中国政府不费分文,可获战胜后之种种权利。"1915年

6月，他向协约国外交官罗伯逊表达了这个想法，但罗伯逊瞧不起中国，觉得这是投机行为，当即拒绝。但是法国人认为这个办法可行，因为法国处于对德作战前线，军队大量减员，后勤保障人员十分缺乏，得知中国政府有意派华工参战，立即作出回应。1915年6月，法国驻华公使康悌同梁士诒接触后达成协议，当年12月，法国军方任命退役上校陶履德率团来华招工。两国经过谈判，成立惠民公司负责华工招募事宜。

法国招募华工，起初想在山东进行，但遭到英国反对，就改在上海、广州、云南、香港等地，其中宁波人和无锡人居多。过了一段时间，英国政府发现军人伤亡情况日趋严重，觉得招募华工势在必行，就在1916年8月14日通知法国，英国远征军在法国使用华工。英国驻华大使与军事参赞经过分析认为，在威海卫建立华工招募基地最合适：一是威海卫的两位英国殖民政府首脑骆克哈特和庄士敦都是中国通，与山东的官员交往密切，容易得到地方政府的支持；二是威海卫有近30栋营房，可容纳近千人，在此设招工局可以节省租房费用；三是中国北方人身强力壮，在威海卫可以选到好的劳工，尤其是山东人比较适应欧洲的寒冷气候，吃苦耐劳，容易管理。

英法招募华工，中国人认为是去打仗，顾虑重重，招工者就承诺：保证待遇、尊重人员、不派去前线危险地域。他们给出的待遇，吸引力非常大：跟着法国人走，到那里每天有5法郎的收入，月收入150法郎左右。当时5法郎相当于1块"袁大头"，一个月就是30块银圆。另外，家里人每月还能再领10块银圆的补贴，相当于在威海码头上扛大包两个月的工资。英国给的待遇，与法国也差不多。

1916年秋冬季节，华工招募全面铺开。"大英威海卫政府招工局"除了直接办理，还委托当地一些洋行代为承招。他们广泛散发传单，讲明做工之事、做工地点、工资待遇、合同期限等等。好多老百姓对此事持抵触态度，把当华工称为"下欧洲、卖大牛""到海外服苦役"。

不过，即使知道出国后凶险多多，还是有许多穷苦农民报名，被送进华工待发所。经过体检，合格者登记编号，以中英文登记身份证，写明姓名、年龄、身高、承工日期、直系亲属住址，从此皆称编号而不称名，将每人的编号打印在一个手镯式的铜箍上，在其右手腕上扣牢。1917年1月18日，第一批1000多名华工从威海启程；一个月后，又走了第二批。到1918年，从威海卫输送的华工达44448人。

华工招募也深入山东内地进行，在胶济铁路沿线设了好多办事处、招募点。广饶县有个人叫蒋镜海，读过师范，也报名成为华工。他后来在法国写的《华工十二月歌》，开头一段是这么几句："正月里梅花开迎接新春，闻听说大英国来招工人。修铁路保马路整理房舍，绝不派战斗事扛炮当军。"可见当时招工者所做的承诺。从山东内地招到劳工后去威海太远，而且没有火车，便通过胶济铁路向青岛港发运。1917年4月4日，"阿嘎波诺耳"号轮船从青岛运送首批1860名华工赴法国马赛，到年底共走20艘船，共44028人，加上后续几批，共55761人。

一战期间，共有14万多名华工赴欧洲战场，其中有10余万人是山东人。

华工都是农民，第一次出海，多数人晕船。应招华工马春苓在他的《赴欧杂志》中写道："船初出洋，人人不服水性，类皆呕哇昏倒。呻者、吟者、叹者、泣者，愁惨之声满仓皆是。"

运送华工的轮船，起初是走西线，经东南亚，过印度洋，穿苏伊士运河与地中海，最后抵达法国，也有的绕道好望角。后来德国发动无限制潜艇战，只好改为东线：出黄海、东海往东去，跨太平洋，经加拿大（或巴拿马运河），再渡大西洋到达法国。在海上一两个月，有的华工中途得病死去，尸体被扔入大海。中国人讲究"入土为安"，这种毫无尊严、有违中国殡葬风俗的做法引起华工们的强烈不满。有人偷藏同伴尸体，被查出后向船长"跪地求情"，要求保留尸体到岸后入土安葬，却被船长冷酷拒绝。不只病死，还可能在同盟军的袭击中死亡。1917 年 2 月 17 日，运送华工的"亚多士"号邮轮遭袭沉没，华工遇难者多达 543 人。据中华民国侨工事务局披露，欧战期间，光是遭德国潜艇袭击而死亡的华工计 752 人。

华工到了目的地，每 500 人编成一个华工营，实行严格的军事化管理。约有 9.6 万名华工配属英军，3.7 万名华工配属法军，另有约 1 万名华工配属美军。英国招募的华工，主要集中在法国北部与东北部地段，部分华工曾被派往比利时。法招华工，先用于法国内地的普通工厂或军工厂，后用于战区的军工厂，再后来则被法方用于战区或内地的军事工程。"五月里石榴花迎接端阳，下轮船外国人变了心肠，他将俺派在了辎重军队，两阵前掘战壕运动快枪，工程苦甚劳力粮饷不到，饿得这华工人眼前发慌。"蒋镜海在《华工十二月歌》中这样诉苦。

到了前线，华工们从事战地运输、挖掘战壕、修筑工事、掩埋尸体、清扫地雷等工作，苦不堪言。对待华工，法国人态度较好，英国人较差。一位叫德瓦吉里的法国人在日记中写道："这些腿上缠着交叉布带、头戴小圆帽、衣服褴褛的华工，被结实而趾高气扬的英国军官和士兵像狗赶羊群一样地劳动。"由于英国军方的粗暴管理，不少华工经常从英国华工营私自逃到法国华工营，还有人不堪忍受英军的虐待，自杀身亡。华工干着劳累且危险的工作，却得不到应有的回报。原来合同上签署的包吃包住，到了国外都没有兑现，华工的伙食费和医疗费都要从薪水克扣，最终只能拿到当初承诺的一半。

身处战场，险情四伏，随时有可能丧命。1917 年 9 月 4 日深夜至凌晨，一群德国战斗机袭击敦刻尔克，轰炸了当地一个华工营，造成华工 15 人死亡，21 人受伤。赴欧华工马春苓有这样的记录："日营工作，筋疲力困；夜避飞炸，心惊胆裂；回望故国，关山万里；前计归期，迢迢三年；其苦况诚不忍言。吾人旅此，如枰虎瓶鱼，即插翅亦难奋

飞。虽日夜忧虑，亦将奈何？凶吉祸福，概诿夫天命而已。"华工们
日夜惊恐，却又无可奈何。有人后悔当初不该选这条路，思念家乡与
亲人，夜间在地穴躲避飞机时吟诗抒怀：

明心曲

一为迁客来西欧，回望山东两泪流。
骨肉时牵万里梦，韦韝怎奈五更愁。
心驰利欲复何悔，恍然睡觉已三秋。
若熬三年归期到，只见枯骨不见肉。

但是，华工们朴实、坚忍，日复一日苦熬，恪尽职守做好事情，
其工作效率让英法军人叹服。英军的一份报告指出，以挖战壕作为比
较，华工是印度人工作效率的两倍，比英国人还要高。还有许多华工
聪明好学，虽然不懂外语，却掌握了好多技能。1918年的英军报告中
指出："大多数劳工都能熟练地工作或者说能很快掌握工作技能，而
且他们一直都在铁路、兵工厂和坦克车间高效率地工作。"一位法国
军官也指出："他们能胜任任何工作，商人、鞋匠、铁匠、工程师，
几乎无所不能。"法军总司令福煦在信件中指出：华工非常好，也可
以成为最好的士兵，他们在面对炮弹狂轰的情况下，依旧保持良好的
姿态，毫不退缩。英国陆军也作出过这样的表示：所有外国劳工里，
中国人是最优秀的，能够快速掌握工作技能，工作效率还非常高。

华工们的优良表现赢得了西方人的尊重，为中国人争了光。1918
年11月11日，第一次世界大战停战，英国殖民大臣在16日专电英属
威海卫租借地行政长官骆克哈特："值此停战大喜之日，我向威海卫
人民祝贺战争胜利，并感谢你们的帮助。从威海卫招募的华工军团对
战争发挥了巨大作用，非常感谢华人社团对政府的衷心支持。"

　　华工参与一战，中国由此获得战胜国的地位，为回收胶济铁路及胶州湾等被侵占主权奠定了坚实的法理基础。在 1919 年 1 月召开的巴黎和会上，英国代表指责中国对战争没花 1 先令，未死 1 个人，主张大会不准许中国收复山东主权。出席和会的中国代表顾维钧厉声反驳，指出：14 万多名华工在欧洲战场浴血奋战，有谁敢否认他们的贡献和作用？中国不能失去山东，如同西方不能失去耶路撒冷！如果山东问题得不到公正解决，不仅欧洲会有上万个灵魂在地下哭泣，世界也将不得安宁，因为他们大都来自山东。然而，中国代表团的努力没能奏效。消息传回国内，激发强烈反应，酿成五四运动。在法国的华工也表现出了极高的爱国热情，1919 年 6 月 27 日，也就是和约签字的头一天，旅法华工 1 万多人集会，请求中国代表拒绝签字。和约签字当日，3 万多名旅法华工奔走呼告，集合抗议。许多华工还将专使寓所包围，致使专使不能赴会签字。国内舆论排山倒海，在法华工泣血恳求，中国代表团终于决定拒签合约。

　　大战结束，赴欧华工思乡心切，强烈要求回国。虽然有的合同没有到期，但经多方努力，终获放行。1919 年底或 1920 年初，大部分华工陆续回国。但也有三四千人留在了法国，因为他们在工厂做工时赢得了法国女郎的好感，遂与其结婚，生儿育女。

　　没能回国归乡的还有死去的华工，约 2 万多名，其中留下名字的不过 1874 人。后来的几十年里，在法华工和华人社团一直呼吁，不能忘记华工对于一战的贡献，西方人也用不同的方式表达对一战华工的尊敬。1988 年法国政府公布了有关华工的档案，并在里昂车站附近的毛里斯德尼街口广场镶立了一块华工纪念铜牌。主持仪式的法国邮电部部长基莱斯说："这是对遗忘的补偿。"时任巴黎市市长的希拉克对华工这样评价："任何人都不会忘记这些远道而来、在一场残酷的战争中与法兰西共命运的勇士，他们以他们的灵魂和肉体捍卫了我国的领土、理念和自由。"

八 过海闯关东

闯关东，是人类历史上持续时间最长、迁徙人数最多的一次移民。200多年，3000万人。

万里长城的最东头是山海关。它雄踞于东北与中原之间，但也没能挡住多尔衮率八旗劲旅在1644年的长驱直入。清廷定都北京后，百万旗人"从龙入关"，关东大部阒无人迹。清朝皇族称长白山一带为"龙兴之地"，并作为自己的退路，严禁外人进入，顺治年间还建起长达1000公里的柳条边，派军队把守。但是，关东那肥沃的土地、神奇的人参、黄澄澄的金砂，强烈吸引着关内那些生计艰难的人们。于是，越来越多的人去"闯"，渐成汹涌之势，官方屡禁不止。咸丰八年（1858年），俄国东西伯利亚总督和清朝黑龙江将军奕山在瑷珲签订不平等条约，令中国失去了黑龙江以北、外兴安岭以南约60万平方公里的领土。清政府1860年与俄国订立《北京条约》时对此认可，让东北出现面对强敌却无人守边的严峻局面。奕山的继任者特普钦便向清廷提出"固边"请求：开放开垦，鼓励外来移民。为抵御沙俄侵略，清政府这时放宽了禁令，在部分地区推行屯垦。光绪年间，东北禁令被彻底废除，汉族移民像潮水一般涌入。

这个移民大潮，持续到20世纪二三十年代达到顶峰。相关统计显示，仅1923年由内地迁往东北的人口，便高达342038人。此后数字逐年增长，1925年达572648人，1928年突破百万（据《经济统计季刊》第1卷，1932年）。

闯关东者，百分之八十左右来自山东，其他人来自河北、河南、山西等地。

为什么要闯关东？尤其是山东人，居孔孟之乡，安土重迁，为什么要扶老携幼，背井离乡，踏上那条满是血泪与尸骨的遥遥长路？

答案只有一个：想活下去。

活不下去的原因，主要有这么几条：一是无地耕种。山东人口密度极大，而土地兼并现象日趋严重，自耕农越来越少，失地农民想租点地种也成奢望。二是灾害频仍。旱灾、涝灾、蝗灾连年发生，有的年份颗粒无收。黄河经常决堤，水漫千里，造就大量流民，哀鸿遍野。三是土匪横行。那时山东的"马子"特别多，烧杀掳掠，民不聊生。起初被绑票的还是大户人家，后来连只有二三十亩地的普通人家也被盯上，谁家有人被"架"走，只好卖地赎人。那时有这么一句话："穷逼梁山闯关东。"意思是让穷逼得不是造反（包括当土匪），就是闯关东。

还有人把闯关东的原因编成了神话。山东各地都有"秃尾巴老李"的传说，临沂人却把这条秃尾巴龙与闯关东扯在了一起：

临沂人为什么单爱闯关东

早先里，咱临沂一带的穷人要是呆家过不下去了，想出外混个仨核桃俩枣的，都闯关东。关东天寒地冻，路远长程，是其个埝都比那里强，为什么穷人偏爱往那里跑呢？这里头有个道道。

人说原先沂河两沿的人年年遭灾，不是旱了，就是涝了，要多穷有多穷。后来天上的张玉皇差下秃尾巴老李来管沂河。秃尾巴老李跟旁的龙不一样，脾性跟咱临沂人对撇：直。心眼又好，尽向着临沂人。叫他发水，他不淹庄子不淹地，有水发到荒山沟里；天旱了他就行雨，雨水还带着粪性气，浇得沂河两沿的地冒油，庄稼长得那个好噢，种一季打的粮食三年都吃不了。庄户人得了他的济，都过好了。穷人过好了不忘秃尾巴老李的恩，盖起龙王庙供奉他，连玉皇庙都没人去了。张玉皇发熊了："不能再让秃尾巴老李呆沂河里了，再呆沂河里，我可呆临沂一带撕了香火了。"玉皇老爷一道圣旨把秃尾巴老李贬到关东黑龙江去了。

　　秃尾巴老李到关东，年年风调雨顺，关东又变成粮食囤子了。他一走，临沂人可倒霉了，年年不是旱就是涝，再像盼以前那样的年景可没门了。穷人没有法过了，不能伸着脖子呆家等死呀，出去混吧！到哪去呢？人急了投亲，病急了投医，到关东投奔秃尾巴老李去吧！临沂人到了关东可好了，才说了："老乡见老乡，两眼泪汪汪。"秃尾巴老李见临沂人去了，格外保佑。庄户人到哪里也是打庄户，临沂人下关东也就是去开荒种地，呆那里不怕旱不怕涝，是块地就能伸勺子挖饭吃，有秃尾巴老李向着还怕天？再说秃尾巴老李把关东治得是埝就是宝地，平川管打粮食，山上又出人参、貂皮、乌拉草，到处都能捕搂钱财，去的人都混好了。老家的人得了讯，仨一群俩一伙地也奔去了。到往后越去越多，不是临沂人也说是临沂人，不是山东人也说是山东人，都跟秃尾巴老李攀老乡。秃尾巴老李认老乡，都保佑。一辈传一辈，到往后山东人呆家过不下去了，就闯关东，去奔秃尾巴老李。

　　（临沂市黑墩乡王家黑墩村张清泉老人讲述，收入王成君编辑的《龙的传说》一书）

　　秃尾巴老李的仗义品格和超凡神力，在一定程度上弱化了闯关东的艰辛，缓解了人们的焦虑。殊不知，一旦上路，会有多少苦难等着山东老乡。

　　闯关东的路线，一是西路，一是东路，西路"闯关"，东路"泛海"。西路主要靠步行，挑着担子，或推着小车，无钱之人要沿途乞讨才能活着过山海关。有的走着走着，实在走不动了，就中途停下。

北京大学西语系教授、著名翻译家赵德明先生前几年在日照居住，我经常去拜访他。他说，他生在北京，但祖上是山东省莒县人，闯关东走到河北不想走了，就在当地落了户。我听他这么说，又得知他父亲和我父亲都是"洪"字辈，兴奋地说："咱们是一家子呀，祖宗从江苏东海迁到沭河东岸落户，一世祖的墓地在莒南县板泉镇赵家临沭村（原属莒县）。"他高兴地说："那咱们是兄弟。"从那以后，我叫他三哥。

闯关东的山东人，有很多是从海上过去。尤其是胶东人，过海是首选，因为走西路要绕着渤海转大半个圈儿。据统计，在 1926 年去关东的人，走水路的占到 70%。所以，许多人闯关东，一辈子也没见过那个"关"是啥模样。

过海闯关东，最早是从蓬莱沿海出发。因为没有开禁，还必须在官兵看不见的荒凉海湾里，登上木帆船或小舢板，沿庙岛群岛北上。当时有这么一句话："抽筋（金）的庙岛，扒皮（衣）的隍城。"意思是说，过海的穷苦移民，要是在庙岛遇上坏天气滞留几天，带的钱就会花光；要是在隍城岛遇上坏天气，只能卖掉随身的衣物了。庙岛和隍城岛，都是过海闯关东的重要中转站，当地物价让他们有"抽筋扒皮"的感觉。"抽筋扒皮"还是轻的，更严重的是丢命。因为靠人力风力行进，经常发生事故，船翻人亡。有的眼看着就要到旅顺或大连了，一阵狂风袭来，就再也上不了岸。有的船没有翻沉，却漂到了朝鲜、日本。

后来，"火轮船"出现，给闯关东者提供了便利。黄海沿岸的烟台、威海、青岛、石臼等港先后开通了去辽东半岛的航线，乘客日益增多。

烟台港早在清同治十二年（1873 年）就正式开办客运业务，每年的客流量在山东诸港中长期占据首位，到甲午战争前的 1893 年约 13 万人。20 世纪之初进一步增加，1902 年曾达到 39.7 万余人次。之所以这么多，一个重要的原因是从这里过海闯关东的多。烟台至大连航线流量最大，闯关东的人下船之后，或在辽东半岛留下，或继续北上，分散到白山黑水之间。辽东半岛渐渐人满为患，有人不想到那里，或者不想多走路，就坐船经渤海去牛庄，然后逆辽河而上，或到关东第一大城市盛京（沈阳），或到其他地方。还有人去安东（丹东），沿鸭绿江北上，到长白山区寻找栖身之地，也可能跨过鸭绿江，东去朝鲜。1910 年的《盛京时报》报道："每日由烟台抵营埠（即营口，原来的牛庄港移到此处）者约二万余人，由烟台抵安东者计有六万五千余人，抵海参崴埠者五万余人，抵大连者四万余人。"这个数目可能不太准确，但反映了从烟台港出发闯关东的人非常之多。那时烟台有十几家专为移民提供食宿的客栈，设施简陋，但费用低廉，生意火爆时，一家客栈能容纳几百人。臭烘烘的大通铺上，嚣张的跳蚤虱子群里，躺满了等船过海的穷人。威海也是闯关东的出发港口，情形与烟台相似，只是乘客略少一些。

青岛港开埠晚于烟台，但胶济铁路在 1904 年的开通让它后来居上，1911 年客运量达 908900 人次。尽管这里开通了国内外多条航线，但乘客中有很多来自山东内地的闯关东者。他们坐火车来青岛，再转乘轮船去大连、牛庄等港。据史料记载，选择这条路线的移民人数颇多："日乘胶济车由青岛转赴东三省求生者，达三千余人。"（《东方杂志》第 24 卷第 16 号）

石臼、海州至青岛之间，自 1899 年就有德国人经营的小火轮载客来回。苏北、鲁南的人闯关东，多是坐这船去青岛，再转船到大连等地。1923 年，日本人用两艘小火轮接管了这条航线。1926 年，石臼长记船行老板贺仁庵从日本购买两艘轮船，开通去大连的航线，用更快的速度和低廉的票价逼停了日本人的轮船。闯关东的人从石臼上船，在青岛不用下船，只等候轮船在此上水上煤，避免了转船之苦。

然而，与走陆路相比，过海费用较高。日本铁道院铁道研究所在其调查资料《芝罘》中，记录了 1909 年的船票价格：从烟台去大连，一等 9 元（银圆），二等 6 元；去安东，一等 10 元，二等 6 元；去牛庄，一等 23 元，二等 12 元；去青岛，一等 25 元，二等 15 元。如果山东内地经青岛去关东，花费更多，因为还要买火车票，1920 年左右，青岛到济南的普通列车，头等舱票价 19.26 元，二等舱 12.84 元，三等舱 6.42 元。这就是说，如果从济南到青岛再去大连，即使最低的车船票，也要在 30 元左右。当时 30 元的购买力怎样？在鲁南丘陵地区能买两三亩地。如果是全家一起走，光是路费就很难解决。第一次世界大战期间，由于各条航线上的船舶都很缺乏，运费格外昂贵。除了车船票，路上还有吃住等另外一些消费。譬如说，除了青岛港有大码头能停靠轮船，其他港口要让轮船停在港外深水中，上下船靠小舢板驳运，这也要另外付钱。在烟台港，舢板每载一客价格为铜钱 20 文，若遇上风雪暴雨天气，或者行李过多，还要加价。

轮船公司多是外国人所开，也有中国人开的，客货混装。为了多拉客多挣钱，常有超载现象。20 世纪初，洋务派代表人物盛宣怀将"广济"轮投入烟台沿海营运，该轮为获取厚利常常超载，让乘客与看客吃惊。甲午战争前，北洋水师也曾将战舰用于客运，往来于烟台与威海卫、旅顺、秦皇岛、天津、上海之间，以挣钱补充军饷。这一举动，曾引起英驻烟台领事的极大不满，认为是"非常意外地打击了欧洲的船主们"。

闯关东的人们掏空腰包，历经艰辛，终于过海下船，有的投奔早已在关东落户的亲友，有的则漫无目的地瞎闯。秃尾巴老李远在黑龙江，保佑不了山东老乡，各种危险，各种困厄，便落到他们的头上。据说，有姓朱的兄弟五个到了大连，竟然被老虎吃掉一个。剩下的四兄弟咬牙切齿，上山寻找多日，终于找到这只老虎将其杀掉，为死者报了仇。还有的遇到黑瞎子狗熊，不知道这时必须装死，又喊又跑，结果让狗熊追上，非死即伤。多数人到了东北着手开荒，将从老家带来的种子撒上，殷切地等待收获，但往往是强人突然出现，说这地方是他的，强行霸占，开荒者只能给人家当佃户。为了生存，许多汉人只好"随旗"，就是加入旗人户籍，换名易装。咸丰年间，东北土匪很多，他们多用土枪，并且用红色绳穗装饰，瞄准时把绳穗含在嘴上。山东老乡不懂，以为东北的响马都长着红胡子，就把他们叫作"红胡子"。这些"红胡子"劫财伤人，无恶不作。

遇到困苦，受到欺负，山东老乡便格外想家。他们把山东叫作"海南"，自称"海南丢"，就是被老家丢弃的人。一代一代的"海南丢"，隔海南望，泪流成行。好多胶东人过海后不改方言，让"海南""海北"都说同一种腔调的"胶辽官话"。

山东老乡们继续往关东深处闯荡。有些人铤而走险，加入了"放山""淘金"这两个行当。

"放山"就是挖"棒槌"（人参），把清朝皇族才能享用的稀罕东西挖走卖钱。传说第一个放山人是从山东莱阳去闯关东的孙良，他被放山人尊为老把头，死后奉为行业神，每至农历三月十六他的生日这天便会祭拜他。放山的人到一个新地方安摊子挖参，会用石头垒起简陋的把头庙给他上香。

淘金这一行，开山祖也是山东人，后来出了个"韩边外"，更是大名鼎鼎。他叫韩宪宗，道光年间带全家闯关东，咸丰元年到吉林桦甸市夹皮沟参与淘金，很快成为统领，并且拥有武装，成为这一带方圆七八百里的统治者。吉林将军几次派兵进剿均告失败，被迫承认他的特殊地位。"韩边外"有爱国情怀，中日甲午战争中派孙子韩登举率兵出征，在辽阳保卫战、海阳战役中表现英勇，被吉林将军任命为"吉字军"三营统领。直到日本占领全东北，韩氏家族在这里的80年经营才告结束。

不过，绝大多数山东老乡还是保持农民本色，披荆斩棘，挥汗垦荒，让关东大地出现越来越多的粮田。那地黑得流油，产出的高粱不光能填饱关东人的肚子，还成为商品，被粮贩子装船运往山东等地。
20世纪30年代，东北高粱连年丰产，大连港出现大量高粱积压现象。
1926年开春，石臼长记船行老板贺仁庵去大连考察，发现这里的高粱
每吨只卖8块半（银圆），而日照的高粱价格是28元。他便在大连租
了一艘轮船，装满高粱运回日照"平粜"（平价出售），每吨只卖14.5
元，引得鲁南苏北粮商前去疯抢。船往回走，则运送闯关东的乘客。
这一个春天，他赚到10万大洋，成为他日后成为"华北船王"的第一
桶金。

　　还有一些山东人过海当了渔民。有的在家乡就打鱼，到了那边还
是干老本行，因为辽东半岛的东西两面人少鱼多。从清末开始，就有
日照人去辽东湾的鲅鱼圈打鱼打虾皮，落户者越来越多。2021年4月
初我去采访，得知那里的仙人岛、海星村（因鞍钢在此建新厂，村子
已于15年前搬迁）过去都是典型的渔村，而且日照人居多。一位叫戴
春江的中年人讲，他爷爷是日照市石臼镇戴家村人，从小就给人家补
渔网。结婚后生下两个孩子，靠补网不能养家糊口，就带着全家连同
二弟一起坐船到了大连。他们先投奔在敦化的亲戚，在山里开荒种地。
但爷爷怀念大海，觉得扔掉补网手艺很可惜，听说鲅鱼圈有日照老乡，
就独自来到这里。这里有网铺，也需要人补网，他在这里从春天干到
秋后，辽东湾结了冰，渔民们把船拉到岸上，将网铺锁上门各自回家，
爷爷也回到敦化与亲人团聚。但这样终归不方便，爷爷让全家跟着他
到了鲅鱼圈，在此定居。

　　就像日照人在鲅鱼圈一样，许多山东老乡到了关东，聚居成村，
抱团取暖。吉林抚松有个北岗村，村民都是日照人，都说一口独特的
日照话，北岗村就有了个别名"小日照"。黑龙江省孙吴县有个村子，
70%的村民都是从山东省平度县来的，直接起名为"平度村"。莒南
县相沟镇圈子村离我的村子只有1.5公里路，我从小就听说东北还有
个圈子村，是这个村子的人闯关东形成的，从清末起，陆陆续续去了

好多。我妻子的舅母和几个表弟、表妹至今还在那里，2017年初冬，我和妻子去走亲戚，到了吉林省安图县西南部的大山沟里。到那里才知道，前些年建了一座水库，圈子村已经不在，村民分散到其他几个村子。在水库上游的福利村，我坐在炕上，听亲戚们用乡音讲述闯关东的辛酸经历，心中一阵阵难过。

除了乡音不改，家乡的风俗习惯也被他们带到了关东。尽管他们也像"老关东"那样"睡大炕头朝外，窗户纸糊在外，姑娘们端着大烟袋"，但家乡的老传统没被他们忘记和丢弃。红白喜事，和家乡一样如礼如仪；逢年过节，和家乡一样隆重筹办。鲁南人喜欢吃煎饼，有人竟然把沉重的铁鏊子也带去。女人们借来借去，用它烙出纸一样薄的煎饼，让一张张山东胃感到熨帖，思乡之情得以缓解。

闯关东的人多是男性，在当地成亲很难，光棍们千方百计挣钱攒钱，然后回老家找媳妇。把自己打扮一番，穿皮鞋，披大氅，再戴上一块手表，成功率颇高。因为家乡人活得艰难，姑娘们都把嫁给他们当作改变命运的契机。那时鲁南流传一句话"黑不黑，东北客（读音为 kei）"，意思是不管人长得是黑是白，只要是东北客就可以嫁。还有人唱出这样的歌谣："大嫚大嫚你甭愁，找不着青年找老头。不管老头黑不黑，只要领你闯东北。"每有一个山东大嫚跟着"东北客"过海，关东大地上就又多了一个家庭。

就这样，他们在关东大地上生生不息，五行八作都是山东人占多数。他们中间有官员也有平民，有英雄也有"狗熊"，有善人也有恶人，有坚守者也有逃离者。200多年，从海上去了一两千万人，但在1931年"九一八事变"后跑回来好多。后来还有人继续过去，1949年后在国家的统一安排下又去了一些，或伐木或垦荒。

时代剧变，风水流转，1978年后又有移民潮在关东大地上出现。不过，这一回是往南迁徙，有的回山东老家，有的去广州、深圳、海南等地。

这，又是另一篇文章了。

九　抗日枪声响

我研读史料时发现，抗日战争十四年，黄海上基本没发生大规模海战。

而这十四年间，尤其是"七七事变"之后的八年，中国军民殊死抵抗日寇入侵，进行过无数大大小小的战斗，半个中国被鲜血染红。而在黄海海域，从没发生过 1894 年中日甲午战争中那样的两国军舰的海上搏杀。不只黄海没有，在东海、南海海域也没有。

为什么会这样？

因为中日海军实力悬殊，国民党政府不敢接战。

甲午海战之后，清政府重建海军，陆续从英、德购买 5 艘巡洋舰、4 艘鱼雷艇，还从日本购入了几艘舰船。辛亥革命后，这些舰船被中华民国继承。至 1937 年，中国海军共有各型舰艇 120 余艘，总排水量约 11 万吨，但实际有作战能力的舰艇仅 60 多艘，排水量为 6 万余吨。主要是一些轻巡洋舰、炮舰和鱼雷艇，最大舰艇仅 3000 吨，大部分是百吨级小艇。

而日本海军在甲午战争之后迅猛发展，1904 年在日俄战争中取得胜利，在第一次世界大战中获得更多实战经验，牢固树立了东亚海上霸主地位。至 1937 年，日本海军舰船有 285 艘，其中航空母舰 4 艘、战列舰 9 艘、重巡洋舰 12 艘，总排水量 115.3 万吨，其实力位列世界第三，仅次于英、美。

所以，"七七事变"后日军全面侵华，中国海军根本不敢与日本海军交锋，只想着如何避其锋芒，"保存实力"，再就是为南京等重要城市建构屏障。战争爆发后，立即将大部分舰艇撤入长江。1937 年 7 月 28 日，蒋介石在南京最高国防会议中决定，在日军尚未进攻长江流域之前封断长江航路，而封断航路的一大措施就是沉船。从 1937 年 8 月 12 日至 9 月 25 日，在江阴附近的长江航道中一共自沉军舰 32 艘、民用轮船 30 多艘、木船 185 艘及大量石料。可怜这些军舰，本是战斗力量，此刻却派上了这个用场！这期间，中国军舰也曾英勇反击，击落敌机多架，并开展水雷战，炸沉、炸伤敌舰几十艘，但根本挽救不了大败局。剩下的一些中国军舰，在后来一段时间内大多被日军飞机炸沉。

那么多舰艇自沉长江，也没能阻止日军溯江而上。但在北方的青岛与威海，到了寒风凛冽的冬季，沉船之法依然被复制。

日本早就盯上了他们在一战期间占领过的青岛，认为占领青岛是在对华战争中"获取交通设施"的重要一步，开战前就频频派军舰前去勘查。开战后，日本海军计划登陆青岛，但当时日本在青岛的侨民有 2 万余人，工厂 200 多家，日本在青岛的财产价值超过中国人的财产价值。为了避免在市区作战，令日本人的财产遭受损失，日本政府使出了劝降招数。当时青岛的最高长官是国民革命军第三舰队司令兼青岛市市长沈鸿烈，日本驻青岛领事西春彦找他密谈，让他放弃青岛，但沈鸿烈拒绝了日方，秘密成立青岛通讯爆破大队，并从北平请来了培训爆破人员的工兵专家。

日军在华攻势凌厉，12 月 23 日夜强渡黄河，次日山东省省长韩复榘率部逃跑。日军声称封锁青岛海口，有日军舰艇在胶州湾外游弋示威。沈鸿烈按照蒋介石"焦土抗战"的指令，为封锁青岛港，不让敌军借此登陆，命令泊于大、小港的军民舰船全部沉塞于胶州湾航道上。多数船只立即响应，拆除船上重要部件，25 日在港务局有关人员的带领下进入航道，通过打开水底门、抽水入舱等方式自沉。自沉船只 20 余只，沉于大港、小港、船渠港口门。仅在大港口门，即第一、第五码头之间就沉船两行，达11艘，8135总吨。自沉军舰中有"镇海"舰，2700吨，是东北海军第一艘大型军舰，可搭载水上飞机。26日，有4艘舰艇按照沈鸿烈的命令在威海刘公岛自沉。

在青岛港自沉的私家船只，包括长记轮船行的几艘。据长记轮船行老板贺仁庵的子女回忆，他们的父亲因为将船行总部移到青岛多年，有爱国情怀，也与沈鸿烈关系甚好，便遵照命令将当时停泊在青岛港的6艘轮船沉没。战后，国民党政府交通部对这些船只立案理赔，但未及办妥，撤至台湾。贺仁庵到台湾后继续上诉，对当时奉命沉入胶州湾的4艘轮船索赔，但"交通部"回复："关于抗战时期征用船舶赔偿问题，目前政府财力困难，应俟光复大陆后再行核办。"

1937年12月31日，沈鸿烈率海军陆战队2000人、保安队3000人及部分官员、眷属离开青岛，向鲁西南一带撤退。离开前，将青岛小港的海军军坞、海军工厂以及起重机、塔吊等等统统炸毁或烧掉。1938年1月10日，日海军陆战队从青岛东面的沙子口等地登陆，在青岛外港的日舰也在这天将日军运至青岛前海栈桥登陆，均未遇到任何抵抗。日军登陆后举办了多项活动：在市政府门前举行升旗仪式、参拜日德战争后为死亡将士建立的"忠魂碑"等等。而后，马上清理大小港，将航道里的沉船打捞出来，让青岛港成为侵略中国的重要桥头堡。

2月初，日军第五师团一部3000余人从青岛出发，进攻烟台，原国民党烟台特区专员张奎文及其守军弃城而逃。随即，6艘日本军舰从大连运兵在烟台登陆。日军接着分成东西两路，一路东犯牟平、威海，一路西犯蓬莱、黄县、招远等地，胶东各县相继沦陷。

与此同时，日军也在日照动用了武力。日照人叶碧桐是在青岛的企业家，当了汉奸后接受指令，乘船返回家乡，以建立海关的名义劝说国民党日照县政府投降。鉴于全县人民抗日情绪高涨，日照县政府将叶碧桐逮捕。2月1日，驻青岛日军派飞机到日照撒播传单，要求限期交出叶碧桐，但县政府坚决不从，于 3 日在日照城西将叶碧桐处决。日军十分震怒，5 日出动飞机 2 架、军舰 3 艘，从空中、海上连续轰击石臼所与日照县城。石臼镇内房屋大部化为焦土，死伤人员不计其数，刘加林一家 6 口仅存 1 人。5 月 12 日，日照县南湖村正逢大集，河滩上熙熙攘攘。中午时分，5 架日军飞机从海上呼啸而来，狂投炸弹，集市上血溅肉飞。过了一会儿，日军飞机又折回来再次轰炸。两轮屠戮，共造成集市上死亡 468 人，伤残者无从统计；村中死亡 169 人，伤残者 273 人；毁坏房屋 1292 间、家具 4900 多件、粮食 73300 多公斤，死亡牲畜 79 头。

1938 年春，中日两国军队同时向徐州地区集结，准备展开一场大规模会战。日本海军为了配合陆军的进攻，图谋攻占连云港，在东面牵制中国军队。这次行动代号："R"作战。从 4 月开始，日本海军就多次派飞机空袭连云港，还派舰船到连岛海域活动，日军汽艇有时竟然闯入港口侦察和测量。5 月 18 日至 19 日，日本海军参加"R"作战的部队先后从青岛出发，在连云港外海面集结。参战的日军舰船有"足柄"号重巡洋舰（旗舰）、"冲岛"号布雷舰、"能登吕"号水上飞机母舰、第 15 驱逐舰大队的 3 艘军舰、第 13 和第 14 扫雷艇队，以及测量船、补给船 10 多艘。其他兵力有青岛航空队、佐世保第 5 海军陆战队和舰载联合陆战队。这次"R"作战，由日本海军第 4 舰队司令官丰田副武中将指挥。当时在连云港地区驻防的中国军队为第 8 军游击队的 6 个总队（相当于团），主要分布在连云港、东西连岛、灌河口、后云台山等地和海头至青口一线，其余部队驻扎在埒子口、朱麻等地。

5 月 20 日上午，日军登陆部队在舰炮和飞机的猛烈火力支援下，分两路向连云港冲击。右路 600 人乘 7 艘舰船在孙家山上岸，击溃守军抵抗后，占领了滩头阵地。左路 1000 人乘 7 艘较大的舰船在连云港正面强行登陆。日军上岸后，以坦克为先导发动冲锋，守军难以抵挡，退往后云台山，连云港失陷。接着，日军左右两路会合，向后云台山、高公岛发动进攻，但没有成功。这时，有6艘日军舰艇出现在连岛以东海面，以舰炮火力支援陆上部队作战，并在次日清晨运送海军陆战队百余人，在连岛东端登陆。守军退到山中，当夜坐渔船撤离连岛。不幸的是，他们到了海上被日舰围歼。

5月22日，中国援军来了。第57军112师从北面的赣榆、西面的阜宁驰援连云港，第334旅守卫墟沟、西墅、后云台山，第336旅在朱麻附近集结，准备迎战登陆之敌。

112师原是东北军，作战非常勇敢，曾在江阴保卫战中坚守三个月，毙伤敌军数千。师长霍守义腿部受伤，只好去后方治疗，此时提前出院，又到了连云港前线。第667团团长万毅，也是一员骁将，被安排为左翼防守孙家山。当日军在9架飞机和数艘军舰火力的掩护下从荷花街登陆后，667团立即向其开火。日军难以承受对面的凶猛火力，只好退回海上。下午再次进攻，一度突破336旅的一处阵地，但万毅团长立即指挥反击，又将阵地夺回。日军再次退到舰艇上，再不敢从此处登陆，只用炮火轰击孙家山以泄愤。

6月16日，入侵连云港的日军1000余人沿陇海铁路向西进发，企图迂回攻击后云台山，但途经庙岭时遭到中国军队的伏击，伤亡300人，只得撤回。两军僵持一段时间后，日本海军在7月8日用5艘军舰运送数百人，在墟沟以北海面换乘20多艘汽艇，在飞机和舰炮掩护下登陆并占领墟沟。112师长官急调第668团反击，同敌人展开肉搏，激战一整天，日军伤亡很大，被迫后撤。

9月上旬，第112师奉命转移，由第33师接防。第8军游击队经休整后也重回后云台山及以东地区。9月中旬，日军增调兵力再次进攻后云台山，并在墟沟登陆。双方展开了残酷的拉锯战，持续了半年之久。这期间，武汉、广州均告失守，国民政府已迁往重庆。1939年2月底，中国军队从后云台山撤退。

日军的膏药旗插遍黄海西岸之后，这些地方的中国人并没有俯首甘做亡国奴，有血性、有气节者奋起抗日，谱写了中华民族抵御外来入侵的光辉篇章。

早在 1931 年"九一八事变"之后，在日军占领区就出现了东北抗日义勇军。其中有共产党人和工人、农民、学生、知识分子，也有东北军的爱国官兵、地方官吏与士绅，此外还有遍布东北各地的绿林武装和民间团体"红枪会""大刀会"等等。到 1932 年夏季，东北抗日义勇军发展到 30 余万人，其中有很多活跃在黄海沿岸。在庄河，民间自发组织的抗日义勇军、大刀会、抗日独立团（抗日自卫队）等抗日武装组织，曾给日伪军以多次沉重打击。他们曾两次攻入庄河县城，日军出动重兵清剿不利，便出动飞机狂轰滥炸。庄河与安东、凤城、岫岩等地的抗日武装联合起来，让这片几百里宽广的三角地域成了辽东抗日自卫军的游击根据地。

在大连，从 1934 年夏天开始，日军的码头仓库、满洲油漆会社、陆军仓库、日清油坊仓库、万丰银行仓库等处经常失火，日本战略物资和军需物资被破坏，这是"大连抗日放火团"所为。这个抗日秘密组织以大连工人为主体，以共产党员为骨干，1940 年 6 月由于汉奸告密，被日本警察破获。六年间，放火团进行有组织、有谋略的放火事件共 78 件，其中发生在大连的放火事件就有 57 件之多，给侵略者造成的经济损失达 2000 多万日元，足够日军两个师团六七万人一年所需。1937 年 12 月 13 日，大连的日本统治当局关东州厅决定在中央公园（今劳动公园）举行庆祝南京陷落大会。正当全场低头为日本阵亡军人默祷致哀时，大连青年查子香从会场前排中间会议桌的围布里冲出来，手持利斧将"在乡军人会"（日军退役军人的组织）会长砍死，将其身旁的日本大佐、关东军代表的左臂砍掉。"庆祝南京陷落大会"仓皇中止，给侵略者一次沉重打击。

十四年抗战中，山东人的血性得到充分展示。1937 年 12 月 24 日，中共胶东特委在文登县天福山发动武装起义。那天深夜，理琪带领中共胶东特委的同志摸黑登上天福山，在玉皇庙里研究制定起义计划。等到天亮，于得水率领的昆嵛山红军游击队和胶东其他地区的一些同志相继赶来，80多人同仇敌忾，举行了起义仪式。理琪讲话后，庄严宣布"山东人民抗日救国军第三军"正式成立，并将"山东人民抗日救国军第三军第一大队"的军旗郑重授给大队长于得水和政委宋澄。于得水掏出手枪，向空中连发三枪，以此宣告中国共产党领导下的胶东第一支抗日武装正式诞生。

1938年2月初，日军进占烟台并东犯牟平，在牟平建立了伪政权。胶东特委指挥起义部队前去奇袭，打响了胶东武装抗日的第一枪。仅用1个小时，他们便攻下牟平县城，活捉伪县长等170余人，缴获大量枪支。次日，部队撤离到牟平城外休整，特委领导在雷神庙开会商讨下步计划，日军在飞机的掩护下突然将雷神庙围住，发起了疯狂进攻。庙内仅有的20余名特委领导和队员毫不畏惧，英勇抵抗，浴血奋战七八个小时，打退日军一次又一次进攻，终在晚上9点胜利突围。这次战斗毙伤日军50余人、击落日机1架，但是年仅30岁的理琪在战斗中壮烈牺牲。

此后，山东各地抗日武装大量出现，抗日枪声此起彼伏。尤其是1938年11月，中共中央派115师挺进山东，这里的抗日斗争更是如火如荼。鲁南一带，滨海抗日根据地很快形成规模，中共山东分局、115师师部及山东省战时工作委员会等党政军机构转移到这个地区，有一段时间驻扎在莒南县大店镇，这里被称为"小延安"。

1940年年底，山纵二旅南下赣榆，横扫敌伪土匪，发动了两次讨顽战役。国民党县政府及保安旅被击溃，保安旅长兼县长董毓佩被击毙。1941年春天，八路军115师教导二旅发动青口（赣榆）战役，一度攻入青口及下口，毙敌800余人，控制了柘汪海口，打通了滨海与苏北、胶东的海上联系，也为发展滨海区对外贸易提供了先决条件。

自此，胶东和滨海一带的抗日武装，经常通过海上去南方上海等地采购枪支弹药，秘密运回。活跃在荣成一带的胶东军区东海军分区武装缺乏子弹，让抗日人士、邱家乡张家村"宏大行"老板张锡保去敌占区购置。张锡保缺钱，决定通过贩卖私盐获得，杀了40头猪加工成"皮猪"，里面装满盐去了上海。但刚到长江口就被查获，货被没收。但他不死心，花钱贿赂驻长江口和平军司令黄兆信，买到15万发子弹，藏在棉花里运回荣成，交给了东海军分区。

1943年，在日照安东卫至赣榆柘汪的海滩上出现了2000多块盐田，风车悠悠转，海水汩汩流，许多穿军装的人在这里劳作。这是山东省军区和滨海军分区的机关人员在开展大生产运动，以晒盐增加收入，减轻根据地人民的负担，山东省军区司令员罗荣桓、滨海军区司令员陈士榘都曾亲自参加劳动。晒出大量食盐之后，通过当地抗日政府开设的商行卖到上海、青岛、新浦等敌占区，换回布匹、药品、五金、电讯器材等军用物资，部队生活也得到了极大改善。

1945年，抗战进入大反攻阶段。日寇为防止盟军登陆，垂死挣扎，拼命控制沿海地区。这年春天突然增兵山东，以10万余人"扫荡"山东沿海。5月初，日伪军侵占安东卫、岚山头一带，并以安东卫为中心修筑堡垒，安设据点。5月6日晚，滨海军区第二十三团一营二连奉命突袭安东卫守敌。连指导员钟家全身先士卒，多次与敌人肉搏，后来腿负重伤不能行走，又与冲上来的敌人拼杀在一起。在打死1个敌人后，他用最后一发子弹自戕殉国。经过两夜一天的激战，7次反冲锋出击，3次白刃格斗，打退敌人16次进攻，抗击7倍于己的敌人，创造了以少胜多的光辉战绩。共毙、伤敌人270余人，日军中队长中田俊郎和3个小队长也都被击毙，缴获长、短枪260余支。滨海军区命名该连为"安东卫连"，追认钟家全为战斗英雄。这个连，至今还在中国人民解放军编制序列中，驻守河南。

1945年8月，滨海军区武装兵分南北两路，迅速向青岛、连云港等交通干线、战略要地进军，展开强大攻势。11月，对滨海境内敌伪最后、最大据点泊里镇发起围歼战役，俘敌3500余人，毙伤500余人，至此，滨海区全境解放。

苏中沿海，也成为抗日将士的杀敌战场。1938年2月19日，一批热血青年在淮阴成立苏北抗日同盟总会，不长时间，抗盟组织范围扩大到17个县，有的地方还组建抗日自卫队，开展游击战。虽然10个月后被国民党江苏省省长韩德勤宣布为非法组织，予以取缔，但好多成员转入地下斗争。1939年2月23日，周恩来到达皖南新四军军部，与项英商定"向东作战、向北发展"战略方针。新四军江北指挥部于5月上旬成立，积极东进抗日。"皖南事变"后，1941年1月20日，中共中央革命军事委员会发布重建新四军军部的命令，任命陈毅为代理军长，刘少奇为政治委员，新的军部于29日在苏北盐城成立，意味着这支铁军的浴火重生。像《新四军军歌》中唱的那样，"八省健儿汇成一道抗日的铁流"，与敌寇进行了艰苦卓绝的斗争。

新四军到盐城的当年，为当地老百姓办了一件大好事。这里1939年发生过海啸，造成今阜宁、滨海一带万余人死亡，国民党政府也曾拨款修海堤，但工程款被层层盘剥，建起的堤坝很不牢固，一冲即垮。新四军决定重修拦海大堤，由阜宁县抗日民主政府县长宋乃德主持。军民同心，几万人投入这个特大工程。因为风浪太大，有一个连被水冲走，大部分人没能回来。1941年7月，40多公里长的大堤终于完工，竣工第二天就来了一次海啸，但大堤经受住了考验，把巨浪挡在了外面。这件事在当地引起良好反响，都说新四军好，把这道海堤称为"宋公堤"。

新四军除了在陆上作战，还建立了一支海上武装。1941年初，粟裕决定组建专门的海防力量，负责开辟海上广阔的回旋余地，以配合陆地上的反扫荡斗争。当年，苏中军区海防团成立，由第3旅旅长陶勇兼任海防团团长。起初，这个海防团只有不到200人，缺少水兵，尤其缺少驾船功夫高超的"船老大"。陶勇想到了被称为"活海图""海上虎"的海盗孙二富，认为这人有爱国情怀，决定对其收编。他先将孙二富俘虏，劝说一番，孙二富表示，只要放他回去，他一定把伙友说服，来做陶司令的部下。陶勇当即答应放孙二富回去，并约定第二天下海到孙二富的船上正式谈判。次日，他为了表达新四军的诚意，不顾部下劝阻"单刀赴会"，终于取得孙二富信任，成功将其收编。

靠着收编和缴获，苏中海防团有了一些船。这些船原来都是渔船，给大一点的船装上一些铁板、沙袋就算是"战舰"了。武器也是又少又差，最大的一艘船放置了两门迫击炮、两挺九二式机关枪，就成了海防团的"旗舰"。但该团战士纪律严明、斗志高昂，利用苏中沿海暗礁多、芦苇多的特点，在水里打下桩子，布下水雷，和日本船打起了游击战。一旦有日本船被陷阱阻住，藏在芦苇荡里的海防团战士就扔手榴弹消灭对手。这样，新四军在陆上海上都有武装，相互配合，有力牵制了敌人的部署和力量。连日本《朝日新闻》都报道过：从连云港到上海的海面上，有游移不定的新四军水兵在活动，神出鬼没。

1943 年，中共中央决定，从全国各地抗日前线抽调一批优秀干部到延安党校学习深造。新四军选拔了一批团以上优秀干部，连同几位家属、战士共 51 人，决定乘船从盐城出发，转山东去延安。3 月 16日晚上开船，本来一帆风顺，但次日凌晨 3 时到了赣榆县秦山岛东面海域时，风突然停了，船停在海面不能前进。大家焦急地等待起风，等到天亮，却发现敌人的巡逻艇来了，大家立刻做好战斗准备。因为没带重武器，仅有警卫员带着驳壳枪和少量手榴弹，新四军三师参谋长彭雄叮嘱大家要节约弹药，等敌人靠近了再打。敌艇靠近，向天空开了两枪，示意落篷停船。船老大告诉敌人，这是商船。敌人一听，认为发财的机会来了，便要上船检查。化装成商人的新四军干部程世清，把一只拉出导火索的手榴弹藏在袖筒里走向船头，待日军小队长带着翻译跳上大帆船立足未稳，冲上去将二人推落海中，并将手榴弹甩向敌艇。随即，新四军将士也一齐向敌艇开火，敌人立即驾艇逃离我军射程。发现我船没有机枪、步枪等远射程武器，便停下来围着大帆船用机枪不停地扫射，将船身多处打穿，海水流进舱里。大家分工，有的堵弹洞，有的在船头继续战斗。打到下午 3 点，我方多人牺牲、受伤，敌艇也打光了子弹，回据点搬兵。这时海上渐渐起了风，我方决定火速赶往滨海根据地的柘汪口。但这时又从连云港方向蹿来 3 只巡逻艇，一路跟着用机枪扫射。到了赣榆县小沙村以东海域，距目的地还有 10 多公里，八旅旅长田守尧决定迅速就近靠岸，从陆地进入根据地。木帆船调转航向驶往岸边，敌人的巡逻艇紧紧追赶，边追边开枪，而且形成合围之势。彭雄和田守尧两位首长果断决定，烧掉文件、弃船泅渡。就在大家跳船游向岸边时，鬼子四艘巡逻艇上的六挺重机枪一齐开火，我方不断有人中弹牺牲。直到山东独立团和海防大队闻讯赶来救援，敌人才撤退。这次海上血战，从凌晨打到傍晚，有 16 名新四军干部、战士、家属壮烈牺牲，另外还牺牲了 4 个船老大和 20 多名船工。

　　正义必定战胜邪恶，天道在 1945 年秋天彰显。8 月 15 日，日本投降，普天同庆。随后，日军投降仪式在各地举行。10 月 25 日，青岛地区接受日军投降仪式在青岛海边的跑马场举行。仪式由美国海军陆战队第六师司令谢勃尔和国民党军政部特派员陈宝仓中将主持，跑马场上人山人海，欢声雷动，还有美国军机不时飞过上空。记者这样报道："美国空军六个中队，在青岛市上空飞行，每中队分三个小队，每小队由 3 架飞机编组，另有指挥机 3 架，他们是从泊于青岛外海的航空母舰上起飞，时而在汇泉湾、太平山上空盘旋，时而低空掠过全场，逞尽了战胜国的骄傲。"

　　随后，投降的日军回国，黄海上的一艘艘日舰，载满了垂头丧气的败兵降将。从 1946 年 12 月起，日本侨民也开始乘船回国。中国政府以和为贵，没有对日本侨民赶尽杀绝，反而决定让这些人安全返回。

　　青岛是中国北方集中遣返日侨、日俘的主要口岸之一。除遣返青岛地区的日侨、日俘外，还集中并遣返了山东地区、徐海地区及河南、河北、天津、北京等地区的日侨、日俘。1945 年 12 月，"青岛市日侨集中管理处"成立，负责集中管理日侨。青岛港口运输司令部负责日侨、日俘的岸上运输，来往于青岛和日本的海上运输船舶由美国海军陆战队提供。日方受遣组织联络者是"青岛济南地区日本官兵善后联络部"，下设"青岛联络所"。日军和日侨分四批遣送回国：第一批，日军 3000 余人，于 11 月 18 日遣回日本；第二批，日军 3000 余人，11 月 20 日遣回；第三批，日军、日侨 1342 人，11 月 23 日遣回；第四批，日军、日侨 3000 人，11 月 26 日遣回。另外还有日侨 3300 人和日军 7500 人、日侨 9500 人分别于 12 月 7 日和 18 日遣回日本。

　　在东北，日侨单独遣返。日本当年占领了中国东三省，提出"移民百万户"的口号，大批日本人到此落户。之后又有"武装移民"，将大批在乡军人移民到此，还给他们配备武器。"七七事变"之后移民更多，被日本官方称为"国策移民"。好多移民到了中国仗势欺人，抢夺当地中国人的土地与庄稼，为非作歹。他们有的在中国东北地区生活了几十年，繁衍了几代人，真以为这里就是他们的"皇土"了。然而裕仁天皇诏令发布，日军投降，他们知道必须离开了。当时在东北有 160 万日侨，战后东北各大城市纷纷设立了日侨管理营，将日侨集中起来，从葫芦岛、大连等港口遣返。

　　从大连遣返日本侨民，分四批进行。第一批，自 1946 年 12 月至 1947 年 4 月，遣送人数为 1856 人；第二批，自 1947 年 7 月 11 日至 20 日，共 7472 人；第三批 1948 年 6 月，共 4930 人；第四批，自 1949 年 6 月至 9 月，共 2861 人。前后四批近 20 万人。接运日侨回国的，是驻日美军指挥部委派的日本船只。

　　这些日本侨民上船后回望中国大陆，熟悉中国文化的人大概会想到一句老话："早知今日，何必当初。"

十　北上与南下

在辽宁省庄河市海边的打拉腰村，有一座 2004 年建起的群雕像。雕像由 3 位八路军指战员与 1 位船工组成，身体前倾，英勇抢滩。雕像正面下方是 10 个金色大字"八路军挺进东北登陆地"，背面则刻了一首诗："莱阳兵发出黄龙，扬帆渡海赴辽东。南风相送千帆过，北海波涌万重峰。近闻波声余寂静，远望灯火似长虹。更深登上庄河地，解民倒悬再建功。"作者是当年担任东北民主联军第四纵队副政委的欧阳文中将。

无独有偶，在山东蓬莱栾家口海滩，2010 年也建了一座群雕像。不锈钢制作的两面风帆如大刀一般高举，下面的小船跃上浪尖呈倾斜状，船上的 5 位战士和 2 位船工正义无反顾冲向大海。

两组雕像遥相响应，是为了纪念 1945 年秋天发生在黄海与渤海的一件大事：八路军渡海"闯关东"。

1945 年 8 月 15 日，日本天皇宣布投降，中国东北地区处于苏联红军的控制之下。8 月 29 日中共中央发出电令："晋察冀与山东，均应派得力干部，带电台，进到苏联红军后方，随时报告情况。"中共山东分局致电胶东区委书记林浩："速派一部分部队，以东北义勇军名义，去东北了解情况，开展工作。"胶东区委立即从东海独立团二连抽调两个排 100 人左右，组建了一支小部队，临时番号为"挺进东北先遣支队"，吕其恩任司令员，邹大鹏任政委。之所以让吕其恩任司令员，因为他是庄河县王家岛人，虽然到烟台已经 10 年了，但自称"老马识途"。

　　经过一番准备，9月5日晚出发。先遣队分乘两艘机帆船，从烟台起航，经过一天一夜的海上颠簸，抵达庄河县王家岛。登陆后，吕其恩迅速率队奔袭后滩屯伪警察所，解除了岛上的敌伪武装。休整两天后，他们驾驶缴获的警备船和来岛时乘坐的机帆船，在茫茫夜色中驶向20公里外的庄河打拉腰港。登陆后很快解放了庄河县城，在此休整半个月，部队扩编到1000余人。先遣队经过考察发现，当时苏军在东北只占领了少数大中城市，广大乡村和中小城市均未占领，就将这些情况用电台报告胶东区委。

　　胶东区委还接到了另一份情报，来自北海地委9月9日派出的另一支武装小分队。他们乘木船驶抵旅顺，了解到那里的一些情况。10日，区委书记林浩分别致电中共山东分局和中共中央，汇报了工作，建议速派干部和部队由胶东挺进东北，以争取时机，开辟东北解放区。

　　也就在这一天，胶东军区司令员许世友赶赴龙口成立了海运指挥部，坐镇指挥海运工作。他选定龙口、黄河营、蓬莱栾家口三地作为出发港口，征集到小汽艇30余只，小帆船140多只。许世友还布置兵力，控制了渤海海峡中的关键岛屿与海域，并在砣矶岛设立兵站，大量储存给养，作为连接胶东和大连的海上运兵中转站。小型船只在此改换大船转运渡海部队，海运部队在此集结、补给、避风和休整。另外，渡海部队还在庄河设立了海北海运指挥部。"海南""海北"联结成一线，十几万人的武装"闯关东"开始了！

　　日本人在东北盘踞已久，这里已成为重工业基地。东北还有几代人开发出来的广阔粮田，有丰富的森林、煤炭等自然资源。当时有一句话："得东北者得天下。"因此，中共中央对进军东北早有部署，8月下旬就派出冀热辽军区第十六军分区部队夺取山海关，从陆路进入东北。9月15日，第十六军分区司令员曾克林应中央要求，同苏军全权代表卫斯别夫上校乘苏军飞机从长春飞到延安。曾克林兴高采烈地向中央领导汇报：东北遍地是武器弹药和物品，各大兵工厂和仓库都无人接收，随便捡随便拿！9月19日，中共中央制定了"向北发展，向南防御"的战略方针，把发展东北并争取控制东北作为全军的重要任务。9月25日，林彪受中央委派，从河南濮阳出发，10月底到达东北，在沈阳与先期到达的彭真等会合。10月31日，中共中央决定组建东北人民自治军，林彪任总司令，彭真任第一政治委员，罗荣桓任第二政治委员。

因为山东与辽宁隔海相望，距离较近，党中央决定，让山东主力及大部分干部迅速向冀东及东北出动，要求"全力以赴，越快越好"。山东省军区雷厉风行，迅速落实。

第一批过海部队是刚刚组建的东北挺进纵队2支队，由滨海军区滨海支队和胶东军区一部分部队组成，共3500人，滨海军区副司令员兼山东省军区滨海支队支队长万毅任司令员。他们中秋节前后到黄县集结，23日到达蓬莱栾家口。万毅率领一个连的先遣人员先行探察路线，25日登上辽东半岛，立即发电指示部队渡海。随后，部队陆续在辽东半岛登陆。29日，山东省军区政治部主任、山东省军区挺进东北总指挥肖华也带部分干部和小部队在栾家口上船，在大连登陆。

万毅、肖华先后去了辽东，胶东海运进入异常紧张、繁忙的阶段。狭小的码头上，每天都有日夜兼程从山东、江苏等地赶来的八路军部队，各种口音都有。他们领到冬衣和给养，士气高涨地等待着上船命令。只要不是狂风暴雨天气，每天都有满载部队和干部的船只扬帆启程。战士们上船后，人挨人、人挤人，躺在船底舱，翻身都很困难。大多数战士是第一次坐船，不少人眩晕呕吐，吃不下睡不着。船在海里漂泊，或一天一夜，或两天三天，还有的十多天才到达对岸。山东省军区第七师参谋处处长石潇江等30多人所乘的木船，中途触礁，指战员全部遇难。

胶东军区主力部队于9月底分批在龙口、栾家口登船，至10月下旬全部到达庄河、貔子窝一带。由滨海军区部队编成的第二师也来了，师长罗华生，政委刘兴元。该师出海后遇到逆风，只好在砣矶岛停留两天，再经 6 昼夜航行，先后在庄河一带登陆。全师 8000 人，实际到东北 7500 人。好多人身经百战，却经受不了狂风巨浪的摧残，出师未捷，魂归大海。

从 9 月底至 12 月初，山东省军区先后组织 3 批主力部队奔赴东北，除第一批部分部队从陆路出关，大多数是从胶东过海。这一壮举，开创了解放军历史上最大规模的海上战略转移的先例。

胶东地区老百姓为八路军过海提供了有力的支援。很多渔民主动支援部队渔船，争着为部队当船工和向导。胶东解放区各级政府动员数百万群众，夜以继日筹集粮食，赶制冬衣和便衣。渡海行动初期为了保密，部队都是穿便衣渡海，打扮成闯关东的农民。数万妇女为他们缝制便衣，昼夜不停。妇女们还领公粮，磨面粉，将一摞摞面饼送给部队。为防晕船，当地群众还特别准备了一些急救水、仁丹、咸菜、苹果和长把梨等等。

这期间，中共中央调动大批部队从陆海两路往东北进发。黄克诚任师长兼政委的新四军第三师最辛苦，3.5 万人 9 月 28 日从苏北江阴出发，经江苏、山东、河北、热河、辽宁五省，于 11 月 25 日到达锦州。从 8 月底至 11 月底，只用 3 个月时间，中国共产党领导的 11 万大军和 2 万多名干部就去了东北。其中，山东省军区占了 6 万，军区主要领导和主力部队几乎悉数进入东北。据山东省军区司令部 1945 年 11 月 24 日统计，山东省军区调赴东北的部队总计 21 个主力团，10 个基干团，共 31 个团。

罗荣桓是 11 月上旬渡海的。他当时患有严重肾病，尿血很长时间了，走路都很困难。他本来准备到延安治病，可是接到挺进东北的命令，抱病率山东省军区直属机关、警卫部队和独立营共 4000 多人，从临沂来到龙口。见到许世友，罗荣桓指着身边的战马说："这匹马陪伴了我很多年。到了东北，也不知道还能不能用得上，如今就送给你吧。"许世友向他的这位老首长敬一个军礼，从腰间拔下手枪作为回赠，双手托着给了罗司令。

罗荣桓出发时扮作商人，上船后一路呕吐。到了旅顺外海，突然有一艘苏联军舰过来检查。罗荣桓见对方是苏联军人，便走到船头说："我是山东省军区司令员罗荣桓，我们都是中国共产党的军队。"苏联军人不相信他，罗荣桓就从身上掏出一张与毛泽东的合影："看，这个是毛泽东，这个是我。"苏联军人看了点点头："司令员同志，请原谅。你们可以在旅顺、大连以外的任何港口登陆。"罗荣桓明白了，只好另寻别处登陆。经一夜航行，在大连东北方向的皮口港上岸。

苏军为什么不让罗荣桓一行在大连登陆？这牵涉到与美、蒋的关系。

抗战胜利后，国民党政权作为当时中国的中央政府，第一件事情就是调兵遣将，从日寇手中接收沦陷区。但东北地区的70万日本关东军已经被苏联出兵消灭，地盘也被苏军控制，国民党政权最初对东北地区采用了"外交接收"的方针。蒋介石在重庆多次与苏联代表见面协商，并迅速做好了接收东北的人事准备，8月31日宣布设立东北行营，任命熊式辉为行营主任，并作为东北行政、军事的最高长官全权负责与苏军接洽。9月5日，又任命长子蒋经国为外交部驻东北特派员，专职承担与苏军谈判协商的任务。苏联本就没有长期占领东北全境的打算，近百万东北驻军让其不堪重负，希望国民党政权尽快接收东北。但到了9月下旬，苏联发现美军开始用军舰、飞机向东北大量运送国民党军队，担心美军借此机会进入东北长驻，就对国民党的接收持抵制态度。10月初，国民政府外交部通知苏方，国民党军队将于10月10日前后在大连登陆，办理"接收"，苏方却这样回复：大连为运输商品而非运输军队之港口，苏联政府坚决反对任何军队在大连登陆。

果然，东北保安司令长官杜聿明亲自率领部队，乘美国军舰到大连港准备上岸时，苏军不允许。杜聿明问苏军，能否在营口、葫芦岛登陆，得到的答复是：我们不干涉中国内政，但不能保证营口、葫芦岛登陆的安全。10 月底，杜聿明来到营口港外，用望远镜看看，目瞪口呆：八路军已经在营口岸上构建工事了。同时得知，苏军已从这里撤离。他再转到葫芦岛，遇到共军阻挡。

苏方既然"反对任何军队在大连登陆"，并拒绝了国民党的军队，当然也不能让身为山东省军区司令员的罗荣桓在此登陆。

杜聿明被苏军耍了一把，蒋介石得知后怒冲冲发令：抽调中央精锐部队，立即由海陆空三路向东北运兵，做好"军事接收"的各种准备。杜聿明接令后去塘沽登陆，在这里集结大军，从陆路向东北进发。与此同时，美国还用军舰往秦皇岛运兵，用飞机往东北几个大城市运兵。

为阻止中共向东北运兵，蒋介石早就授意美国太平洋舰队在山东沿海登陆。9 月中旬，太平洋战区盟军总司令尼米兹上将正式对外宣布，"盟军"美国将要在烟台登陆。中共中央立即向驻延安美军观察组提出反对意见："该地为我军占领，已无敌人。请其不要登陆，免干涉内政之嫌。"但美国人置若罔闻，9 月 29 日，5 艘美国军舰出现在崆峒岛周围。胶东区党委和胶东军区在中共中央、中央军委的指示下，成立了由烟台党、政、军等组成的反对美舰登陆"统一行动委员会"，与美军进行了有理有节的外交斗争。

10 月 4 日凌晨，烟台海面上又增加了多艘美舰。上午 10 点，赛特尔少将等人到访烟台外事办公厅，送来美海军第七舰队司令金盖德上将的电令抄件。抄件主要提出三点要求：第一，要撤除沿海设防工事及迁移所放水雷；第二，八路军撤离烟台市；第三，将烟台市有序移交给美方接管，美海军将在烟台登陆。"统一行动委员会"当场拒绝，迅速将这一情况上报给中共山东分局和胶东区委，并着手采取一些防御措施，将多门大炮摆放在岸边，炮口正对美国舰队。10 月 5 日至 6 日，双方代表团分别在美军军舰和烟台外事办公厅举行了再次谈判。美军谈判团人员解释，他们来烟台，只是为了收缴日本人的武器。烟台市代市长仲曦东说："日本侵略者早于一个月前就被我军消灭了，贵军难道还不知道？"在烟台会谈这天，"统一行动委员会"还组织了大规模的群众游行，在舆论上给美军以压力。

三天后，美方在重庆发表声明："美军将不在中国共产党所占领的烟台登陆，因该港已由中国共产党领导下的军队控制。烟台港已设有警察，秩序良好，该地已无日军、战俘和美国居留民。目前，美军登陆已没有任何军事理由。"10 月 17 日，美军军舰全部驶离烟台。

在这段时间内，美军还企图在威海、荣成湾登陆，但都没能得逞。山东主力部队没有了后顾之忧，继续大举北上。

青岛作为山东唯一没被中共占领的海港城市，此时成为国民党的重要据点和运兵中转站。从 10 月 11 日开始，美国海军陆战队第六师2.7 万余人陆续在青岛登陆，建立美国海军基地。14 日，国民党陆军第八军 3 万余人，在美军 16 艘军舰的帮助下进驻青岛。1946 年 1 月 4日，美军陆战队常备兵 1600 人抵青。5 月 13 日，美第七舰队航空母舰 2 艘、巡洋舰 3 艘、驱逐舰 8 艘抵青。美国军舰南来北往，源源不断向东北输送国民党兵力。

国共两党在东北的争夺异常激烈。中共军队捷足先登，曾一度控制了沈阳、哈尔滨、长春等大城市及主要铁路干线。但国民党依靠美军帮助，不断向东北地区运送部队，并凭借《中苏友好同盟条约》不断向苏联施压。中共只好暂时放弃独占东北的目标，"让开大路，占领两厢"，退到松花江以北及长白山麓等偏远地带。

1946 年 5 月，中共中央决定在关内另辟战场，减轻东北压力，并要求苏军开始向山东解放区提供日本遗留的武器。当时日本军队投降后，在朝鲜留下大量武器弹药，驻朝苏军便通过中共南满辽东军区向山东的解放军发送武器弹药。到 9 月，朝鲜北部所存日军各种子弹、炮弹、炸药和枪炮，2000多车皮（一车皮载重40—50吨）的物资已全部运抵安东。1946年夏季，通过海路运向山东的武器共有2万支枪和2000万发子弹。毛泽东专电规定，一半给山东区，35%给晋冀鲁豫区，其余转交晋绥区。

经由黄海运过来的武器弹药，提升了中共军队在关内的战斗力。从1946年7月起，国民党军对山东解放区发动大规模的连续进攻，山东军民积极防御，让国民党的军事行动接连失败。1947年6月底，晋冀鲁豫野战军在鲁西南地区强渡黄河，开辟中原战场，揭开由战略防御转入战略进攻的序幕。

在东北，共产党的军队历经三年苦斗，由守势转为攻势，到1948年8月，已控制了东北97%的土地和86%的人口。9月12日，辽沈战役打响，国民党伤亡、被俘47万余人，中国的政治、军事格局出现重大转折。11月下旬，中国人民解放军东北野战军80万主力部队南下入关，与华北军队协同作战，于1949年1月31日取得平津战役胜利。中原野战军和华东野战军则在1月10日取得了淮海战役胜利。

解放军在淮海战役中，有大连运来的武器助阵。1946年，中共中央就要求在大连进行军工生产，第二年组建"建新工业股份有限公司"，形成军工生产体系。据统计，1948年生产"一二四"式七五山野炮弹23万发，掷弹引信22.8万个，迫击炮900门，大部分装船经黄海运往华东战场。华东野战军副司令员粟裕曾说："华东地区的解放，特别是淮海战役的胜利，离不开山东民工的小推车和大连生产的大炮弹。"

淮海战役之后，国民党在江南苟延残喘。长江，这时被其视为一道天然屏障，代总统李宗仁一方面与共产党"和谈"，一方面在长江沿岸布防。他还想出了一招：将海军军舰开进长江，可以轻而易举地抵挡住解放军的进攻。二战结束后，国民党海军先后收缴侵华日军各型舰艇船舶1400艘，从日本本土分得降舰34艘；接受美国援助舰艇

131 艘，英国赠送舰艇 11 艘。经过甄选，保留大小舰艇 420 余艘，总排水量约 19 万吨，编入战斗序列 275 艘，官兵 4 万人。此时，海军总部下达命令，让部分舰艇往长江口集中。

在青岛的"黄安"号也接到了命令，定于 2 月 13 日起航。头一天是元宵节，舰长晚间到岸上与家人团聚，早已潜伏在水兵中的中共地下工作者开始了起义行动。他们将副舰长缴械，控制住一些关键人员，于 8 点 50 分起航，向连云港方向驶去。驶过竹岔岛时，起义领导人鞠庆珍下令实施灯火管制，甲板上的灯光全部熄灭。军舰上一片漆黑，而正月十五的月亮高挂空中，让水兵们看清了行进方向。凌晨 5 时，"黄安"号驶抵连云港外海，但岸上解放军不懂海军的灯光信号，动用机枪、山炮向军舰开火，好在距离尚远，枪炮射程不够。情急之中，鞠庆珍命人找来白布悬挂"白旗"，并用舰载探照灯照亮"白旗"以示"投诚"。起义人员王志良还乘坐救生艇，到岸上联络。解放军这才明白是怎么回事，急忙报告上级。2 月 14 日，新海连特委书记谷牧接见黄安舰全体官兵，庆贺黄安舰起义的重大胜利。2 月 16 日，中央军委副主席周恩来亲拟中央军委致华东局的祝贺电报——"庆祝你们争取敌军舰黄安号反正胜利""这是毛主席所规定之 1949 年争取组成一支可用的海军的首先响应者""请转知该舰全体人员予以嘉奖"。

2 月 16 日，国民党海军长山岛区巡防处 201 号扫雷艇进步士兵李云修等人行动起来，决定利用艇长和多数军官上岸过夜的机会发动起义。他们控制全艇后，驶向烟台。17 日早晨 7 时许抛锚停泊在烟台港外，在桅杆上挂起白被单作为白旗，全艇炮口一律向上，表示投诚起义。全体艇员登陆后，受到解放军热烈欢迎。第二天，胶东军区参谋长裴宗澄到烟台接见艇员，胶东军区司令许世友发来贺信，对起义艇员表示慰问和表彰。

10 天后，又有一艘起义的国民党军舰"重庆"号到了烟台。这艘舰艇起义的意义更加重大，因为它是中华民国海军最大的战舰，由英国赠送，原来的名字叫"曙光女神"号。蒋介石非常喜欢，亲自给其改名为"重庆"号。1948年辽沈战役打响，该舰曾被派到渤海葫芦岛，蒋介石在这艘军舰上召见将领指挥辽沈战役。"重庆"号火力强大，它轰击塔山阵地，对东野部队造成巨大威胁。后来国民党海军发现该舰离岸太近，害怕搁浅，才撤出战场，驶回上海。

1949年2月，国民党海军总部命"重庆"号驶入长江，配合江阴要塞，阻止共军渡江。但在2月25日，这艘军舰却在吴淞口失踪，用无线电也联系不上。原来"重庆"号上早有一些共产党员和不甘心为国民党卖命的水兵，此时说服船长邓兆祥，举行了起义。邓兆祥指挥"重庆"号在黄海上向北方高速行进，第二天就到了烟台，加入了人民解放军。蒋介石得知消息暴跳如雷，于3月3日派飞机前去轰炸，迫使"重庆"号转移至葫芦岛解放区。过了几天，国民党飞机侦察到此舰位置，接连派出B-24型轰炸机对"重庆"号进行轰炸，致其舰体严重受伤，6名士兵牺牲，近20人受伤。根据中共中央指示，"重庆"号拆除舰上重要设备，3月20日打开船底闸门，在葫芦岛海域自沉。

这几艘舰艇的先后起义，在国民党军队中引起极大震动，紧接着又发生了18起海军起义，参与的官兵有3800余人，占国民党海军总兵力的近十分之一。尤其是1949年4月23日，国民党海防第二舰队司令林遵率领9艘军舰和21艘小艇，官兵1271人，在南京笆斗山江面决定"不走"，向解放军投诚。毛泽东、朱德盛赞此次起义为"南京江面上的壮举"。

也就在这一天，为适应渡江战役的胜利形势，接收国民党起义投诚舰艇，按照中共中央指示，解放军华东军区海军在江苏泰州白马庙成立。华中军区副司令员张爱萍被中央军委任命为司令员兼政治委员。4月23日，后来被定为人民海军诞辰日。

也就在这一天，跨过长江的人民解放军占领了南京。

这时，黄海上出现许多南下船只，目的地是台湾，或去上海等沿海城市中转，或直接抵达。这些船的出发地，是山东唯一还被国民党控制的城市青岛。解放军的炮声由远而近，国民党政府行政院物资供应局青岛办事处开始将大量物资从青岛转运台湾，并将部分人员撤离到台湾。整个春天，有好多青岛富豪携眷南迁，国民党官员也不断有辞职逃离者，南行的飞机、轮船人满为患。

青岛是国民党第十一绥靖区驻地，部队有第三十二军和第十九师及两个保安旅，一个山东警备旅改编的部队，号称 10 万兵力，其中多是山东子弟。1949 年 5 月下旬，解放军攻到青岛北郊，绥靖区司令部在港口集中了大量轮船和渔船，准备撤离。31 日晚，国民党军人、眷属、公职人员以及学生、地主、商人等各类人群到这里匆匆登船，借夜色掩护驶出胶州湾，经过三天三夜航行，陆续到达台湾基隆港。他们中的大多数人再也没回大陆，逃离那一夜的黄海风浪，是他们的梦魇，也是他们的乡愁。

1949 年 10 月 1 日之后，黄海西岸的中国船只出航，都挂上了五星红旗。

第四章

巨变种种

一 军威浩荡

新中国成立后的第一个春天，海军司令员萧劲光到山东考察。在威海时，他想去刘公岛上看看，但当地没有海军舰艇，随行人员就借用了一条小渔船。上船后，撑船的渔民见大家都称呼萧劲光为司令，就问他："你是哪里的司令？"萧劲光回答："海军司令。"渔民大哥一愣，随即质疑："你是海军司令，怎么还要租我的渔船呢？"

渔民这样问，是因为威海人以前见过北洋海军、日本海军、英国海军、美国海军、国民党海军，凡是海军军官都乘坐军舰，威风凛凛。而共产党的海军司令竟然借渔船上岛，让他觉得无法理解。

听渔民这样说，萧劲光脸色变得十分凝重，扭头吩咐随行人员："记下来：1950 年 3 月 17 日，海军司令员萧劲光乘渔船视察刘公岛。"

萧司令的这句话，透露了中国人民海军创建之初的寒酸。一个多月之后的 4 月 23 日，华东军区海军在南京草鞋峡江面举行成立一周年暨军舰授旗命名典礼，从大会宣读的中央军委给各舰命名的命令，可以看到华东军区海军的家底：来自国民党海军起义的 11 艘、接收俘获的 13 艘、从香港等地购买的 15 艘、从招商局等调拨的 15 艘，合计 54 艘舰艇。这些家底，也几乎是整个中国海军的家底，当时集中在长江及长江以南沿海，主要担负着解放国民党所占大量岛屿的任务。

海军队伍士气高昂。华东军区海军司令员张爱萍将舰艇命名状、军旗、舰首旗、舰长旗授予各舰艇长、政治委员之后，率领全体指战员宣誓："我们是中国人民海上武装……我们的称号光荣，我们的旗帜辉煌……我们保卫这光荣的旗帜和称号，永远像保卫祖国的尊严一样！"

喊出"保卫祖国的尊严"这一句，海军将士格外激动。100 多年来，中国海防虚弱，屡遭外侮，中国人已经受够了这种屈辱。向海而兴，背海而衰；不能制海，必为海制——这是中华民族从历史中获取的血的教训。

中共中央对于人民海军的建设极其重视。1949 年 9 月 21 日，毛泽东在中国人民政治协商会议上郑重宣告："我们的国防将获得巩固，不允许任何帝国主义者再来侵略我们的国土。在英勇的经过了考验的人民解放军的基础上，我们的人民武装力量必须保存和发展起来。我们将不但有一个强大的陆军，而且有一个强大的空军和一个强大的海军。"1949 年 10 月，时任东北第四野战军第 12 兵团司令的萧劲光刚刚率领部队取得湖南衡宝战役的胜利，毛主席将他召进京城，让他挂帅组建海军。毛主席向他特别强调："有海就要有海军。过去我国有海无防，受人欺负。""海军一定要搞，没有海军不行。"

近代中国海军的屈辱，大多写在黄海的历史上。新中国海军的成长，也有许多篇章写在黄海的历史上。

1950 年 5 月，海军司令员萧劲光与苏联顾问到了青岛。经过实地考察发现，青岛港湾良好，过去日本人和国民党海军修建的码头、仓库、医院、学校、兵营等，虽然简陋，但大多数还可以使用。回到北京，萧劲光向毛主席、朱总司令和军委领导报告了情况，提出了在青岛筹建海军基地和几所学校的设想，得到中央军委批准。6 月，朝鲜战争爆发，美国派第七舰队进驻台湾海峡，阻止解放军解放台湾。美国的军舰飞机在朝鲜半岛沿海耀武扬威，保卫黄海、渤海，保卫首都，成了海军建设最紧迫的任务，海军的战略重点便从东海海域移向中国北部海区。1950 年 9 月 9 日，海军青岛基地正式成立，机关驻地在青岛广西路 1 号。青岛，从此成为中国北部海防最为重要的城市。

青岛基地首先组建以海岸炮兵为主的防御力量，到 1950 年 12 月，建立了威海巡防区、烟台巡防区、长山列岛巡防区。1951 年 8 月 6 日至 26 日，海军领导机关在青岛召开了首届政治工作会议，中国人民解放军总司令员朱德和总政治部主任罗荣桓、副主任肖华到会并讲话。朱德在会上作了题为《建设海军，保卫海防》的讲话，指出："中国过去不是没有海军，但却没有真正的海防。今天我们有了人民的海军。它虽然建立不久，舰船不多，一切设备还不够完善，许多事情还需要从头做起，但却担负着保卫海防的光荣任务。"萧劲光在会上作了题为《以新的工作态度对待新的事物》的报告，提出了从陆军向海军转变的重要问题，强调各级领导"一切都要从头学起，从头做起"。

"从陆军向海军转变"，这话说到了点子上。既然是海军，不能光在海岸上架设大炮，要尽快发展水上力量。

其实在 1950 年 5 月，海军总部就在青岛成立了一支秘密的训练大队，准备组建中国第一支驱逐舰部队。本来计划从苏联购买几艘驱逐舰，但因为朝鲜战争突然爆发，国家将军费主要用于抗美援朝，购舰之事一拖再拖。直到 1953 年，中国政府才从极为紧张的国防经费中拨出 2 亿卢布专款，从苏联订购了 4 艘驱逐舰。这 4 艘驱逐舰都经历了第二次世界大战，即将退役，但每艘价格高达 6000 万卢布，当时相当于 17 吨黄金。这些驱逐舰的接收地是青岛，1954 年 10 月 26 日接收 2 艘，1955 年 6 月 28 日接收 2 艘，分别命名为"鞍山"舰（舷号 101）、"抚顺"舰（舷号 102）、"长春"舰（舷号 103）和"太原"舰（舷号 104）。自此，青岛海军基地有了中国第一支驱逐舰部队。虽然这 4 艘驱逐舰都是旧的，经过大修卖给了中国，但毕竟都是"大家伙"，排水量大，航速快，装备精良，被海军称为"四大金刚"。

1955 年 11 月，中央军委在辽东半岛举行陆海空大演习，"四大金刚"出动两尊。101 号驱逐舰作为海上编队的指挥舰，在大连的塔河湾海域迎来了中共中央、国务院、中央军委首长和外宾。19 响礼炮过后，国防部长彭德怀首先登舰。随后，在萧劲光等海军首长的陪同下，刘少奇、邓小平、叶剑英、贺龙、陈毅、刘伯承、徐向前、聂荣臻、罗瑞卿和各军兵种的首长也登上了旗舰。如此众多的领导人齐聚一舰，刚在 9 月 27 日被授衔的十大元帅来了六位，这在共和国军史上十分罕见。

这次大演习，海军出动轰炸机 98 架、驱逐舰 2 艘、登陆舰 4 艘、鱼雷快艇 36 艘、扫雷舰 10 艘、猎潜艇 6 艘、潜艇 8 艘、护卫舰 4 艘，几乎把家底都亮了出来。

1957 年 7 月，中共中央在青岛召开全国省委书记会议，毛泽东、周恩来等党和国家领导人都来了。海军司令员萧劲光来到毛主席的住处汇报工作，并请他检阅一下青岛的海军部队。毛主席立即答应，但因前一天在第二海水浴场游泳受寒感冒，医生不批准，就委托周恩来总理代他检阅。8 月 4 日，周恩来登上 101 舰，鼓励指战员们继续努力，为建设一支坚强的、足以自卫的海军力量，保卫祖国、保卫亚洲和世界和平而奋斗。接着他开始检阅，两架水上飞机滑行起飞，潜艇、猎潜艇、护卫艇等从 101 舰舰首一一驶过，海军航空兵的歼击机群和水雷轰炸机的编队，也先后飞过天空。整个阅兵式的"压轴节目"，是航空兵表演跳伞，一个个勇士从天而降。周恩来回来把检阅情况向毛主席作了汇报，毛主席十分高兴，安排时间接见了海军青岛基地大尉以上全体军官，并同大家合影留念。

建设人民海军，急需大量具有科学文化知识的人才。海军创建初期，一批军事院校在黄海岸边先后成立。1949 年 5 月，中央决定成立安东（今丹东）海军学校，邓兆祥舰长任校长，所有"重庆"号起义人员，一律到该校学习。这是新中国第一所人民海军学校。1949 年

11月，国家决定以安东海军学校为基础组建大连海军学校。1950年8月，海军快艇学校在青岛成立。同月，海岸炮兵学校在青岛正式成立，1952年9月迁驻烟台。1950年11月，在青岛沧口筹建的海军航空学校开学，1952年8月扩建为海军第一航空学校、第二航空学校。1952年7月，海军政治干部学校与海军后勤业务学校在青岛成立。1953年8月，海军潜艇学校在青岛成立。当时一个指导思想是"治军先治校"，譬如，先建海军航校，后建海军航空兵部队；先建潜艇学校，后建潜艇部队。这些学校培养的大批学员，毕业后成长为新中国海军的栋梁之材。这些学校，在后来的几十年间陆续扩升为多所高等军事院校。

1960年5月30日，中共中央决定，以青岛基地和1955年成立的旅顺基地为基础，组建海军北海舰队。同年8月1日，海军北海舰队正式成立。此前，已经成立了海军东海舰队、南海舰队。北海舰队主要担负南起连云港、北至鸭绿江的北半个中国海疆的防御重任，并重点扼守京津门户。

北海舰队是多支人民海军部队成长的"摇篮"。不仅包括新中国海军第一支潜艇部队、第一支驱逐舰部队、第一支水上飞机部队在内的多个种子部队，还组建了第一支岸防导弹部队、第一支核潜艇部队、第一支舰载机部队等多个拳头部队和"杀手锏"部队。尤其是第一支驱逐舰部队的"四大金刚"，在20世纪70年代前，一直是中国海军最先进、吨位最大的军舰，是全海军的精锐。

1958年9月4日，中国政府正式宣布，中国的领海宽度是12海里。但美国拒不承认，认为中国新的领海线影响了第七舰队的"航行自由"，多次派军舰与飞机进入中国领空领海。中国外交部一次次发出严正警告，但美国人置若罔闻。1962年4月12日，美军派出"狄海文"号驱逐舰对中国沿海进行侦察和挑衅，北海舰队派出"鞍山""长春"和"太原"号等3艘驱逐舰截击美国军舰。时任驱逐舰大队长的范豫康在出征前说："美国人以为我们软弱可欺，到我们家门口挑衅我们了。

我们也不是吃素的，给他们点颜色瞧瞧！"当美舰向中国领海驶来时，中国驱逐舰迅速迎敌，美舰见势，只好退却。但在公海上航行两天后，美舰突然高速切向中国领海线，中国军舰立即进入战斗准备状态，同时拉响战斗警报。我舰主炮瞄准"狄海文"号，炮弹入膛，随时准备开火。双方离得越来越近，但在最后关头，"狄海文"号猛然掉头，退到公海。这次对峙持续了七天，"狄海文"号最终驶离中国领海线边缘，掉头返回，3艘中国驱逐舰也胜利返航。这是中国海军第一次使用与美军性能相近的舰艇与其对抗。5月17日，美军"格里哥瑞"号驱逐舰从台湾基隆港起航，再次进入中国北海辖区。中国驱逐舰前去驱逐，美舰不得不悄然离去。这种情况，后来还发生过多次，中国海军一直没让美军的计谋得逞。

二战之后，美国、苏联等先后拥有了核潜艇。面对新中国遭受的核威胁、核讹诈，毛泽东主席发了狠话："核潜艇，一万年也要搞出来！"1958年6月29日，中共中央批准了聂荣臻《关于开展研制核动力潜艇的报告》。一大批科研人员集合起来，干惊天动地事，做隐姓埋名人。担任核潜艇研究室副总工程师、后来被誉为"核潜艇之父"的黄旭华，因为多年不回老家，引起亲人误会，他寄给父母的汇款也被退回。面对一无外援、二无经验的境地，黄旭华他们绞尽脑汁，费尽艰辛，陆续攻克了反应堆、水下通信等7项关键技术。1970年12月26日，我国第一艘鱼雷攻击型核潜艇终于成功下水。1974年8月1日，我国第一艘核潜艇被命名为"长征1号"，舷号为401，正式编入海军战斗序列。

1979年7—8月，中央军委副主席邓小平来到青岛海军水上机场，观看了海军水上飞机部队的训练表演，此后又去视察驻烟台的海军北海舰队部队。他乘坐105导弹驱逐舰自烟台出发，长途航行6个多小时，回到指挥所挥笔题词："建立一支强大具有现代战斗能力的海军！"

邓小平的题词内容，是中国海军的梦想，也是全体中国人的梦想。这个梦想，此后一步步成为现实。

1980 年 5 月 18 日，中国首次向南太平洋预定海域发射远程运载火箭，获得圆满成功。这是继原子弹、氢弹、导弹核武器研制和人造卫星发射成功后，我国在尖端科学技术领域取得的又一重大成就。中国海军担负了护航任务，其中有北海舰队的驱逐舰，而且是中国自己制造的。这次护航，跨越了 4 个台风生成地带，穿过了东西 50 多个经度，南北走过 40 多个纬度，中途不靠码头，来回 8000 多海里。

在国际海军界，近海防御型的海军只在离岸不远的浑浊水域转悠，叫作"黄水海军"；有远洋作战能力的，可以到湛蓝色的远海驰骋，叫作"蓝水海军"。中国人民海军创建之初只能在防区内转悠，当然是一支"黄水海军"。而这次护航充分证明，中国军舰已经具有了一定的远洋能力，向着成为"蓝水海军"的目标前进了一大步。

20 世纪 80 年代，人民海军乘着中国改革开放的春风迅速壮大，北海舰队捷报频传，青岛军港面貌一新。

1982 年 10 月 12 日，中国潜艇水下发射运载火箭取得圆满成功。那枚破浪而出的运载火箭，在碧海蓝天画出一道长长的弧线，吸引了全世界的目光。

1986 年 5 月 4 日，海军北海舰队组成多兵种、多舰种海上联合编队，浩浩荡荡，远航西北太平洋海域，历时 24 天，行程 4000 海里，首次在远海进行合同作战训练。这标志着人民海军的训练，已由近海近岸发展到远海。

1986 年 11 月 5 日，美国海军太平洋舰队总司令莱昂斯上将率领 3 艘主战舰艇访问青岛。这是自 1949 年美国军舰撤离中国后第一次出现在中国军港。1979 年，邓小平到美国进行了九天的正式访问，中美关系进一步改善，美国太平洋舰队来访，是向中国人表示友好。美军开了这个先例，此后不断有外国军舰来中国进行友好访问。

1987 年 12 月 24 日，我国首次舰载直升机试验在胶州湾取得成功，结束了我国战斗舰艇不能着落直升机的历史。

1988 年 9 月 27 日，我国向预定海域发射运载火箭试验全部结束。我国自行研制的核潜艇从水下发射的运载火箭，准确溅落在预定海域，整个试验获得圆满成功。继美、苏、法、英之后，中国成为第五个拥有核潜艇水下发射运载火箭技术的国家。

1988 年，中国海军博物馆在青岛鲁迅公园西侧开工建设，1989 年 10 月 1 日正式完工，馆内停泊着"鞍山"号、"鹰潭"号、"济南"号三艘退役舰艇。这是中国唯一全面反映中国海军发展历程的军事博物馆，建馆之后，馆藏文物不断增多，第一艘核潜艇"长征 1 号"也于 2016 年入驻。2021 年 6 月，新馆建成开放。与老馆相比，面积更大，内容更加丰富。

进入新世纪，中国海军更加威武，纵横万里海疆，勇闯远海大洋。具有标志性的一次行动，是 2002 年进行的首次环球航行。5 月 15 日，由我国自行设计制造的"青岛"号导弹驱逐舰等组成的海军舰艇编队从青岛起航，先后横跨印度洋、大西洋和太平洋，通过了举世闻名的苏伊士运河和巴拿马运河，远涉亚洲、非洲、欧洲、南美洲和大洋洲，航经 15 个海峡水道、22 个海或海湾、45 个群岛，6 次穿越赤道，圆满完成了对新加坡、埃及、土耳其等国的友好访问，开创了我海军对外交往史上航行时间最长、出访国家最多、航程最远、途经的陌生海域和航道及港口最多的纪录。9 月 23 日 9 时，圆满结束为期 132 天、总航程达 3.3 万余海里的远航，胜利返回青岛港。

2005 年 8 月 18 日至 25 日，中俄联合举行代号为"和平使命-2005"的军事演习。中俄双方派出陆、海、空军和空降兵、海军陆战队，以及保障部（分）队近万人，在俄罗斯海参崴和中国山东半岛东南海域、胶南琅琊台及潍北地区举行反恐演习。中俄两国邀请上海合作组织成员国国防部长、上海合作组织观察员国代表观摩。

2008 年 8 月，第 29 届夏季奥运会和残奥会在中国举行，其中的帆船比赛在青岛举行。北海舰队同时执行青岛、天津、秦皇岛 3 个方向的奥运安保任务，最终圆满完成。

2009 年 4 月 23 日，中国人民海军在青岛附近黄海海域举行海上阅兵，庆祝其成立 60 周年。受阅兵力包括舰艇 25 艘、飞机 31 架，受阅舰艇分为潜艇群、驱逐舰群、护卫舰群和导弹艇群，受阅飞机分为 9 个空中梯队。受阅武器装备全部为我国自行制造。这是中国第一次举办多国海军检阅活动，邀请俄罗斯、美国、印度、法国等 14 国 21 艘军舰参与阅兵仪式。

2012 年 2 月 27 日，海军第十一批护航编队从青岛某军港起航，奔赴亚丁湾、索马里海域执行护航任务。那里海盗猖獗，经常袭击商船、渔船，中国船只也多次受到威胁。因为索马里政府的邀请和联合国安理会第 1816 号决议的授权，中国决定自 2008 年 12 月开始，向索马里海域派遣海军舰艇实施护航。前几年的护航编队出自南海舰队和东海舰队，第十一批由北海舰队组织。编队由"青岛"号导弹驱逐舰、"烟台"号导弹护卫舰和"微山湖"号综合补给舰组成，编队含舰载直升机 2 架、特战队员 70 名，整个编队共 800 余人。编队 3 月 15 日抵达亚丁湾，共完成 43 批 184 艘船舶伴随护航任务，先后查证驱离可疑船只 58 批 126 艘次，解救遭海盗追击中外船舶 3 艘次，救治中外船员 4 人，确保了所有被护船舶、人员和编队自身百分之百安全。9 月 13 日，编队胜利返回青岛。

截至 2022 年 9 月，中国共派出海军护航编队四十二批，其中北海舰队先后有十三批。中国海军让亚丁湾、索马里海域这片世界上"最危险海域"重新成为"黄金航道"，用实际行动展现了中国军队的大国担当。

2012 年，中国人民解放军海军有了第一艘航空母舰。20 世纪 80年代后期苏联解体，航空母舰"瓦良格"号建造工程中断，完成度

68%。1995 年，"瓦良格"号正式退出俄罗斯海军的编制，俄罗斯以偿还债务为由送给了乌克兰。乌克兰打算卖给中国，但美国发出警告：若向中国出售，必须将舰载武器装备全部拆除，否则将采取经济制裁。乌克兰只好将"瓦良格"的舰载武器装备拆卸一空，除保留上层建筑，几乎成了一个空壳。1999 年，澳门一家"旅游有限责任公司"与乌克兰谈判，要买走"瓦良格"号航母，改造成一个大型海上综合旅游设施，乌克兰以 2000 万美元的价格出售。回国路上，这艘航母壳子经历千辛万苦，用了 627 天的时间，才在 2002 年 3 月 4 日抵达大连港。中国海军自 2005 年继续建造改进，2012 年 9 月 25 日更名为"辽宁"号，舷号为"16"，正式入列。这天，大连造船厂码头上的辽宁舰焕然一新，满旗高挂，近千名航母舰员在舷边分区列队，威风凛凛。2012 年 11 月 23 日，国产舰载机歼 -15 成功在辽宁舰起降，航母起飞指挥员的"航母 style"随之走红：右膝触地，左腿撑起，挥动右臂，顺势向舰首方向一指。一时间，全国无数人模仿这个动作，嘴里喊着"走你——"。

2013 年 2 月 27 日，辽宁舰首次靠泊青岛某军港。这又是黄海之滨的一件大事，标志着我国航母军港已具备靠泊保障能力。

中共十八大之后，习近平主席统揽全局、把握大势、擘画蓝图、亲力推动，开启了全面建成世界一流海军的新航程。他深刻指出："在新时代的征程上，在实现中华民族伟大复兴的奋斗中，建设强大的人民海军的任务从来没有像今天这样紧迫。""建设强大的现代化海军是建设世界一流军队的重要标志，是建设海洋强国的战略支撑，是实现中华民族伟大复兴中国梦的重要组成部分。"2013 年 8 月 28 日，习主席视察海军某舰载机综合试验训练基地，冒雨观看舰载战斗机滑跃起飞、阻拦着陆训练。当天，习主席还登上辽宁舰，叮嘱官兵们早日形成战斗力和保障力，为建设强大的人民海军作贡献。

此后，人民海军牢固树立战斗力这个唯一的根本的标准，大力纠治和平积弊，拓展深化军事斗争准备。航母编队等新型作战力量持续加强，一系列实战化演习演练活动成效显著，常态化组织舰艇编队、海军航空兵出岛链训练，常态化组织海上维权军事斗争，展示了寸土必争、寸海不让的坚定决心。与此同时，大国重器持续增加，远海防卫作战装备力量体系发展步伐加快，近海防御作战装备力量体系优化提高，两栖攻击装备力量体系不断增强。

2014年4月22日，海军首次承办的第14届西太平洋海军论坛年会在青岛举行，25个国家参加，会议通过了讨论达16年之久的《海上意外相遇规则》。23日，在青岛附近海域举行"海上合作–2014"多国海上联合演习，中国、巴基斯坦等8个国家参加。这次海上联合演习以海上搜救为主题，旨在进一步加强各国海军之间的深入交流和务实合作，提高各国海军遂行海上联合搜救任务的能力，为及时应对、处置海上突发问题打下牢固基础。

2017年4月26日，我国第一艘国产航空母舰在中国船舶重工集团公司大连造船厂下水，这标志着我国自主设计建造航空母舰取得重大阶段性成果，中国成为世界上为数不多的能够自行建造航母的国家。2019年12月17日下午，这艘航空母舰在海南三亚某军港交付海军。习近平主席出席交接入列仪式。经中央军委批准，我国第一艘国产航母命名为"中国人民解放军海军山东舰"，舷号为"17"，中国海军从此迈入双航母时代。

2018年4月12日，习近平主席在南海阅兵时，视察检阅辽宁舰航母编队和其他作战群编队，并发表重要讲话，发出"努力把人民海军全面建成世界一流海军"的伟大号召。6月11日，习主席视察指导北部战区海军，现场出题抽考正在训练的声纳兵，勉励大家把打赢本领搞过硬，锻造海上精兵劲旅。第二天，习主席又前往刘公岛，参观北洋海军炮台遗址、甲午战争博物馆陈列馆，强调要警钟长鸣，铭记历史教训。

2019 年 4 月 22 日至 25 日，中国人民解放军海军成立 70 周年多国海军活动在青岛及附近海空域正式举行。来自 61 个国家的海军代表团、来自 13 个国家的 18 艘舰艇远涉重洋，汇聚黄海，共贺中国海军华诞。担负检阅任务的西宁舰，按照海军最高礼仪悬挂代满旗，五星红旗、八一军旗迎风飘扬。61 个国家的海军代表团团长，身着盛装登舰。14 时 30 分许，检阅舰抵达阅兵海域。《分列式进行曲》在海天之间奏响，32 艘中国海军受阅舰艇编成潜艇群、驱逐舰群、护卫舰群、登陆舰群、辅助舰群和航母群，破浪驶来。空中，战机梯队呼啸飞过。国家主席、中央军委主席习近平站在检阅舰上，向他们频频挥手。

黄海滔滔，军威浩荡。这次海上大阅兵，展示了中国海军的阵容，让全世界看到，中国海军已经发展成为五大兵种齐全、核常兼备的战略性军种，中国正迈向建设海洋强国的崭新征程。

但是，中国坚定奉行防御性国防政策，倡导树立共同、综合、合作、可持续的新安全观。

中国人具有海纳百川、兼济天下的胸怀，无论发展到什么程度，永远不称霸，永远不搞扩张。

树欲静而风不止，太平洋上不太平。海洋的连通性、开放性、共享性，将人类社会连接成为一个环境共享、利益共融、命运相连的整体，同时也带来了需要各国共担的安全风险和共同责任。中国的和平崛起，让一些西方人无法接受，他们处心积虑，使出各种招数阻挠，中国海军只能进一步加快发展步伐，增强防御实力。

2022 年 6 月 17 日，我国完全自主设计建造的首艘弹射型航空母舰福建舰下水，舷号为"18"，人民海军航母进入三航母时代，随航战舰也越来越多，"带刀护卫"，气势如虹。与此同时，国产新一代战舰密集下水，中国制造的"钢铁洪流"更加壮观。

2022 年 4 月，又一艘 055 型万吨驱逐舰在黄海海域亮相，北海舰队四艘 055 驱逐舰集齐，舷号分别是"101""102""103""104"。这四个舷号，在上一辈驱逐舰退役 30 年后再次齐聚，延续了一种精神、一种情怀。"新四大金刚"的许多方面在国际上处于领先水平，它们全部集齐，北海舰队的战力必将更上一层楼。

海风呼啸，狂澜不息，人民海军正积极练兵备战，枕戈待旦，准备随时应对世界局势的风云变幻。

二　航运兴旺

我手机上有一个叫作"船讯网"的 APP，打开它，能看到全世界船只的实时位置，无论它们在海上还是在江河湖泊中。放大了看，船只显示为一个个小绿点儿；继续放大，便显示为一个个小三角。点击后有弹窗出现，告诉你这条船的船名、国籍、船首方向、航速、目的地、到达时间等信息。当然，也有船只没有相关信息，被告知"该船位来自卫星×××，您没有权限查看"。我不是任何一条船的船主，也不参与航运业务，但是很想了解人类在海洋上的活动，经常点开看上一会儿。

我看到，这些绿点儿在海洋中的分布并不均匀。我写"航运兴旺"这一节是在 2022 年 5 月 15 日，北京时间早上 6 点，船只密集的地方是东亚、西欧、墨西哥湾与阿拉伯海。也有一些本来热闹现在却空空荡荡的海域，那是亚速海，因为俄罗斯与乌克兰两国军队正在海的北岸相互厮杀。

绿点儿最为密集之处，当数中国沿海。如果将山东半岛、辽东半岛、朝鲜半岛与黄海、渤海调到合适大小，正好在手机屏幕上全部显示，就会看到，中国沿海到处泛绿，海面上绿点儿密集，而成山头到长江口这儿，仿佛挂着一道绿色瀑布！

这幅画面让我震撼。要知道，黄、渤海休渔期从 5 月 1 日开始，渔船早就停到岸边，只有一些养殖船出海，在海上航行的有少数客船，绝大多数都是货船。这时，新冠疫情还在中国的许多地方闹腾，黄海上的航运竟然如此兴旺！

人类通过水路去往某地或运输货物，是一种经久而普遍的行为。15 世纪以来航运业的蓬勃发展，更是极大地改变了人类社会与海上景观。进入当代，海运因为成本低廉，在国际货物运输中更是被广泛运用。

中华人民共和国成立之初，海上运输业很不发达。因为国家经济落后，长期遭受战乱，大多数港口还处于原始状态，连个像样的码头都没有。一些大的港口也萧条不堪，船货无几，黄海西岸几个有代表性的港口，都是这种状态。1949 年，青岛港的吞吐量只有 72 万吨，烟台港只有 4.7 万吨，连云港只有 5.6 万吨。

20 世纪五六十年代，一些西方国家对华实行海上封锁，加上我国经济发展以内地为主，交通运输以铁路为主，海运事业发展缓慢。那时的港口，码头少，机械少，装卸货物起初以人力为主，肩扛大包、脚踩踏板，依然是好多码头工人的形象。有的港口因为没有深水码头，大船只能停泊在港口之外，靠小船一趟趟过驳。如烟台港，1954 年建成西码头，才解决了这个问题。

那时，海上货运量小，客运量却大。由于铁路、公路稀少，路况不好，坐飞机是老百姓做梦都不敢想的事情，好多人出行便选择坐船。黄海沿岸的大港小港，几乎都有客运业务。如青岛港，除了大港至天津、大连、安东、烟台、连云港、上海的航线，还有小港至黄岛、薛家岛、贡口、响水口、张家埠、乳山口、石岛、威海、俚岛、红石崖、大石头、王家滩、石臼、涛雒、岚山头等地方的航线。"小火轮"每到一个港湾，都是停在深水里，上下乘客靠小舢板运送。

日照老作家邓撰相当年就坐过这种船，他回忆说："靠近小客轮之后，驳船上两个彪形大汉就一人架着一个旅客的胳臂，像老鹰抓小鸡一样，将我们揪到船上。"青岛港是黄海西岸最大的客运中枢，建国初期也没有专用客运码头。1952 年在大港入口处建了只容纳 300 人的客运站，离码头有 1000 米左右，人们上船需要从货运码头堆放的货物中穿行。

那时还有好多山东人"闯关东"。有的是自主行动，有的是在国家统一组织之下去开发北大荒等地，加上从前闯关东的人回乡探亲，坐船来往于山东半岛与辽东半岛之间的乘客数量很大，烟台至大连的航线十分繁忙。好多老乘客都记得跑这条航线的"工农兵"号，记得 3.1 元一张的五等舱船票，记得乘客们从烟台买了一袋袋白面做的"火烧"（那时候东北缺细粮）扛着上船的情景。

进入 70 年代，我国对外贸易扩大，海运量增长，全国港口通过能力严重不足。有些港口码头小，水又浅，只好采取"拉抽屉式"装卸服务：潮水涨了，让船进去，突击作业；潮水将退，让船开走，等待下一波潮水。加之缺乏设备，多是用人工，装完或卸完一条船要费好长时间。一些外国货船来后，因为压船压货，对中国港口的设施与效率十分不满。

1973 年，周恩来总理在听取国务院港口建设工作汇报时得知这些情况，作出"三年改变港口面貌"的重要指示。从那时起，全国掀起了港口建设热潮，在港口建设史上称为"三年大会战"，黄海西岸的多个港口变了模样。青岛港，1974 年开工建设 8 号码头；1975 年建成 6 号码头，结束了青岛港没有客运泊位的历史；1977 年建成客运站，可容纳 4000 余名旅客。烟台港，这期间增加了 3 个万吨级泊位，3 个中级泊位。大连港，1976 年建成我国第一座现代化的 10 万吨级深水油码头——大连鲇鱼湾原油码头。连云港，码头泊位数由 1972 年的 2 个，增加到 1978 年的 8 个，其中万吨级以上码头泊位从无到有达到 4 个。

中共十一届三中全会召开，国家实行改革开放，港口发展进入黄金时代。黄海西岸的一个个大港，成为国家经济大盘上的一个个亮点。让我们聚焦几个在全中国和全世界排名靠前的大港口，看它们是如何在这 40 多年迅速崛起的。

青岛港

改革开放之后，青岛港最大的变化是跨海西移，在胶州湾西岸建设新的港区。1983 年，中国第一座 20 万吨级原油输出码头——前湾一期工程开工，1988 年建成。1990 年，前湾一期工程两个 2 万吨级杂货泊位简易投产。与此同时，老港区的升级改造也取得重大成果，1985 年底建成中国当时最大的杂货码头——8 号码头，拥有 2 万—5 万吨级泊位 8 个，其中有集装箱作业专用泊位。因为陆路变得畅通，青岛港的地方客运相继停航，只剩下至黄岛至薛家岛的航线。1987 年，青岛至黄岛轮渡工程全部竣工，成为跨越胶州湾的通道，至今还在运营。1990 年，青岛港吞吐量达到 3034 万吨，居全国海港第四位。此后，前湾二期工程和 20 万吨级矿石码头等项目相继竣工投产。

进入新世纪，青岛港更是突飞猛进。大港港区、黄岛油港区、前湾港区、董家口港区，在胶州湾两边绵延数 10 公里，集装箱、原油、铁矿石、煤炭、粮食、工业产品、建筑材料等各类货物在这里或进或出。2001 年青岛港吞吐量首次越过亿吨门槛，2021 年达到 63029 万吨，其竞争力在新华社发布的《国际航运枢纽竞争力指数——东北亚报告》中位居东北亚地区 17 个代表性样本港口首位。

青岛港人讲，"世界上有多大的船，青岛港就有多大的码头"，此言不虚。2013 年在董家口港区建成的 40 万吨矿石接卸码头，创造了五个世界之最：世界最大的码头、最深的码头水深、最先进的环保系统、最先进的信息化操作系统、最大的岸桥。世界上最大的矿石运输船是 40 万吨级，自 2015 年 7 月起，经常有这个等级的大船在此直接靠泊，卸下来自巴西、澳大利亚等国的铁矿粉，至 2021 年底超过 220 条。2022 年春节期间，竟然有 11 条 40 万吨级大船靠泊董家口港区，占全球 40 万吨级大船总数的近 20%。青岛港的集装箱运输也举世闻名，拥有集装箱航线超过 170 条，航线密度稳居中国北方港口第一位；2021 年集装箱吞吐量达 2370 万标准箱，居世界港口第六。

青岛港是"一带一路"的重要节点，海上航线、陆海联运通往全球许多国家。2022 年 9 月 1 日，一条消息被刷屏：中车青岛基地生产的首批高铁动车组和综合检测列车从青岛港"打包"装船，经 11 天航行顺利抵达印尼雅加达港。这些高铁动车组很快会在雅万高速铁路上风驰电掣，让这个"一带一路"的标志性项目顺利建成。

青岛港还是建设"智慧港口"的标杆。2013 年青岛港国际股份有限公司副总经理张连钢担起建设自动化码头的重任，他带领团队成员先后奔赴荷兰、英国、德国、西班牙"取经"，国外同行却不准他们下车不准拍照，只能远远观望，更不提供任何数据和技术规范，只开出天价让青岛港购买相关技术。连钢团队回来后发愤图强，自主创新，很快拿出了具有"中国大脑"的自动化码头设计方案。他们攻克了 10 多项世界性技术难题，用 3 年走完了国外常规 8 至 10 年的路，成本也远远低于国外同类码头。2017 年 5 月，青岛港全自动化集装箱码头一期 2 个泊位投入运营，为亚洲首个全自动化集装箱码头。在青岛港前湾港区，码头和堆场上不见人影，只见十几台蓝色自动化桥吊如巨大的变形金刚一样，从巨轮上或装或卸集装箱。一台台高速轨道吊在堆场上往来穿梭，自动导引车流转有序，一个个集装箱被轻巧抓起、精准堆码。桥吊单机作业效率，也一次次刷新自动化码头的装卸世界纪录。2019 年 11 月，全自动化集装箱码头二期 2 个泊位投入运营。

2020 年 12 月 30 日，中宣部授予山东港口集团青岛港"连钢创新团队"时代楷模称号。2021 年 6 月 29 日，青岛港又建成全球首个智能空中轨道集疏运系统，做到了集装箱的空中运输，港区交通由单一平面升级为立体互联。

日照港

日照港原来叫石臼港，20 世纪 80 世代初由一个渔港变成了现代化大港。巨变的契机来自国务院在 1977 年作出的一个决定：为满足北煤南运和煤炭出口的需要，适应国际远洋散货船舶大型化趋势，在鲁南苏北海岸建设深水煤炭专用码头。在选址上，决策者举棋不定。当时在山东省建委工作的刘炳寅曾参与黄岛两个万吨级油码头的修建，对鲁南沿海情况熟悉，就提出建议，说日照的自然条件好，距离兖州煤矿近，可以考虑在那里设立港口。山东省有关部门采纳了这一建议，1978 年 3 月组织了 600 多人的专业勘测队伍，对日照县百公里海岸线进行全面勘测，两个月后正式向中央申请，建议在石臼港建设煤炭输出港。可是，这个建议迟迟得不到回复，海洋大学副教授侯国本和中科院海洋研究所的王涛联合上书国家主席李先念，建议在日照海域建港。1979 年 4 月，交通运输部等七部委召集 80 多位专家，对港口选址进行调查论证，超过半数的专家认为，石臼是难得的优良深水港址，陆域广、腹地大，很有发展前途。1980 年 3 月，国家计划委员会批复山东省编报的《石臼港设计任务书》，同意建设煤码头一期工程两个 10 万吨级泊位，设计年吞吐能力 1500 万吨，投资 7 亿元人民币，列入"六五"计划国家重点建设项目。当时 45 岁的刘炳寅，被任命为石臼港建设指挥部副指挥长。

1986 年 5 月 20 日，石臼港通过国家级验收。当时的港口设施，主要是一架长达 1141 米的钢铁栈桥，直插海中，十分壮观。内地生产的煤炭，通过与大港同时修建的兖石铁路运来，在此通过传送带装船外运。石臼港，作为国家能源运输大格局的重要棋子，郑重嵌入国家港口版图。担任石臼港务局第一任局长的刘炳寅深知，靠单一的煤码头只是有一时的"铁饭碗"，要使港口迅速发展，"找米下锅"才是长久之计，就利用第一期煤码头工程节余款建设了一个万吨级杂货码头。开港仅仅三年，石臼港吞吐量跃居全国沿海港口第十，成为全国第二大煤炭输出港。

日照市因港而立，依港而兴。1989 年 6 月 12 日，经国务院批准，日照由县级市升格为地级市。为便于港城一体、协调发展，1992 年 5 月 1 日，石臼港更名为日照港。

我在 1992 年秋天采访过刘炳寅局长。他带我来到栈桥码头上，讲了建港过程之后，向西边波光粼粼的港湾一指："以后，这里要建满码头。"我当时不相信，觉得不可能。然而 30 年下去，他的预言成为现实。经过几代人的努力，这个港湾从东到西，再从西往南，陆续建起铁矿石、原木、木片、大豆、集装箱等专用码头和一个个杂货码头。2019 年，日照港又实施"东煤南移"工程，将大宗散货和煤炭作业从东作业区搬迁至离城区较远的南作业区。

建港以来，日照港"闯"字当头，敢于竞争，硬是在夹缝中闯出了发展之路，由一个从荒滩上起步的煤炭输出港，成长为集航运、铁路、公路、管道等多种运输方式，大进大出、高效便捷的综合运输枢纽。2021 年，日照港建成全球首个顺岸开放式全自动化集装箱码头，以"远控岸桥、自动化轨道吊、无人集卡"为基本布局实现了自动化轨道吊"少跑路"、集卡车在堆场"自由行"，单箱综合能耗降低 50%，为全球港口提供了传统码头改造升级为全自动化集装箱码头的"中国样本"。2021 年，日照港吞吐量达到 54117 万吨。

烟台港

早在 1861 年开埠的山东第一港，1978 年以来进入新的黄金期。为适应山东半岛与辽东半岛的人员来往与货物运输日益增多的新态势，烟台港先后完成对 1 号泊位和南岸壁客运码头的改造，建成 13 号客运泊位，1989 年又建成烟台至大连客滚船码头。1996 年，启用烟台港国际客运站旅检厅，建成了烟台至大连汽车轮渡码头。与此同时，烟台港一、二、三期建设工程被列为国家重点项目，从 1990 年到 2004 年陆续建成，让烟台港泊位增加到 49 个，其中万吨级以上泊位 23 个。2007 年，烟台港货物吞吐量突破 1 亿吨大关。

近年来，烟台港进一步发展壮大，经山东港口整合，芝罘湾港区、西港区、蓬莱港区、龙口港区、莱州港区贝联珠贯。最引人瞩目的是，西港区建成了世界最大的 40 万吨级深水泊位，2020 年 7 月获得 40 万吨级船舶靠泊资质，其集约化组合系统堪称世界上能力等级和自动化程度最高。另外，这里还有 30 万吨级原油码头、360 万立方仓储罐区、560 公里烟台—淄博输油管线等核心能力项目，建立起能源进口、矿石混配、铝矾土全程物流、集装箱中转、化肥和商品车等现代物流体系。2021 年，烟台港吞吐量达到 42337 万吨，居全国第十。

2021 年 12 月 22 日，全球首个专业化干散货全自动码头在烟台港投用。烟台港铝矾土年吞吐量超亿吨，居全球第一，但干散货作业环境恶劣、劳动强度大、劳动力成本高。由烟台港自主研发的干散货专业化码头全流程全自动控制系统，实现了"抓料卸船、取料装船、堆取料混配、取料装车"的全流程自动化，成功实现了 5 项前沿技术的全球首创应用，为世界港口贡献了更智能、更安全、更高效的"中国方案"。我在这里参观时看到，工作人员不用到现场，坐在操控室里手握鼠标眼盯屏幕，简直就像玩游戏一样。

我在烟台港还看到，芝罘湾港区停着大片大片等待装船外运的小汽车，十分惊奇。想不到，烟台港"把商品车当旅客"，2021 年外贸商品车发运量达到 151542 辆，已成为全国第三大商品车外贸出口口岸。这些车来自全国各地汽车生产厂家，连韩国、日本生产的商品车也有好多到这里转运。2022 年上半年，烟台港外贸商品车本港出口、国际转运等合计发运量 10.8 万辆，较去年同期增长 58.8%。

烟台港的客运业务也是节节攀升，有烟台至大连、旅顺、韩国仁川和平泽等客货滚装航线，年旅客运量 400 多万人次，汽车滚装运输量达 100 万辆。

160 年栉风沐雨，160 年物流昌达，160 年生生不息，烟台港正继往开来，再续风华。

山东省濒临黄、渤两海，港口很多，但前些年同质化发展突出，恶性竞争严重。许多船运公司来山东询价时，先与甲港议价，又拿着甲港的折扣价去压乙港，再用乙港的底价压丙港……一圈下来，各港口争相降价，拼得头破血流。有鉴于此，也为了进一步发展临港产业和高端港航服务业，山东省政府整合沿海港口资源，于 2019 年 8 月 6 日成立山东省港口集团有限公司。集团总部位于青岛，拥有青岛港集团（包括威海港区）、日照港集团、烟台港集团、渤海湾港集团四大港口集团，青岛港、日照港、日照港裕廊三家上市公司以及 12 个板块集团。集团成立两年后，形成了"以青岛港为龙头，日照港、烟台港为两翼，渤海湾港为延展，各板块集团为支撑，众多内陆港为依托"的一体化协同发展格局，逐步界定了各港口在不同货种上的主辅定位，错茬协作，建立起内部经营上的有序性。目前，山东省港口集团共有 21 个主要港区、330 余个生产性泊位、310 余条集装箱航线。2021 年货物吞吐量突破 15 亿吨，集装箱量突破 3400 万标箱，稳居全球第一、第三位，正朝着建设世界一流海洋港口的方向加速前进，"港通四海、陆联八方、口碑天下、辉映全球"的发展愿景正在实现。

大连港

100 多年来，大连港经历了英占、俄占、日占及苏联管理等沧桑岁月，1951 年苏联将大连移交中国，大连港从此掀开了新的历史篇章。1976 年，大连港在鲇鱼湾建成中国第一座大型原油出口码头，拉开了大规模发展建设的序幕。接下来，重点扩建了香炉礁港区、开辟了和尚岛和大窑湾深水港区。1993 年 7 月 2 日大窑湾港区开港，是大连港发展史上的新纪元，对大连新市区的形成与发展具有划时代意义。2000 年 12 月，大窑湾港区一期工程全部完工，共建成 10 个泊位，其中集装箱泊位 5 个，散杂货泊位 4 个，散粮泊位 1 个。2001 年，大连港货物吞吐量首次突破 1 亿吨，进入中国 7 个亿吨大港的行列。

大连港的客运量也不断增加。1980 年年底，新建的大连港客运站全面竣工，1991 年又进一步扩建，拥有 2 个国内候船厅、1 个国际候船厅。大港区有专用客运泊位 12 个，其中可靠大型滚装客轮的码头泊位 7 个，开通了许多条国内、国际客货班轮航线，旅客进出港每天最高可达 2 万人次，滚装车辆进出港最高可达 1000 辆。

2003 年，党中央、国务院实施东北地区等老工业基地的振兴战略，提出把大连建成东北亚重要的国际航运中心。大连港进入新一轮港口基础设施建设的热潮期，又完成 30 万吨级原油码头、30 万吨级矿石码头、大窑湾二期集装箱码头、新港总体改扩建和 60 万方油罐 5 个重点项目。2005 年 11 月，大连港集团荣膺 5 项"中国企业新纪录"：国内最大的 30 万吨级矿石码头，生产能力最高的矿石码头卸船机，装车效率最高的矿石码头装车楼，国内最大的 30 万吨级原油码头，自有油品储罐储量最大的港口。也就在 2005 年，大连港老港区开始搬迁改造，用两年多时间完成，随后建起一座"老码头史迹馆"，记录、展示这座大港的沧桑岁月。

2019 年，大连港拥有集装箱、原油、成品油、散矿、粮食、煤炭、滚装等现代化专业泊位 100 多个，包括大港、香炉礁、大连湾、大窑湾四大区域。2020 年 1 月 19 日，大连集装箱码头智能堆场上线运行，成为东北首个自动化集装箱堆场。2021 年，大连港新增外贸航线 5 条，远洋干线加挂 20 艘次，集装箱航线达 98 条。客运方面，已开辟大连至烟台、威海、蓬莱、东营、天津及长海县诸岛等国内航线和大连至韩国仁川的国际航线，每天进出港航班 25—28 个，年旅客接送能力 600 万人次。2021 年，大连港吞吐量达到 31553 万吨。

2022 年年初，"中港网"网站和"微港口"微信公众号联袂评选出"2021 年中国港口十大新闻"，第一条是"大连港换股吸收合并营口港，辽港股份挂牌成立"。这条新闻的背景是：2019 年 1 月 4 日，招商局集团、大连港、营口港三强联合，辽宁港口集团挂牌成立。"2021 年中国港口十大新闻"的评选者点评："大连港换股吸收合并营口港，系国内港口行业首个上市公司换股吸收合并项目，在资本市场层面为港口深度整合探索了一条新路，同时也是进一步深化推进国有企业改革、实现辽宁港口深度融合、一体化运作的重大举措。"

连云港港

1933 年，连云港港因陇海铁路东端寻找最便捷的出海口而诞生，一直是江苏省最大的海港。1984 年，连云港与青岛、烟台一起被列为全国首批 14 个沿海开放城市，港口进入快速发展时期。1985 年，连云港港有生产泊位 9 个，其中 1 万吨级以上泊位 5 个；完成货物吞吐量 929 万吨，其中外贸货物 523 万吨，主要货种为煤炭。1986 年，集装箱业务开办。1992 年 12 月 1 日，"东风 1808"号列车从集装箱码头鸣笛出发，一路向西，驶向遥远的中亚、欧洲，标志着新亚欧大陆桥正式开通运营。

2008 年，国家批复连云港港口总体规划，让这个老港实现了精彩蝶变。至 2012 年，形成以连云港区为主体、以赣榆港区为北翼、以徐圩和灌河港区为南翼的"一体两翼"组合大港布局。

在"一带一路"建设中，连云港走在了头里。从这里开行的中亚班列直达阿拉木图、努尔苏丹、塔什干、阿拉梅金等主要站点，中欧班列开行至土耳其等黑海沿岸国家以及波兰、德国等国，并形成了海铁、空铁、全程铁路等创新物流模式。2019 年 9 月 10 日，"一带一路"国际港航合作论坛在连云港市举行，许多国内外港航物流企业参加了论坛，来此寻求更为广阔的合作空间。连云港港已与 160 多个国家和地区的港口建立通航关系，辟有至欧洲、美洲、中东、东北亚、东南亚等集装箱和货运班轮航线 40 多条。

如今的连云港港，拥有万吨级以上泊位 70 多个，已经成为大中小泊位配套、内外贸并重、货客运兼顾、运输功能齐全、多式联运发达的综合性国际化港口，并打造出了铁矿石、红土镍矿、机械设备、氧化铝、有色矿、化肥、粮食、胶合板等一批货运品牌。2021 年，吞吐量达到 26918 万吨。

2007 年 4 月 26 日，连云港港口股份有限公司在上海证券交易所鸣锣上市，股票名称"连云港"。2022 年 3 月 11 日，连云港（601008）披露定增预案，拟非公开发行 3.72 亿股，发行对象为上港集团，后者以现金方式认购。发行完成后，上港集团将持有公司 5% 以上股份。通过定增，连云港和上港集团实现战略合作，双方将以资本为纽带，实现长三角区域港口资源的战略重组，推动长三角港口协同发展；以连云港港为合作平台，引入上港集团作为战略投资者，整合港口资产，实现优势互补，以提高港口资源的科学开发利用水平，助力连云港未来发展。

2022 年 3 月，上海国际航运研究中心发布了《2021 年全球港口发展报告》。在前 50 大港口中，中国占 28 个席位（包括中国香港）。排名前十的港口分别是宁波舟山港、上海港、唐山港、青岛港、广州港、新加坡港、苏州港、黑德兰港、日照港、天津港。大连港为第17位，连云港港为第23位。

从国家交通运输部发布的数据看，2021年全国货物吞吐量排名前十的港口分别为：宁波舟山港、上海港、唐山港、广州港、青岛港、苏州港、日照港、天津港、烟台港、北部湾港。大连港为第13位，连云港港为第18位。

从这两个榜单可以看出，青岛、日照、烟台、大连、连云港这五个大港，在中国与世界航运格局中都占了很大分量。

其实，黄海西岸还有许多国营和民营的中小港口，吞吐量加起来也是一个很大的数字。

"吞吐"二字，非常形象。这些海港，何以有这么大的胃口？从根本上来说，因为中国经济规模急剧扩大，全球化背景下的国际贸易活动日益频繁，中国已成为世界第一贸易大国；再加上中国领导人提出"一带一路"合作倡议，对外经济合作日新月异，所以才有那么多的货物需要吞进，有那么多的货物需要吐出。

黄海，在这个大吞大吐的航运新时代，承载重任，气象非凡。

三　捕捞升级

20世纪50年代末，大连的獐子岛上出了个"海上花木兰"。

她叫文淑珍，前辈闯关东，从山东到此定居，1939年生下了她。文淑珍小时候父母双亡，15岁时就在岛上的鱼干加工厂干活，后来跟着一个老船长出海打鱼。这在当时引起非议，因为按照渔家规矩，女人不能上船。但文淑珍受新社会观念影响，破除迷信，认为男人能干的，女人也能干。船老板有两条船，文淑珍在头船干了两年，学会了看指南针，看海图，熟练掌握了捕鱼的技术活儿。1958年，19岁的文淑珍与另外三个女青年要求一起出海打鱼。经公社党委批准，四位姑娘同驾一条船，像男人一样战天斗海，乘风破浪。黄海之上，破天荒地出现了女子渔船。

刚开始，她们用的是木帆船，靠风力和人力驱动，文淑珍要和同伴们摇橹控帆，十分辛苦。1960年，她们改用机器船，文淑珍学会了操作，成为全国第一条"三八"号渔船的首任船长。她们不只在近海作业，还远征舟山群岛、吕四洋，多次夺得全省机帆船捕鱼产量第一名的成绩。有一次，"三八"号渔船航行到山东烟台，海事部门听说船上都是女同志，就写了一篇消息刊登在《海讯喜报》上，赞誉文淑珍是"海上花木兰"，从此这个美名传遍全国。文淑珍后来多次被评为全国、省、市劳动模范，1959年出席了全国群英会，并参加国庆十周年观礼，在天安门城楼上和毛主席握了手。

与文淑珍一同参加这次国庆十周年观礼活动的，还有来自黄海之滨的另一位船长。他叫柴立清，1915年出生在日照县岚山公社官草汪村。因为出身贫苦，柴立清16岁就到别人的船上当小伙计，挣点儿鱼货糊口。他聪明能干，爱动脑筋，熟练地掌握了驾船和捕鱼技术，能灵活果断地应对海上险情，22岁就当了船老大。新中国成立后，渔业实行集体化，他当选为官草汪大队第七生产队队长，仍然担任一条木帆船的船老大。他整天琢磨怎样才能多打鱼，创造了兼作轮作的生产经验。别人下坛网，只管每天按时起网，他却在等待潮水的6个小时里，带领本船的人用钓钩钓鱼。他一年出海多达250天，创造了单船年捕鱼5.1万斤的成绩，为全社平均单产的1.6倍，被县委、县人委命名为"英雄船"。所以，他被选为中国渔民的优秀代表，出席了1958年12月召开的全国农业社会主义建设先进单位代表大会。他到北京友谊宾馆报到时，提着一个木盒子，上面用毛笔写着"献给毛主席的西施舌"，落款是"山东省日照县人民"。工作人员搞不懂什么是西施舌，柴立清就打开盒子，指着里面放着的大蛤蜊向他解释，这是日照产的一种珍贵海蛤，因为它的斧足扁长如舌，被人称作"西施舌"。从北京回来，他捕鱼的干劲更大，第二年用 9 个月时间捕鱼 4.8 万斤，为全社平均单产的 2.2 倍。这年秋天，他应邀参加国庆十周年观光活动，满怀激动地站到了天安门广场的视礼台上。

新中国成立初期，一穷二白、百废待兴。渔业生产也十分落后，中国水产品年总产量只有 45 万吨，人均占有量仅有 0.8 公斤，相当于每人平均一年才能吃上一条鱼。1950 年 2 月，国家召开第一届全国渔业会议，对恢复渔业生产作出部署。几年后，沿海纷纷成立渔业合作社，在人民公社体制下进入新中国渔业生产的特殊阶段。那时黄海西部的渔船绝大多数是木帆船，但渔民的精神面貌焕然一新，渔业生产力得到了极大释放，"夺高产、创丰收"成为响遍沿海的一句口号。文淑珍、柴立清等人，便是那个年代百万渔民的杰出代表。

那时，海里的鱼特别多。我听老渔民讲，一下水，两腿就感觉到鱼虾乱窜；有时候"烂船钉"（鳀鱼）成群游过，让鲅鱼追赶，海面上的景象就像下大雨一样；家中来了客人，端着盆子提着桶，到海边收拾一阵子，回来就有了上桌的菜。我听渔业重镇岚山头的一位朋友说，1955 年春天，岚山头曾经一天上岸 55 万斤鸡鱼（马面鲀），把几条街道两边都堆满了，可惜运不出去，加工也来不及，最后只好让附近的农业村运走，沤作"腥肥"喂了庄稼。

那个年代，每当鱼汛来临，黄海西部的渔场都是船只麋集，穿梭拉网，渔获量很大。等到名贵鱼种出现，更是从天南地北引来一支支捕捞船队。最热闹的当数黄海南部的吕四洋，每年春分到立夏，体色金黄的小黄鱼到此产卵。这种鱼能用鳔发声，在生殖期会发出"咯咯"的声音，鱼群密集时声音如水沸声，如松涛声。江苏、浙江、上海、山东、福建的许多渔民都赶到这里捕捞，最多的年份能有 5000 多艘船。

1959 年春汛期间，吕四洋却发生了一次特大海难，遇难者多是舟山渔民。那年年初，浙江舟山地委要求舟山渔业春汛要完成捕鱼 150 万担，力争 200 万担，掀起一场 "争时间、抢潮水、攻暴头、捕暴尾" 的春汛千担小黄鱼擂台赛。4 月 7 日，普陀区举行 "北征誓师大会"，长达数公里的港湾里桅樯林立。大会结束，这支捕鱼大军浩浩荡荡开向北方的吕四洋。但是，好多舟山的船老大不熟悉吕四洋海况，舟山的尖底渔船也不适应吕四洋里沙岭遍布的情况。他们到达吕四渔场后，4 月 10 日这天半夜刮起了大风，第二天凌晨越刮越猛，从 8 级到了 10 级以上。木帆船无力靠岸，只能随风漂流。漂到那些沙岭上，好多船搁浅、倾斜，很快被巨浪击碎，渔民纷纷落水身亡。虽然政府与海军、空军都组织救援，共救出渔民 650 人，但还是损失巨大。事后统计，浙江翻船 119 艘，死亡渔民 1300 多人；福建翻船 6 艘，死亡 300 人左右；上海翻船 2 艘，死亡 6 人；江苏翻船 5 艘，死亡 29 人。这是中国当代渔业史上最为严重的一次海难。周恩来总理得知此事十分沉痛，1960 年 4 月建议并批准水产部建造一艘排水量在千吨以上的渔业生产指导船，分配给舟山渔场指挥部。该船取名为 "海星 601"，含海上救星之意。

据《江苏海洋渔业史》一书中的资料，1959 年到吕四洋捕鱼的共 4918 艘渔船，没有一艘是机器船。在大风大浪中死那么多人，也有木帆船抗风能力差的原因。但黄海西岸的机动渔船很早就有。1905 年，考中状元后办实业的南通人张謇就购置了蒸汽机拖网渔轮一艘，定名为 "福海号"，开创了我国利用机轮从事渔业生产的历史。1921 年，烟台政记公司 "水利轮" 买办辛作亭等人筹资，从日本下关购进单汽缸 30 马力渔轮两艘，定名 "富海" "贵海"，这是山东最早的机动渔船。在北方的旅大地区，日本移民从 1918 年就开始使用机动船捕鱼，渔场扩大至渤海、黄海乃至东海。新中国成立后，各地国营水产公司和条件好的渔村陆续装备了国产机动渔轮，一些木壳渔船也改装成 40 马力、

60 马力机帆船。这种机帆船当时在长岛、威海、荣成有一些，但渔民没有掌握好操作技术和管理经验，网具也不配套，经济效益不好，有的甚至亏本，渔民称其为"饥荒船"。

　　进入 60 年代，机动渔船开始增多。70 年代，群众渔业的机帆船向小型渔轮演进，船的动力由 80 马力渐渐增加到几百马力。有的地方还制造过钢丝网水泥船，但因为船体自重过大被淘汰。80 年代，渔业集体化终结，先是分船分组实行联产责任制，继而实行"大包干"。再后来，挣到大钱的人单独或与他人合伙置船，机动渔船数量骤增。有资料显示，1979 年往后的 10 年间，我国钢质海洋捕捞渔船发展到近 10 万艘，海洋捕捞总产量达到 1000 万吨。从 1989 年起，我国水产品产量跃居世界第一位（包括海水、淡水捕捞和养殖产量）。

　　与此同时，渔具也更新换代，网具材料逐步实现了合成纤维化，不再使用棉、麻纤维，一些新式网具也不断研发成功并广泛应用，提高了捕捞效能。与机动渔船的盛行相匹配的，还有现代航海仪器和驾船技术的普及。传统的捕鱼方式全凭经验的积累，一个优秀船老大的养成要用很长时间，而现代航海主要靠助渔、助航仪器和电讯设备，年轻人通过专业学校培养或短期培训即可胜任。于是，老一代渔人渐渐让出渔船的指挥位置，"船老大"的称谓也被"船长"替代。

　　这是一个划时代的转变。中国沿海的非机动渔船消失，自古以来漂荡在海上的翩翩帆影再也不见。

　　2021 年的最后一天，我参加日照日报社在"日照海洋美学馆"举办的新年诗会，看到展厅里有一双大橹，很长很重，通身黝黑，分明是被汗水与海水浸泡了多年。我深有感触，随口诌了一首诗在诗会上朗诵：

　　　　一双大橹，躺在海洋美学馆的角落
　　　　身下，是一条比它还要短的舢板

舴艋舟，载不动李清照的愁
小舢板，载不动大橹的过往

它曾是水手延展的胳膊
是大船长出的翅膀
劈波斩浪，欸乃声声
追逐大洋中的鱼群
造访海岸线上的商埠
抬头仰望，
见桅杆高耸，帆篷如云
日月星辰，交相辉映
它频频洒下
激动的水滴与泪滴
每当顺风顺水
大橹到甲板上歇息
听船老大眉飞色舞讲航海奇遇
听水手们扯开嗓门唱"满江红"
它把故事与旋律深深刻进木纹

有一天，回到出发的港口
船老大和水手们全都喝高
大橹也闻着酒香双双醉倒
一觉醒来
不知被谁扛到了海洋美学馆
从此以后
只能用醉人的褐色
与淡淡的咸味儿

讲述自己的经历和荣光

窗外涛声传来

它跃跃欲动

周身鼓胀着渴望

20世纪80年代，许多沿海渔民置办了新的船具，意欲展身手、发大财，却发现了一个让他们吃惊的现象：船多了，鱼少了。海边人过去讲一句老话"舀不干的海水，捕不完的鱼"，这话不能再讲了。

沿海各地的渔业捕获量都在下降。以"中国渔业第一县"荣成为例，1980年人均捕捞产量为1.4吨，1985年降到0.9吨；1980年的优质鱼比例为40%，1985年降到10%左右。

1992年，我在日照第一海水养殖总场挂职，这里主要养对虾，有5000亩虾池，但养殖场也想养海蟹，决定到海里捕获一些母蟹，让它们产籽。捕蟹子的方式是拉笮，有一天下午，一辆拖拉机载着渔网和12个人去了海边。

拉笮的指挥员是副场长安玉民，早年在本村拉过几年笮网。他带着两个人上了6马力小机器船，将网驮上向海里驶去。撒一大圈回来，将网绳抛到岸边，让我们分成两队赶紧拉。我们嗷嗷使劲，后来还喊起号子以整齐步伐，费了好大工夫，才把网拉得将要离水。安玉民让众人继续拉，让我跟他一道去看网里。挽裤入水，果见有鱼在网前乱窜，却都极小。大网上岸，里边只有一些"烂船钉"（鳀鱼）、几团海蜇、几只小蟹子，安玉民摇头嘟囔："完啦，这海穷得不治啦。"他告诉我：十几年前他在生产队拉笮，有时一网拉几千斤鱼货。

听着他的话，我抬头向海的深处望去。那里，是一条又一条渔船，机器轰响。我想，有这样的阵势，大鱼怎能游到海边？远海中即便还有大鱼，也经不起这梳篦一样的捕捞啊！

日照渔民那时还大量使用定置网具，就是在近海下"坛子网"。

1994 年春天我在岚山头采访，跟着一艘渔船去看起网。用半个多小时到了那里，网中鱼货也是不多。船老大告诉我，当年可不是这样，每次来开网，网里都是满满的鱼虾。有时候太重，超过 500 斤，要用竹篙分作几段逐段提起，这叫"腰杠"。渔民间互问鱼货多少，都以"腰了几杠"作答。

黄海过去是许多鱼类的产卵场、索饵场、越冬场、洄游通道，但从 20 世纪 50 年代以来，由于人类捕捞力度加大，也由于农药与工业污水向海中排放，生态系统遭受严重破坏，鱼类大量减少，有的品种已经形不成鱼汛。大黄鱼、小黄鱼、带鱼及乌贼，被称为中国的四大海产，却有三样大量减产。

小黄鱼、大黄鱼，过去每年从东海往北洄游，捕捞量较大。1957 年，山东省曾创下捕获 3.1 万吨小黄鱼的最高纪录，1972 年仅为 623 吨。江苏省的小黄鱼产量，1955 年是 36821 吨，1981 年降到 342 吨；大黄鱼产量，1968 年是 12124 吨，1981 年降到 586 吨。就连最为集中的产地吕四洋，从 1981 年起，小黄鱼、大黄鱼都已经很少。北方市场上的大黄鱼，多是浙江、福建渔民养殖的。野生大黄鱼十分罕见，偶尔捕到能卖大价钱，有时一条能卖几万元。

带鱼（俗称刀鱼、鳞刀鱼），过去每年 3—4 月从济州岛以西的越冬场向海州湾、乳山湾、烟威近海、莱州湾、渤海湾等海区作产卵洄游，11 月返回。1956 年左右，黄海、渤海带鱼年总产量为 6 万多吨，但 1970 年以后已无明显渔场。此后，北方市场上的刀鱼，主要从东海渔场捕获。

再如鲥鱼（俗称鲞鱼、白鳞鱼），过去在黄海、渤海分布较广。在启东吕四，明朝初年有渔民把此鱼当作"贡鱼"，朱元璋吃了赞其鲜美，吕四渔民便每年向皇宫进贡鲥鱼 99 条。民间毛脚女婿给未来的岳父母送端午节礼，也用鲥鱼，并且用红布系好挑在肩上。我小的时候，鲁南农村的许多家庭每到过年，都要从供销社买一两条腌制的鲥鱼挂在家里。这几乎成为一种仪式，偶尔切一段与菜共煮，让一家人尝尝"海味"。但这种鱼越来越少，1952 年山东的捕获量为 8473 吨，1985 年仅为 927 吨。江苏省 1953 年鳓鱼捕获量为 5899 吨，1985 年降到 1540 吨。

鉴于海洋资源迅速枯竭的严重局面，国家从 20 世纪 80 年代开始调整政策，由"以捕为主"向"以养为主"转变。1988 年，我国水产养殖产量首次超过捕捞产量，成为当时世界上唯一养殖产量超过捕捞产量的国家。

1995 年，国务院决定实施海洋伏季休渔制度，在东海、黄海首次实行伏季全面休渔，7 月 1 日至 8 月 31 日期间，在北纬 35 度以北禁止底拖网作业，在北纬 35 度至北纬 27 度禁止拖网和帆张网作业。1999 年，休渔范围扩大到渤海、黄海、东海、南海四个海区。从 2017 年开始，休渔制度更加严厉，我国北纬 35 度以北的渤海和黄海海域除钓具作业外的其他海洋捕捞渔船，伏季休渔时间为 5 月 1 日 12 时至 9 月 1 日 12 时。

由于绝大多数鱼类都在伏季产卵，此时休渔可以确保其完成正常的产卵、孵化，以免将过小的幼鱼甚至亲鱼捕捞殆尽。伏季气温高，阳光充足，海洋藻类和蕨类大量繁殖，鱼类食物充足，能快速生长。因而，在长达 4 个月的时间内"船进港、人上岸"，水族们可以安全繁殖，自由生长，让海洋恢复生机。

不过，伏季休渔时间漫长，且又管理严格，让一些海产品错过了捕捞的最佳时机，渔民接受不了。如海州湾盛产毛虾，但每年的毛虾汛期恰巧是在休渔期间，有些渔民忍不住出海，却又涉嫌违法捕捞，被抓被罚。他们不服，纷纷向上反映。农村农业部经过广泛的调查研究和实地渔业资源评估，2020 年批准连云港市作为全国首个毛虾专项（特许）捕捞试点，捕捞时间为 6 月 15 日至 7 月 15 日，作业海域在110、111 渔区范围内的 3 个小区。渔民纷纷叫好，当年就有 86 艘渔船参捕，收获颇丰。2021年，燕尾港实现毛虾捕捞2626.28吨，直接经济效益约7100万元。

2022年，农业农村部在全国沿海实行伏季休渔期间特殊经济品种专项捕捞许可，黄海沿岸三省也根据各地实际情况，采取了变通的做法。江苏、辽宁都是允许捕捞海蜇和毛虾，山东则是海蜇、毛虾、鱿鱼、脊腹褐虾、葛氏长臂虾5个品种。这样依法合理利用海洋专项资源，为渔民群众办好事、办实事，赢得了人们的称赞。

除了休渔制度，我国渔业管理部门还主动引导渔民减少海洋捕捞量。1999年，原农业部提出海洋捕捞产量实行"零增长"计划。与建国初期鼓励捕捞的政策相比，这是一个根本性的变化。1998年国内海洋捕捞产量1497万吨，2018年下降为1044万吨，减少了近1/3。

进入新世纪，我国开始实施海洋捕捞渔船"双控"制度，确定从2002年起，五年内全国减少3万艘海洋捕捞渔船，由"总量控制"转入"总量缩减"。经国务院批准，中央财政设立了渔民转产转业专项资金，原农业部出台政策，鼓励渔民转产转业。从2022年开始，国家不再发放机动渔船燃油补贴，渔民收入进一步减少，有人改为"造大船、出远海"，有人干脆将船处理掉，去干别的行当。

于是，在中国沿海会看见，许多木壳渔船上岸，与大海绝缘。它们或者被搁置在海滩上，在风吹日晒之下渐渐腐朽；或者被肢解，成为颇具特色的建筑装饰材料；或者进入博物馆，默默无言地为昔日渔业文化作见证。我在丹东市海边看见，在一个面积广阔的院子里，大量报废木船堆积在那里，与荒草做伴。但也有人将旧船巧妙利用，派上了用场。日照海边有一家名叫"云过山丘"的民宿，竟然由50多条木船建起，其中有一些被改造成船屋供游客居住，各种主题房间全都与海有关，天南地北的游客通过网上订购，每天1000多元也不嫌贵。另外，也有许多报废渔船被拉到海洋牧场，当作人工渔礁投放，成为海洋生物的家园。

　　日照市石臼镇老渔民安丰坤，近年来收集了大量渔业用具。他从海边买到一条废弃的旧船，费钱费力让其恢复原样，配齐装备，捐献给市博物馆，并将自家藏品全部献出。我去参观时，83岁的老人兴致勃勃，又是摇橹又是扳舵，向我演示当年下海捕鱼的劳作过程。他说，把这些东西放在博物馆，让后人了解渔业发展历史，实现了他的一大心愿。岚山头小学的学生以渔民后代为主，学校专门建起一座小型渔业博物馆，里面放着多种渔具，让孩子们了解前辈创造的渔业文化。

　　为恢复或增加渔业生物种群的数量，改善和优化水域的群落结构，国家还从20世纪80年代开始推出另一举措：增殖放流。就是用人工方式向海洋、江河、湖泊等公共水域放流水生生物苗种或亲体。在山东，最早是放流虾苗，仅1985年就在半岛南部近海和渤海放流虾苗9.3亿尾，回捕率6.8%，增殖对虾2300吨，总产值4600万元，净收入2436.7万元。许多地区还向自然海区投放海参幼苗，大大增加了相关海区的海参密度。此后，农业部和各地政府及渔业部门每年都组织开展大规模的增殖放流活动。山东省自2005年至2022年，累计增殖水生生物苗种近千亿单位。江苏省在2010年开始放流大黄鱼幼鱼，从5万尾开始不断扩大，到2020年已达2000万尾。通过监测，大黄鱼的数量增多，整个种群正慢慢恢复。

　　为使增殖放流常态化、全民化，自2015年起，农业农村部将每年6月6日定为"全国放鱼日"。每到这天，全国的江河湖海，都有许多人投放渔业苗种。从2020年开始，大众网·海报新闻联合山东省相关单位开展"碧水责任·云放鱼"活动，人们可通过线上"云放鱼"小程序平台购买自己喜欢的鱼包，由专业人员完成代放。放流时，网友可以通过直播观看，感受到云上放鱼、保卫水生生物环境的别样乐趣。2022年6月6日是第八个全国放鱼日，主题为"养护水生生物，建设美丽中国"。这天，仅日照市山海天旅游度假区张家台码头这一个地方，就放流400余万单位，包括牙鲆、黑头、梭子蟹、对虾、海蜇、半滑舌鳎等多个品种。

由于上述种种举措，海洋渔业资源在一定程度上得到了休养生息。每年休渔期后，沿海各地开渔捷报频频，许多渔民的"第一网"喜获丰收。

不过，近海的渔业资源毕竟有限，加上雇工成本上升、燃油价格持续上涨等因素，许多渔民的收入不如从前，有的甚至亏本。2017年我听到一位日照的中年渔民讲，他出海拉网不雇人，一个人使船，出一趟就是两天一夜。我不敢相信，说："你要开船、下网、起网、吃喝拉撒，两天一夜不睡，能干得了吗？能熬得了吗？"他说："干不了也得干，熬不了也得熬，因为雇一个帮工，一天就得给人家三百块钱，连阴天下雨不能出海的时候也得发，我一个人干，还能有些节余。"

近几年，渔业用工成本进一步提高，每人每天工资为五六百元，或者一个捕捞季3个月发七八万元。过去，机动渔船能领到燃油补贴，如960马力的渔船一年可领50万元，现在却没了。所以，出海往往亏本。在4个月的休渔期间，他们本来可以从事服务业挣点钱，如经营"渔家乐"饭店、旅馆等等，但是自从2020年新冠疫情暴发，游客锐减，创收艰难。好在有人转型海洋养殖业，或从事其他行业，让生计得以维持，甚至发家致富。

在海上追风逐浪的人们，与普通人相比目光远大。从20世纪80年代起，中国渔民不满足于在家门口"打转转"，开着大船驶向远洋。1985年初春，一艘1800马力的冷藏运输船和烟渔619、烟渔620、烟渔621、烟渔622等渔轮，从黄海去了东海边的马尾港。3月10日，中国第一批远洋渔业船队启航欢送大会在这里举行。这支船队由中国水产联合总公司所属的烟台、舟山、湛江三个海洋渔业公司，以及福建省闽非渔业公司的12艘国产生产渔轮和1艘冷藏加工运输船（为指挥船）组成，开赴大西洋西非海域渔场作业。时任国家农牧渔业部部长的林乎加、福建省委书记项南前来送行。之所以选择在马尾港出发，是因为当年郑和下西洋的船队就从这里启航。从这一天，中国渔民开启了逐梦深蓝的历史。

1985年4月29日，辽宁省大连海洋渔业公司、辽宁国际经济合作公司与毛里求斯合资经营"恒新昌1号"钓钩船，大连海洋渔业公司派出13名船员赴毛里求斯从事钓钩生产。大连市水产供销公司、长海县獐子岛渔业总公司也分别于1986、1987年购置渔船并分赴加蓬、毛里求斯等国海域进行拖网或钓钩作业。这些都标志着大连地区的远洋渔业开始起步。1987年4月，辽宁省大连海洋渔业总公司派出由12艘8154型渔船和1艘冷冻加工船组成的全国最大的远洋捕捞船队到伊朗阿曼湾渔场从事捕捞作业，到年末共捕获鱿鱼、鲳鱼5000余吨。20多年来，大连地区的远洋捕捞能力持续增长，到2000年实有远洋渔船达到173艘。

山东在1985年也开始了远洋捕捞。除了派出渔轮参加中国水产联合总公司组织的第一批远洋渔业船队赴西非海域作业，那年秋天，烟台海洋渔业公司从西德引进的大型尾滑道拖网兼加工船"烟远1号"首航白令海，试捕鱼货1658吨。1992年，在山东省水产局的扶持下，烟台、威海派出6艘船赴南太平洋贝劳捕金枪鱼。1993年，又有烟台、威海、日照三市的30艘渔轮去贝劳。此后的30年，山东远洋渔船去的地方越来越多，航迹遍布太平洋、印度洋、大西洋公海等。

山东荣成的远洋捕捞能力最为突出，2021年具有农业部远洋渔业资质企业有19家，专业远洋渔船总数达到307艘，数量位列全国第一。该市还加大远洋渔获物回运率，全市拥有远洋渔业辅助运输船17艘，常年往返于太平洋、印度洋和大西洋等公海海域，将中国渔船远洋作业的渔获运回来，年运载能力达24万吨以上。2022年3月21日，"华祥8"远洋渔业辅助运输船从西南大西洋公海顺利返航，在石岛新港码头卸下了9200余吨远洋自捕水产品。4月10日，"鲁荣远渔运

898"远洋渔业辅助运输船又从石岛新港鸣笛首航,远赴西南大西洋。这两条船,是国内仅有的两艘万吨级远洋渔业辅助运输船。

自 2010 年起,中国远洋捕捞船数以及渔获量一直位居世界前列。2019 年全国远洋捕捞产量为 2170152 吨,来自浙江、福建、山东、辽宁、上海、河北、广东、广西、江苏、天津以及北京 11 个省市。其中,山东远洋捕捞产量为 413716 吨,辽宁为 264924 吨,江苏为 9370吨。主要捕捞品种有鲣鱼、黄鳍金枪鱼、大目金枪鱼、墨鱼、章鱼等。2021 年,中国远洋渔业产量为 224.65 万吨。

2009 年 11 月,南极海洋生物资源养护和管理委员会第 28 届年会在澳大利亚召开,会议通过了我国关于 2010 年派两艘渔船赴南极海域开展磷虾捕捞的申请。这两艘渔船属于上海水产集团和大连海洋渔业集团,2009 年底起航,2010 年 1 月到达探捕海域取得成功经验。从此,中国远洋渔业公司每年都有去南极的渔船,辽渔集团已经形成集南极磷虾捕捞、远洋运输、科技研发、产品加工及销售于一体的具有世界一流水平的完整产业链。2020 年 5 月 14 日,由江苏深蓝远洋渔业有限公司投资建造的国内首艘南极磷虾专业捕捞加工船"深蓝号",从连云港扬帆起航开赴南极。"深蓝号"采用了世界上最先进的技术,捕捞加工一气呵成,使我国磷虾的捕捞量达到了 10 万吨,仅次于挪威的 16 万吨,位居世界第二。

我国远洋船队在"走出去"的过程中是守规矩的,能够积极遵守国际渔业组织所规定的捕捞限额制度,允许捕多少就捕多少,对特定经济鱼类的保护作出了一定贡献。

渔港是渔船停泊处,是渔民之家。中国渔港自改革开放以来大多改变了过去的自然形态,从小到大,从分散到集中,功能日益健全,管理不断完善。它们像一串珍珠,在海岸线上熠熠生辉。

2017 年,农业部将 66 座渔港批准为第一批国家级海洋捕捞渔获物定点上岸渔港,面向黄海的共 18 座:辽宁省有大连湾渔港;山东省有积米崖渔港、沙子口渔港、胶州东营渔港、养马岛渔港、海阳东海渔港、顺鑫渔港、横渡渔港、长岛渔港、蓬莱渔港、远遥渔港、张家埠渔港、石岛渔港、沙窝岛渔港、赤山渔港、院夼渔港、乳山口渔港、日照黄海渔港。

2021 年，农业部又公布了第二批，共 41 座。面向黄海的是 20 座：辽宁有龙王塘渔港、皮口渔港、杏树渔港、大台子渔港；山东有海成渔港、泓运渔港、蚧叭窝渔港、俚岛湾渔港、人和渔港、桃园渔港；江苏有青口渔港、燕尾港渔港、高公岛渔港、连岛渔港、吕四渔港、洋口渔港、翻身河渔港、斗龙港渔港、黄沙港渔港、双洋渔港。

我参观过一些有代表性的渔港，真是大开眼界。如江苏启东的吕四国家中心渔港，面积 6 平方公里，是国内最大的人工渔港，总投资 100 亿元，2012 年被列入国家、省"十二五"渔港建设规划。这个大渔港，港外是著名的吕四渔场，有大量渔船来此停靠。渔港出口建了一个大船闸，拥有 16 米超宽双航道，日平均单向过闸船舶 900 艘，为国内最先进现代化船闸。港内有三个小岛，面积 34.8 万平方米，岸线长度 7663 米。让人赞叹的是，渔港还改变了露天作业的老传统，码头上建有六行高大的钢模结构卸鱼棚，投影面积达 8.64 万平方米。港池内可停泊渔船 2300 艘，港池外河道水域可停泊渔船 300 艘。我去的时候正在 2022 年休渔期，港内停满了各类渔业用船，全是大马力钢壳船。带我参观的镇领导告诉我，港区正在建设水产品交易市场 228 亩，休闲美食及观光娱乐区面积 3196 亩，海洋渔业科研区面积 72 亩。

日照黄海中心渔港，无论是规模还是档次，都值得称道。它是日照市政府批准的 2010 年为民办实事重点工程，总面积达 150 万平方米，拥有大小泊位 30 多个，港池可停泊渔船 1500 多艘。渔船可来此避风、卸鱼货、补给、维修，非常方便，而且不收停泊费。在港区西北侧 460 亩地上，正在规划建设休闲渔业区域，包括渔文化酒店、渔文化中心、商业街、公寓等等。农业农村部确定 15 个项目作为 2021

年中央财政补助资金支持建设的渔港经济区试点，这里便是其中一个。黄海西岸还有 4 个，分别在大连市金普新区、烟台市牟平区、青岛市西海岸新区、盐城市射阳县。

荣成石岛渔港，1972 年建成，是我国北方最大的群众渔业港口。渔港旁边是中国最大的渔村——大鱼岛。1971 年至 1975 年，荷兰著名导演伊文思在中国拍摄了 12 集纪录片《愚公移山》，其中有 1 集《渔村》，片长 100 分钟，就是在大鱼岛村拍摄的。因为 20 世纪六七十年代，大鱼岛村集体化经济的发展走在全国前列，曾被授予"全国渔业先进单位"称号，受到国务院嘉奖。今天的石岛渔港，面积 4.2 万平方米，有 24 个泊位，最大容量 3000 条船。因地处烟威、石岛、连青石三大渔场中心，每年接待粤、台、闽、浙、苏、沪、鲁、冀、津、辽 10 省市和朝鲜、日本渔轮 1.5 万余次。

从石岛渔港西去，到靖海湾东角凤凰尾，可以看到另一个大渔港——沙窝岛渔港。这是继舟山国家远洋渔业基地之后，全国第二个国家级远洋渔业基地。由靖海集团有限公司投资建设的这个基地，占地 80 万平方米。一期工程规划投资 20 亿元，目前已全部投入使用，有港池面积 42 公顷的中心渔港、年修造能力 100 万载重吨的船舶修造中心、库容 35 万吨的冷链物流园、年生产能力 10 万吨的鱿鱼精深加工车间、总面积 6 万平方米的干海产品加工园和年产量 20 万吨的海洋生物高效综合利用加工园等项目。许多远洋渔轮和渔业运输船进进出出，让这里汇集了来自世界各个大洋的气息。

人类捕鱼的历史已经超过了 100 万年，渔业为人类的生存与繁衍作出了重要贡献。19 世纪出现的新技术，将捕捞变成一项工业化产业。捕捞能力的迅速升级，给人类建起了"海上粮仓"，也给海洋生态带来了改变。如何控制这种能力，让人海和谐，生态完好，是现代人亟须解决的一个难题。

四　放牧蓝海

　　2022 年 5 月 20 日，在青岛北海造船有限公司码头，停靠着一艘长达 249.9 米、排水量超过"辽宁"号航空母舰的崭新巨轮。上午 9 时许，嘉宾切断拴挂着一瓶香槟酒的缆绳，酒瓶掉下，碰碎于船首。酒沫四溅，汽笛长鸣，宣告全球首艘 10 万吨级智慧渔业大型养殖工船"国信 1 号"交付运营。15 点 58 分，船长一声令下，"国信 1 号"正式启航。

　　渔业用船，过去多用于捕鱼，后来有船专门用于运输，但"国信 1 号"的用途不是捕鱼，不是运鱼，而是为了养鱼。它的船舱就是养鱼池，养殖大黄鱼、石斑鱼、大西洋鲑、黄条鲕等名优鱼种。这个船有 15 个养殖舱，养殖水体近 9 万立方米，每年的养殖产量与查干湖一年的捕获量相当，设计年产高品质鱼类 3700 吨。从鱼苗入舱、投喂养殖到运输、加工、起捕，"国信 1 号"在一艘船上构建起了一座渔业养殖加工厂。这艘船投资约 4.5 亿元，由青岛国信集团发起并联合中国船舶集团、青岛海洋科学与技术试点国家实验室、中国水产科学研究院等单位研发建造，被农业农村部列入 2020 年现代化海洋牧场建设综合试点项目。"国信 1 号"是我国深远海养殖的"大国重器"，堪称"渔业养殖航母"。

　　"国信 1 号"到达 700 海里外的福建宁德外海海域之后，首船大黄鱼苗入舱，然后自航转场，选择水温、洋流、气候等最合适的海域养殖。3 个多月，一路北上，鱼苗普遍增重 100—200 克，远远超过普通网箱养殖大黄鱼的生长速度。9 月 1 日，停泊在黄海海域千里岩岛正东 28 海里处的"国信 1 号"开始收鱼，一条条金色的大黄鱼从吸鱼泵"鱼贯而出"，经由输送系统转运至休眠池。首批起捕大黄鱼 65 吨，实现活鱼现捕、冰浆锁鲜冷链运输，接着上岸到达百姓餐桌。

青岛国信集团透露，未来 5—10 年，他们将陆续投资建造 50 艘养殖工船，配以 13 艘补给船、油料加注船、综合试验船，形成总吨位超过 1000 万吨的 12 支国际领先的标准示范船队，打造全球技术领先、规模最大的深远海养殖船队。

可以说，有了"国信"系列的智慧渔业大型养殖工船，中国第六次海水养殖浪潮更有规模、更有阵势了。

人类早期获取食物的行动主要是采集和渔猎，女人们采取植物果实，男人从江河湖海捕鱼，在山川草原狩猎。后来培植了庄稼，驯化了家畜，这才有了农牧。人类早就把水面也想象成牧场，梦想自己能像在草原上放牧牛羊一样，让那些海洋里的生物在自己的管控下生长，为我所用。这个梦想，在淡水水面早已实现，在海洋上大规模"放牧"，也就是搞海水养殖，则是新中国成立以后才有的事情。

新中国的海水养殖产业，先后出现六次产业浪潮，大多发端于黄海。

第一次浪潮：20 世纪 60 年代，以海带、紫菜养殖为代表的海藻养殖浪潮。

最早养殖的是海带。这种看上去像长长绿叶的"海草"，原来的集中生长地在西北太平洋。新中国成立初期，大连就成立了旅大水产养殖场，取得了海带人工浮筏养殖和人工育苗实验的成功。山东水产养殖场于 1950 年在青岛成立，下设青岛、烟台、威海、俚岛、张家埠五个分场，也成功养殖海带。1957 年，江苏派渔轮两艘，去大连运来了海带苗，并派人学习相关技术，在赣榆、连云港试养成功。1958 年，在国家水产部统一领导下，山东、辽宁、江苏、福建等七省联合成立海带育种委员会，由大连向各省提供苗种，开创了北苗南养的局面。与此同时，在全国建立了 130 个试点，仅用 5 年时间，海带养殖从山东迅速向河北、江苏、浙江等省推广开来。从此，海带在中国许多海域漂漂荡荡，收获后成为食品、药品和工业品原料。

过去有好多人患瘿病，即甲状腺肿，得病原因是缺碘，患者脖子很粗，十分丑陋。国家把防治地方性甲状腺肿大疾病写入《中国农业发展纲要》，从 1958 年开始对缺碘病区投放碘盐，70 年代铺向全国。但当时国内不生产碘化钾，要花高价从国外进口。为了打破国外的封锁，我国用海带制造补碘剂。其价格高于进口，为了国家和人民的安全，政府对制碘企业给予补贴。到 1988 年，补碘用的碘，自给率达到 60% 左右。

进入 21 世纪，鲍鱼、海参养殖业兴起，用鲜海带做饵料，进一步推动了海带养殖业的发展。2020 年，我国海带养殖产量总计 165.16 万吨，福建、山东、辽宁为前三名，分别占比 50.13%、30.83%、17.54%。

除了海带，许多地方还养殖裙带菜、紫菜、石花菜等大型海洋藻类。

裙带菜来源于朝鲜，日本人占领大连时投放到老虎滩、菱角湾一带试养，获得成功，每年春秋两季都雇用朝鲜妇女潜水收割。1949 年以后，裙带菜在大连海域大量养殖，2000 年发展到 3267 公顷，产量 15.91 万吨，占全国产量的 90% 以上。

紫菜养殖，江苏较多。2005—2006 年，江苏省的条斑紫菜栽培面积达到 16 万亩，一次加工的干紫菜产量为 19.55 亿张，面积和加工规模均占全国 95% 的份额，在世界条斑紫菜贸易总量中占大约一半的份额。后来，连云港市的紫菜养殖面积超过 40 万亩，2021 年被中国渔业协会授予"中国紫菜之都"称号。

石花菜，也叫沙根子，1933 年由朝鲜人从济州岛移植到青岛。它长在海中石块上，是做琼脂的原料，民间常将它煮出胶质，制成凉粉。新中国成立初期，青岛多家科研单位成功进行了人工养殖试验，胶南、荣成等地在 20 世纪 80 年代开始养殖。

第二次浪潮：20 世纪 80 年代，以对虾养殖为代表的海洋虾类养殖浪潮。

中国对虾大名鼎鼎，主要分布在黄海、渤海和东海北部。1970 年至 1980 年，对虾捕捞量很大，光是山东每年就能捕获 1 万多吨。但后来野生对虾急剧减少，渔业部门就大力推广人工养殖。1980—1981 年，国家水产总局组织黄海水产研究所、中国科学院海洋研究所、山东海洋学院水产系、省海水养殖研究所组成对虾工厂化养殖技术攻关小组，进行育苗试验，当年培养虾苗 3.4 亿尾。接着，国家投资在山东建成十几个对虾养殖基地，黄海沿岸出现"养虾热"，南到长江口，北到鸭绿江口，滩涂上到处都是养虾池，有些盐田也改为养虾池。1984 年，国内对虾养殖产量首次超过捕捞产量。

在对虾养殖事业中，许多科研人员付出了心血，有人甚至献出了生命。日照水产研究所在养殖过程中一旦遇到问题，便去青岛找专家请教，中科院海洋所的吴尚懃教授不顾自己已是花甲之年，而且患有心脏病，经常与同在海洋所工作的丈夫娄康后一起去日照指导，有时就住在实验室的水池旁边。1988 年 3 月 11 日上午，他们从日照一起乘车去岚山取虾苗，车辆在途中发生故障，失去控制栽到路边沟内，坐在前排的吴尚懃被甩出车外，当场身亡。吴尚懃 1921 年生于江苏省吴县，1938 年毕业于南京中央大学，1950 年到中科院海洋所工作，是著名科学家童第周的得力助手，她领导或参与的研究课题多次获全国一等奖。她为了我国海水养殖业罹难，感动了无数业内同行和日照的干部群众。她的遗体火化后，应日照方面要求，部分骨灰撒进了这里的大海……

1988 年至 1992 年，我国对虾养殖业快速发展，产量保持在 20 万吨左右，连续几年产量居全球之首，并在国际对虾贸易中占有重要地位，为国家换取了大量外汇。

1993 年，灾难袭来：在东海、黄海沿岸，许多地方的对虾还没养大，一夜之间大量死亡。有的养殖户发现了苗头急忙打捞，竟然赶不上对虾的死亡速度。许多地方传出消息：有的虾农血本无归，绝望自杀。引发这场灾难的是对虾白斑综合征，病菌随着每日更新的海水侵入虾池。国内对虾养殖产量断崖式下降，从 1992 年的 22 万吨下降到 1994 年的 5.5 万吨。

面对突然暴发的虾病，有关部门和科研机构紧急攻关，努力应对，包括选育或引进抗病能力强的新品种、改变养殖方法等等。有的地方实行虾、贝、鱼多品种混养，万一对虾患病，用别的品种弥补。从 1996 年起，对虾养殖业渐渐复苏，2002 年，中国重登对虾养殖世界第一宝座。2007 年，全球暴发"虾瘟"，中国再次受到影响，但由于应对措施得当，对虾养殖很快又焕发活力。

进入新世纪，中国对虾养殖业的格局出现较大变化，形成"北苗南养"的局面，即北方的青岛等地不断培育新品种，通过各地育苗基地养成虾苗，运到南方放养。斑节对虾养殖，主要在广东、江苏和福建；凡纳滨对虾（南美白对虾）养殖，主要在广东、广西、福建、山东和海南；日本囊对虾养殖，主要在山东、辽宁、福建和广东；中国明对虾养殖，主要在辽宁、山东、江苏、福建、河北。

除了养虾，还养海蟹。黄海沿岸养殖三疣梭子蟹从 20 世纪 90 年代开始，山东省日照市、江苏省赣榆县开始出现大规模的工厂化人工育苗，在虾池养殖三疣梭子蟹。进入新世纪，在池塘养殖三疣梭子蟹的做法风行沿海各地。

第三次浪潮：20 世纪 90 年代，以扇贝养殖为代表的海洋贝类养殖浪潮。

我国近海分布的扇贝种类约为 45 种。扇贝的闭壳肌叫"贝柱"，为"海鲜八珍"之一，过去高级宴席上用的多从国外进口。20 世纪 70 年代，青岛、大连两地的科研人员就开始研究栉孔扇贝的育苗与养殖技术，在许多地方放养成功。1982 年，中科院海洋研究所的张福绥先生想方设法，从美国获取 50 粒海湾扇贝亲贝种苗，装进特制的手提箱内带回中国。这种产在美国大西洋沿岸的扇贝生长快，养殖周期短，适温性强，让张福绥如获至宝。虽然落地后只成活 26 粒，但张福绥用它们进行研究，系统解决了在中国海域养殖美国海湾扇贝的一些生物学与生态学问题。培育出的种苗在胶南、乳山两地试养成功，迅速扩展至山东沿海，并被辽宁引进。这期间，辽宁海洋水产研究所也从日本引进了虾夷扇贝，在长海县等地放养。于是，从辽东半岛到山东半岛的海域中，出现了成片的扇贝养殖区，浮笼密密麻麻，吊挂着一袋袋不用喂食即可成长的扇贝。1990 年以后，扇贝收获量不断增长，与海带、对虾一起成为中国海水养殖业的三大支柱。

扇贝养殖，经历了成功，也遭遇过失败。2014 年 10 月发生的"扇贝跑路"事件，即是一例。

曾经出过"海上花木兰"的辽宁省长海县獐子岛，改革开放之前一直是渔业生产的典型，被称为"海上大寨"。2006 年，大连獐子岛渔业集团股份有限公司成立，并在深圳证券交易所上市。公司自 2010年开始不断扩大"海洋牧场"规模，养殖面积达到 300 万亩，近 2000平方公里海域。他们试验在水深 30—40 米的海域播苗养殖虾夷扇贝，取得成功后大面积养殖。然而，2014 年 10 月 30 日獐子岛集团发布公告称，因北黄海遭到几十年一遇的异常冷水团，公司在 2011 年和部分 2012 年播撒的 100 多万亩即将进入收获期的虾夷扇贝绝收，导致10 亿元存货消失，全年预计大幅亏损。股民大为惊诧，表示不相信，网民也调侃、质疑。2017 年，獐子岛扇贝再次发生大规模暴毙事件，网络上称为"扇贝跑路 2.0 版"。2019 年，扇贝又发生大量死亡的情况，网友戏言"旅行扇贝"又来了。獐子岛，在嘲讽声浪中飘摇不已。曾经红极一时的中国农业第一只百元股，一度跌到每股 2.8 元，十分惨烈。

每一次受灾，獐子岛集团都邀请国家海洋监测部门和第三方机构对受灾海域进行实地勘查，地方政府也组织相关技术部门介入调查。专家认为：獐子岛底播虾夷扇贝大量损失，是海水温度变化、海域贝类养殖规模及密度过大、饵料生物缺乏、扇贝苗种退化、海底生态环境破坏、病害滋生等多方面因素综合作用的结果。对于集团遭遇的挫折，董事长吴厚刚表示："教训很深刻，代价很惨重，但我们不会止步，獐子岛不会死。" 2019 年 12 月，獐子岛董事会审议通过《关于放弃部分海域的议案》，计划放弃海况相对复杂的海域约 150 万亩，大幅度减少扇贝养殖面积。

2016 年，受国家产业政策调整等因素影响，中国扇贝海水养殖面积出现巨幅下跌，从 60 万公顷减少至不到 40 万公顷，主要产区在辽宁、山东、河北。2020 年，辽宁省扇贝养殖面积为 20.13 万公顷，山东省 12.74 万公顷，河北省 4.82 万公顷。

用海水养殖的贝类，还有贻贝、牡蛎、魁蚶、滩涂贝类等。

贻贝，在北方俗称海红，在南方俗称壳菜，其干制品称作淡菜。20 世纪 70 年代，大连地区大量养殖，并成为全国贻贝种苗供应中心。80 年代对虾养殖业兴起，多用贻贝做饵料，压碎后撒进虾池。随着对虾养殖业的降温，贻贝养殖也在减少，但有一些地方至今还在大规模生产。山东是我国最主要的贻贝生产与养殖基地，2020 年贻贝海水养殖产量为 384450 吨，占总产量的比重为 43.35%；贻贝养殖面积 28055 公顷，占总养殖面积的比重为 63.68%。其中日照市是最大产地，2020 年产量超过 2 亿公斤。江苏位居第二，养殖面积为 5573 公顷，产量为 42611 吨。

牡蛎，也叫生蚝、海蛎子，大连和山东半岛地区多有养殖。其中威海养殖规模最大，2020 年养殖产量 53.87 万吨。大连 2020 年为 21.9 万吨。日照、连云港近年来也发展生蚝养殖，仅岚山区就养了 7 万亩，收获后销往广东、北京、上海等地。

第四次浪潮：20 世纪末，以鲆鲽养殖为代表的海洋鱼类养殖浪潮。

1954年，山东省日照县率先试养梭鱼，1958年发展到1400亩，此后，山东许多地方都开始养殖这种俗称"肉棍子""红眼鲻"的近岸鱼。从1981年起，好多水产单位又在山东省海水养殖研究所的指导下养殖罗非鱼。在江苏沿海，这期间也养殖梭鱼、鲻鱼、罗非鱼、鳗鱼等等。

1992年，农业部黄海水产所的雷霁霖院士从英国引进大菱鲆，成为海水养殖业第四次浪潮的标志性事件。

雷霁霖1958年毕业于山东大学，到黄海水产研究所工作后一直从事鱼类增养殖研究。他先后研究过20余种经济鱼类，但都被我国北方沿海养鱼难以越冬、难以实现规模化生产这两个"拦路虎"拦住。他万分焦急，将目光投向国外，到处寻找既耐低温又能快速生长的养殖品种，最终选定了原产于大西洋东北部沿海的大菱鲆良种，大胆提出跨洋引种。20世纪80年代初，雷霁霖赴英国考察海水养殖，在英国学者Howell博士的帮助下考察了英国大菱鲆及其工厂化养殖。雷霁霖对那些鱼苗无比喜欢，却因为当时的国际关系尚不成熟，不能如愿。11年过去，他终于在Howell博士和West先生的热心帮助下将大菱鲆引进到中国。

大菱鲆有了，但是育苗非常难，欧美国家对这项技术保密，专利卖价很高。雷霁霖只能自力更生，和同事们一起深入研究，反复试验。辛苦几年，终于攻克难题，让大菱鲆亲鱼在人工条件下能够分批成熟产卵，可以连续多茬育苗。1998年初到1999年初，雷霁霖带领课题组利用自行设计的培苗系统和光温控制技术，在山东省蓬莱市鱼类养殖实验场突破了大菱鲆连续多批次、大规模工厂化育苗关键技术，半年累计生产大菱鲆苗100多万尾。该项技术填补了国内空白，达到了国际先进水平。随后，"温室大棚＋深井海水"工厂化养殖模式大面积推广，许多地方开始养殖大菱鲆。

起初，这种鱼因为长相丑陋，在市场上并不受欢迎。精明的南方经销商就给它另行起名，将英文名 turbot 音译成"多宝鱼"，寓意"多宝多福，鲆鲆安安"。这样一来，多宝鱼很快红遍全国，价格长期居高不下，多次突破百元大关。2005 年，养殖多宝鱼的企业将近 700 家，其中有 300 家集中在山东省，总产值超 40 亿元人民币。

　　2006 年爆发的"多宝鱼事件"，让这个行业遭遇了致命的危机。那年 11 月 17 日，上海市食品药品监督管理局的工作人员例行抽检，在 30 多条冰鲜多宝鱼样品中全部检出了硝基呋喃类代谢物，有些样品还检出了孔雀石绿、环丙沙星等禁用渔药的残留，立即向广大消费者发出严肃警告：慎食多宝鱼。这一下在全国引起轩然大波，渔业监管人员也对各地市场上的多宝鱼进行专项抽检，不少地区检出了药残超标。11 月 19 日，山东省发出通知：暂停全省多宝鱼的捕捞和销售。11 月 20 日，北京市在全市范围内禁止多宝鱼的销售。

　　经农业部立项调查，药残事件的源头在山东省的 3 家养殖企业，是他们违规使用孔雀石绿、氯霉素、硝基呋喃类等违禁兽药，造成多宝鱼的药残超标。3 家涉事企业的水产品均被全部销毁，还被予以严重的罚款惩戒。这几家企业之所以用禁药，是因为多宝鱼自引进以来，种质资源出现退化，近亲繁殖严重，抗病力大幅降低，在高密度养殖的大棚车间内很容易爆发细菌性疾病，只好用药杀菌。这个事件发生后，多宝鱼身价大跌，以 5 元低价贱卖也无人问津。后来有专家讲，上海等地检测出的硝基呋喃类代谢物，其最高浓度只有 1ppm。据此推算，每人一天要吃 1.5 公斤的多宝鱼，连续吃上两年以上才能达到致癌浓度。好多人放下心来：没有人会天天吃多宝鱼，而且一天吃 3 斤吧？

　　尽管如此，多宝鱼养殖行业还是警钟长鸣，严厉整改。大连等地的养殖场创造出了新的养殖模式：通过水井，抽取地下 50—60 米深的深井海水来养殖多宝鱼，常年维持 14℃左右的低温，养殖成功率大幅提升，彻底告别了违禁药物。2008 年，全国多宝鱼的养殖产量恢复到了 7.8 万吨，2017 年，辽宁产量为 47411 吨，山东产量为 40631 吨。

到 2020 年，全国养殖总产量达到 11 万吨。

在山东日照，从 2020 年开始养殖不像鱼但属于鱼类的海马。海马是地球上唯一由雄性繁育后代的动物，也是一种重要的海洋药源生物，过去有句老话"北方人参，南方海马"。但海马野生资源锐减，我国已将其列入国家二级水生野生保护动物。2016 年，福建省水产研究所引进澳洲膨腹海马新品种，掌握了人工育苗、养殖及种质改良技术。2020 年，日照市水产集团总公司与福建省水产研究所签订战略协议，双方共同组建科技研发团队，引进膨腹海马亲本 10000 尾，开展海马规模化苗种繁育实验，并在关键技术上取得了重大突破，实现了该品种人工繁育及养殖规模化，苗种成活率 90% 以上。这是山东省首家开展膨腹海马规模化人工育苗及养殖的企业，海马产量几乎是全国海马产量的一半，经济效益很好，还将膨腹海马亲本推广到了威海、莱州、辽宁等地。

除了上述几种海水鱼，近年来在黄海西部养殖的还有真鲷（红加吉鱼）、黑鲷、牙鲆、黑鲪、许氏平鲉、黄条鰤、红鳍东方鲀、美国红鱼等等。

第五次浪潮：21 世纪初，以海参、鲍鱼养殖为代表的海珍品养殖浪潮。

海参过去在我国海域广泛分布，确定可食用的有 20 多种。过去在黄海沿岸，有人专门潜水捞取野生海参，被叫作"猛子""海碰子"。海参是大补之物，消费量越来越大，引发过度捕捞，野生海参日益枯竭。于是，海参增养殖产业应运而生。

我国海参品种虽多，但目前可以进行规模化繁育和增养殖的品种仅刺参 1 种，即全身长满肉刺的那种。从 20 世纪 50 年代起，一些科研单位就开展刺参人工繁育技术研究，80 年代有了突破。以中科院海洋所副所长杨红生为首的科研团队，培育出国家级刺参新品种"东科1 号"，构建了生态化健康养殖模式，度夏成活率提高 13.8%，亩产提高 22.5%，培育稚幼参苗种 40 万千克，推广面积达 40 万亩，为海参产业健康发展提供了优质良种和技术保障。这个团队，还编写了国际上第一本刺参英文专著《海参：历史，生物和养殖》。

在北黄海，海参养殖也大为成功。"十二五"期间，辽宁省海洋水产科学研究院主持完成了"刺参健康养殖综合技术研究及产业化应用"项目，建立了一套完善的饲料安全体系、病害防治体系、养殖科学管理体系，该项目成果获得国家科技进步二等奖。刺参养殖业，已成为大连市年产值超过百亿元的海水养殖支柱产业。

目前，我国海参养殖形成了三大产区：一是辽宁，以底播增殖和围堰养殖为主要养殖模式，养殖面积约占全国海参养殖面积的 61%，养殖产量约占 26%；二是山东，以苗种繁育和池塘养殖为主，约占全国海参养殖面积的 34%，养殖产量约占 54%，其中刺参苗种供应量约占全国苗种供应量的 62%；三是福建霞浦，利用冬季南方海域水温优势开展海参的反季节养殖，以吊笼养殖为主要养殖模式，以不足 1%的养殖面积生产出产量约占全国 16% 的海参。

中国是世界上最大的鲍鱼产出国，养殖产量占世界总产量的 87%左右。养殖区主要在福建、山东、辽宁、浙江、广东和海南等六省，养殖品种为皱纹盘鲍、九孔鲍和杂色鲍。大连、烟台、威海是黄海岸边的鲍鱼主产区，近年来养殖技术不断创新。如荣成的一些养殖企业，每年 11 月底让鲍鱼南下"过冬"，前往福建莆田、宁德等地，次年 4 月中旬到 5 月中旬再让它们陆续"回家"。这种南北接力养殖模式，规避了北方冬季严寒和南方夏季高温的影响，让鲍鱼始终处在最适宜的生长温度之中，成活率显著提高，生长速度也明显加快。在长岛隍城岛海域的"国鲍 1 号"，是全国首个以鲍鱼为主题的深远海坐底式海珍品智能网箱，可悬挂 3 万多个鲍鱼养殖箱笼，年产可达 120 吨。

第五次海水养殖产业浪潮，让海参、鲍鱼这些海珍品向大众餐饮食材转变。过去在一些宴席上，鲍鱼按人头上桌，价格昂贵，而现在有的饭店一下子上一大盘，像炒蛤蜊似的，成了一道大众菜。

第六次浪潮：近几年兴起，从近岸传统渔业养殖转向深远海大规模工业化生产的养殖浪潮。

第六次海水养殖产业浪潮与前五次大不一样，是融合苗种繁育、工业化养殖、船舶装备、人工智能、信息化技术等全产业链的集成创新，代表了海洋渔业最新的生产方式。

在本节开头所说的"国信1号"下水之前，第六次浪潮已经在2018年5月4日拉开了序幕。那天，一个橘黄色的庞然大物在青岛下水，被拖轮牵引，缓缓驶向黄海深处。这是中国第一个深远海渔业养殖装备，也是全球第一座全潜式深海渔业养殖装备，叫"深蓝1号"，由日照市万泽丰渔业有限公司出资1.1亿元，中国海洋大学与湖北海洋工程装备研究院联合设计，青岛武船重工有限公司建造。它是六边形结构，直径60.44米，周长180米，高38米，重约1400吨，有效养殖水深30米，整个养殖水体约5万立方，相当于40个标准游泳池。

"深蓝1号"被拖到日照市以东130海里之处才停下。这里是黄海中部洼地，即使到了夏季，也有面积达13万平方公里的冷水团，适宜于三文鱼等高附加值冷水鱼养殖生产。"深蓝1号"潜水深度可在4米到50米之间调整，依据水温控制渔场升降，可使鱼群生活在适宜的温度层。2021年，"深蓝1号"在试验区内成功养殖三文鱼，共收15万条成鱼，单鱼平均重量超4千克，品质超过欧盟出口标准，标志着我国首次深远海规模化养殖三文鱼取得成功。

此后，山东深远海绿色养殖有限公司，这个由山东海洋集团联合山东万泽丰海洋开发集团、青岛海洋投资集团合资成立的试验区项目推进平台，又对"深蓝1号"进行改造升级，同时新增生物量监测系统、优化养殖监控系统和远程信息传输系统，在陆地上就可以对百海里外的养殖情况一键直观、直管、直达。通过生物量监测系统，可以实现对鱼类生活状态、进食情况、形状大小实时监控，生产管理人员随时根据这些信息精准调整饲料投喂，极大提升了成鱼品质。2022年6月，该装备养殖的大西洋鲑又喜获丰收。

到2022年，山东共有各类大型深远海养殖装备13套交付使用，从固定在某个海域的"深蓝1号""长鲸1号"，再到"经海001号""耕海1号""国鲍1号"……直到可以四处游动的"国信1号"。黄海深处，平添一座座"水上城堡"。这些大型深远海养殖装备，极大地拓展了蓝色经济发展新空间，推动了渔业养殖从近海养殖向深海养殖转变，从网箱式养殖向大型装备式养殖转变，从传统人工式养殖向自动化智能化养殖转变。

2022年6月，国家重点研发计划"海洋农业与淡水渔业科技创新"重点专项发布，共4个项目，"深远海大型养殖装备平台与智能养殖模式"项目由青岛市组织实施，这也是4个项目中唯一"落户"山东的项目。这意味着，青岛在深远海大型养殖装备、技术、平台的开发与应用，会继续走在全国前列。

60年来的六次海水养殖产业浪潮，让中国渔业从"狩猎型"向"农耕型"转变。1988年我国水产养殖产量（包括淡水）首次超过捕捞产量，此后30多年中，中国始终保持以养为主的生产格局。渔业产量中养殖与捕捞之比，1978年是26∶74，1985年是45∶55，2020年达到80∶20。中国人放牧蓝海，成就卓著。

海水养殖业也带来了景观上的变化。你到海边走走，会看到从岸边到滩涂，有许多海水养殖工厂和养殖池，有的地方建起了漂亮壮观的现代渔业园区；乘船到海里，会看到许多或圆或方的网箱、筏架，颜色鲜艳的浮球或浮筒，在蓝色海面上十分醒目；到网上看看卫星云图，也能看得到一个个养殖区，像玻璃板上的黛青色方块。我接触到一些从事海上养殖的渔民，他们让我看养殖场，不用坐船去，在他们的手机上就可以看到。靠手机实时监控，他们很少出海，在家便知风浪事。

也有一些养殖设施隐于水下，那是人工渔礁。有废旧船体，有废旧集装箱，有天然石块，有贝壳堆，有各种形状的水泥"空方"。如果潜水下去，会看到各种海洋生物在这里栖息生长，鱼类或成群结队在水中巡游，或分散在人工渔礁的空隙里钻进钻出。

这是"海洋牧场"，是人类修复海洋、爱海护海、营造和谐之海的一大举措。

广义上的海洋牧场，是指用于养殖的海洋；狭义上的海洋牧场，是指在一定海域内，基于生态学原理营造多营养层级的海洋生态环境，充分利用自然生产力，开展生物资源养护和海水增养殖生产的渔场，是将产业发展和生态环境保护有机结合，构建起的科学、生态、高效的渔业发展新模式。

1979 年，广西水产厅在北部湾投放了我国第一个混凝土制的人工鱼礁，从此，海洋牧场在中国近海开始建设。进入 21 世纪，大力发展海洋牧场成为国家行动，国家发改委、农业部、国家海洋局每年都安排资金在全国沿海地区开展海洋牧场示范区建设。从 2015 年到 2022 年，农业农村部公布了七批国家级海洋牧场示范区名单，共 153 个，属于黄海的多达 83 个。如果把属于黄海和渤海的加起来，山东共有 59 个，辽宁共有 31 个，江苏有 3 个。其中山东烟台有 18 个，居全国地级市第一。国家级海洋牧场，要求面积在 300 公顷以上，投放 3 万空方以上。想象一下，那是给海洋生灵建造了一座多么大的"公园"！

山东的海洋牧场建设走在全国前列，近几年先后出台了《山东省海洋牧场创建示范三年计划（2018—2020）》《山东省海洋牧场建设规划》，并牵头制定了首个海洋牧场建设领域的国家标准《国家海洋牧场建设技术指南》，于 2022 年 6 月 1 日实施。2022 年 3 月，山东省委、省政府印发《海洋强省建设行动计划》，其中提出，高水平建设 120 处省级以上海洋牧场，到 2025 年新建 15 处国家级海洋牧场示范区。

为解决海洋牧场海面以下看不见、测不准、说不清、不可控的问题，山东省借力国家海底观测网 863 技术团队，在全国率先布局建设了具有世界先进水平的海洋牧场观测网，对海洋牧场的海水质量、生物繁殖、鱼类品种等实现了即时、远程可见。山东广为海洋科技有限公司自主研发的"海洋牧场综合管理系统"，利用 3S、物联网、云计算、大数据、VR、AR 等多种信息技术，让海洋牧场"智慧化"，大大提升了海洋牧场的综合监管水准。有一些海洋牧场还建起海上平台，既可用于监测与管理，也可作为游客的观光场所。

已经建成的海洋牧场，都在大力发展休闲渔业，其中最常见的是创建休闲海钓基地。许多海洋牧场拥有专业休闲海钓船，人们可以买票乘船，前去观光、钓鱼。有的还组织全国性的钓鱼比赛，"渔夫垂钓"品牌在全国打响。

如日照顺丰阳光海洋牧场，在离岸 14.5 公里的海域建设人工鱼礁398 公顷，投放人工鱼礁 42 万空方，牧场可钓品种资源量达到 30 万斤，前几年每年都举办"中国日照海钓节暨全民休闲体验赛"，被农业农村部评为"全国有影响力的休闲渔业赛事"。

我曾两次乘船参观那里的"阳光 1 号"海上自升式固定多功能平台。只见蓝天碧海之间，四根橙黄色的钢柱擎起一个正方形蓝色平台，在上面可以观光、垂钓，海星模样的上层建筑中有餐厅、客房、游乐室等等。登上平台，四顾皆海，云走鸥飞，涛声满耳。有的游客在此垂钓、住宿，声称"看最远的海，吃最正宗、最新鲜的海鲜，体验头枕波涛数星星的海上生活"。

五　污净之变

十几年来，山东半岛至连云港一带的滩涂与海面 5、6 月经常变绿，有时甚至会出现大片"草原"。绿茵茵的看上去很美，却让政府管理部门头疼，让海岸保洁人员忙碌，让打算游泳的人望而却步。

这是浒苔作祟。

浒苔是一种海洋藻类，南黄海里以前就有，2007年突然增多，2008年成为灾害。那年，青岛作为北京奥运会的协办城市，正紧锣密鼓迎接在这里举办的奥帆赛，海滩上却突然有了丝丝缕缕的浒苔。而后与日俱增，整个前海变成草原，海面上还有一些浒苔集结成条带状，前赴后继，向岸边漂来。

这一惊人变化，全世界都在注视。奥帆赛开赛在即，如不及时消除浒苔，将造成严重后果。一场史无前例的"青岛保卫战"打响了，海、陆、空，各种监视监测手段都用上；党、政、军、民，各方力量一齐上。不只青岛，山东半岛与鲁南、苏北的其他多个地方也调用大量渔船，军队还派出专业打捞船，到海上用泵吸，用网拉。通过一个多月的奋战，青岛奥帆赛场警戒海域才恢复成一片碧海，赛区海域及近海海域水质达到一级标准，符合赛事要求。最终，奥帆赛顺利举行，国家形象得以维护。

此后，南黄海每到夏天都有浒苔，规模或大或小，水温如超过25度，它就会慢慢消亡。浒苔的生长，其实是海洋对海水中过量营养的消耗，是一种自净行为。它本身无毒，但爆发时严重影响沿岸景观，占据海滩，堆积后散发恶臭，让许多游客乘兴而来、败兴而去。大量浒苔会遮蔽阳光，影响海底藻类生长；会消耗海水中的氧气，影响鱼类贝类生存，对养殖业造成破坏。另外，一些小型拖轮和引航艇由于吃水浅，船身短，主、辅机容易吸入浒苔造成机损事故。因此，国外已经把浒苔一类的大型绿藻爆发称为"绿潮"，视为海洋灾害。

黄海上的浒苔究竟来自哪里？如何生成？专家们一直在研究。据新华社2017年6月12日报道，中国科学院海洋研究所等海洋科研机构的科研人员表示，对于青岛地区连年爆发的黄海浒苔绿潮，研

究人员有了新发现，确认大量漂浮浒苔主要来自苏北浅滩海域，这
与其独特的环境特征和当地大量养殖筏架有关。有的专家发现，绿
藻自上一年秋季开始，便附着生长在筏架上，待到来年春季，海水
温度上升，绿藻迅速萌发。4—5月，紫菜养殖户们回收养殖筏架时，
附着的浒苔被刮到海里，一边漂浮一边大量繁殖，在洋流和风力的
作用下向北方漂去。因为青岛及山东半岛南面海域正与浒苔漂流路
线垂直，每年便被其造访。连云港、日照两市沿海与浒苔漂流路线
平行，接收量要少一些。

　　对于浒苔来自苏北浅滩海域养殖区的说法，江苏有关方面起初不
认可，抱怨山东"甩锅"。但对浒苔来自黄海南部这个结论，各方都
没有异议，因为通过卫星监控看得明明白白。于是，在国家有关部
门的统一协调与指挥下，苏鲁两省，每到夏天都调动人力物力应对
浒苔。

　　浒苔的防控与处置，主要采取"海上打捞为主，近海拦截为辅，
陆上清理为补，全程无害化处理"的做法。一旦监控到海上有浒苔出
现，许多打捞船立即奔赴那些海域，紧张作业。渔船都是雇用的，付
给报酬。以威海为例，2022年打捞浒苔的船，1000瓦以上的，每天付
给2万元；每天至少打捞500吨，如果超额再多给。捞出的浒苔，挤
干水分拉到岸上，或者被拉走掩埋，或者被加工厂拉走，加工成饲料、
肥料、添加剂之类。青岛海大生物集团等企业，对如何利用浒苔做了
许多研究，把浒苔做成海藻肥、海藻粉等等，变废为宝。但这样处理
毕竟是杯水车薪，科研人员又提出了新的思路：让浒苔"从大海里来，
到大海中去"。就是用无人机喷洒快速腐熟生物菌剂，对浒苔进行降
解、腐熟、除臭等处理，然后做远海投放处理。经专家多次论证，这
个方案可行，不会对海洋产生负面影响。这个方案已经广泛使用，将
浒苔或是集中在岸上，或是集中到大船上，喷洒腐熟剂达到所要的效
果之后，运到远海指定海域投放。我在日照黄海中心渔港，见到连云

港的一艘大船停泊在此，该船在海上用腐熟剂处理浒苔，中间到这里加油加水。近海拦截，是指提前布设海上浒苔网，在距离海岸线 1 公里左右，有效减少浒苔上岸量。

在紫菜养殖上下手，也是防控浒苔的一条措施。自然资源部曾于 2019 年 11 月至 2020 年 7 月，与江苏省在苏北辐射沙洲紫菜养殖区共同组织开展了浒苔绿潮防控试验，通过开展除藻作业、及时回收紫菜养殖筏架、严禁将废弃插杆丢弃入海等，努力从源头上控制了入海浒苔绿藻初始生物量。这两年，江苏也在清退压减紫菜养殖规模，养殖面积大大减少。

2021 年 2 月，自然资源领域"十三五"时期主要工作成果发布，其中提到，黄海浒苔绿潮灾害治理取得重大成果，2020 年最大覆盖面积与近 5 年均值相比下降 54.9%，持续时间缩短 30 天。人们正为这一成果感到欣慰，不料，2021 年 6 月，又迎来了新一轮浒苔爆发。26 日这天，黄海浒苔分布面积约 60594 平方千米，覆盖面积 1746 平方千米，是最高年份 2013 年的 2.3 倍，是 2020 年的 9 倍。看看新华网发布的吉林一号宽幅 01 星 2021 年 6 月 11 日拍摄的黄海海域浒苔，"绿浪"汹涌，惊心动魄。据央视新闻报道，截至 7 月 3 日，青岛市累计出动船只 7300 余艘次，打捞浒苔约 24 万吨。

2022 年 5 月 23 日，我在连云港采访时得知，自然资源部已经启动 2022 年黄海浒苔绿潮联防联控机制，在历史上首次成立统一的指挥部。指挥部设在连云港，正密切关注浒苔的情况，组织苏鲁两省进行前期处置，已派出许多船只到海上打捞。

我在江苏沿海完成采访，回到日照之后还是惦记今年的浒苔会是什么情况，有时去海边看看，但没有见到浒苔。6 月 22 日，我看到半岛都市报官方百家号突然发布一条新闻，题目是四个大字"浒苔露头"。记者报道，6 月 22 日早上，石老人海水浴场沙滩上有浒苔零星分布，这意味着浒苔已经开始登陆青岛近海沿岸。我急忙到日照海边去看，发现这里也有，但只是零零星星。7月3日我再去海边，眼前泛绿，沙滩上堆积着大片浒苔，有的地方被潮水推动叠加，达半米多高。许多人正在动用铲车清理、装车，运往日照港集中处理。晚上看电视新闻，见气象专家解释，日照的浒苔之所以多，是因为这几天刮东南风。看外地朋友发的微信消息，7月上旬，从连云港、日照、青岛，一直到威海、烟台，都有浒苔靠岸。

但从总体上看，2022年的浒苔比往年少。据山东省海洋预报台监测，截至7月10日，山东省海域浒苔绿潮覆盖面积约为60平方千米，较去年同期减少了866平方千米，减少93.5%。山东省海洋局发布消息称，截至7月10日，山东省共派出船舶14750艘次，打捞浒苔约18.23万吨，浒苔前置打捞工作取得明显成效。

7月22日，我到日照御海湾茶园参加茶话会，沿海边北去10多公里，只见沙滩与礁石上全都干干净净，游客们玩得正欢。看来，今年的浒苔防控起了作用。

不过，产生"绿灾"的根本原因并没有消除。随着全球气候变暖，海洋温度渐渐升高；人类造成的工业废水、农业废水和生活污水入海，都在增加海水营养。有了如此优越的繁殖与生存条件，浒苔便有了异乎寻常、近乎疯狂的生长，今后还会在南黄海制造麻烦。

不是只有浒苔造成的绿潮，还有赤潮、金潮。

赤潮，由某些藻类在特定环境条件下爆发性的增殖而形成，海水颜色会发生变化，多呈红色。如果由夜光藻引起，则会出现夜晚海水发蓝光的现象，被称作"蓝眼泪"，颇具诗意。但发生赤潮的海域，海洋生物会大量死亡。人吃了被"赤潮"污染的海鲜会中毒，甚至危及生命。世界环卫组织已经将"赤潮"定性为世界性公害现象，日本、中国、美国、加拿大、法国、挪威、马来西亚等30多个国家均深受其害。2002年至2017年，黄海共发生赤潮124次。如1998年8—10月，烟台市四十里湾、芝罘湾、套子湾及养马岛附近海域相继发生面积约 200 平方公里的赤潮，主要赤潮生物为甲藻。赤潮发生期间，该水域中养殖的扇贝、贻贝，以及自然资源中的底层鱼类（主要为鲬鲽类、鲷类）和海珍品（以刺参居多）普遍出现死亡和腐烂变质等现象，造成直接经济损失 1.07 亿元。2006 年 10 月上旬，连云港连岛西北部海域发生赤潮，面积大约为 400 平方公里。经有关专家监测，引发这次赤潮的生物为有毒的裸甲藻。由于当地养殖户采取了紧急防护措施，未造成不良影响。如何对付赤潮？日本人在 20 世纪 70 年代研究出一个办法：用蒙脱土治理。但这种天然黏土效率较低，每平方公里就要用 400 吨，无法大规模推广。由中国科学院海洋研究所俞志明研究员领衔，首创了改性黏土治理赤潮的技术与方法，将改良后的黏土撒到海里，让赤潮生物沉降到海底死亡。这项技术非常有效，切实可行，已在我国近海从南到北 20 多个水域大规模应用，2020 年荣获国家技术发明奖二等奖。

金潮，是大型马尾藻（别名铜藻）爆发性增殖而产生的漂浮现象。一般情况下，底栖大型马尾藻因固着生长在基质上，常浸没于海水中呈棕褐色，成体阶段通过发达的气囊可以漂浮生长，甚至远距离迁移。在这个过程中因受阳光照射，藻体呈现黄铜色，金潮因此得名。金潮也会形成灾害，如 2016 年冬季至 2017 年春季出现的铜藻金潮袭击了苏北紫菜养殖区，造成紫菜大面积绝收，养殖设施也被损毁，盐城、南通二市紫菜行业的经济损失高达 5 亿元。此外，几十万吨的铜藻生物量沉到海底，也给生态系统带来严重危害。

2017 年 6 月，黄海海域竟然三潮并发，米氏凯伦藻赤潮、浒苔绿潮、马尾藻金潮，一齐呈现。卫星监测显示，浒苔和马尾藻的面积达 2.7 万平方公里，而且两种藻类夹杂在一起。另外还有一片赤潮，至少覆盖 50 平方公里的面积。从藻类分布示意图上看到，黄海之上，仿佛漂浮着一幅红、绿、黄组成的印象派"画作"，让人触目惊心。

海洋面积辽阔，储水量巨大，自古以来就是地球上最稳定的生态系统。陆地上的种种物质不停地流入海洋，海洋接纳后却没有发生显著的变化。然而 200 年来，随着全世界工业的蓬勃发展，人类对于地球的影响加剧，海洋污染日趋严重。黄海作为一个局部海域，也不可避免地出现了污染。

一是农药污染。

污染海洋的农药分为无机和有机两类，前者包括无机汞、无机砷、无机铅等重金属农药，后者包括有机氯、有机磷和有机氮等农药。从 20 世纪 40 年代开始使用的有机氯农药 DDT（中文音译为"滴滴涕"）和六六六，是污染海洋的主要农药。美国科学院 1971 年估计，每年进入海洋环境的 DDT 达 2.4 万吨，为当时世界 DDT 年产量的四分之一。DDT 及其代谢产物对海洋生物有明显的影响，比如，抑制某些海洋单细胞藻类的光合作用，杀死某些种类的浮游动物或幼鱼，等等。

中国海洋大学的杨东方教授，多年来一直研究胶州湾的六六六分布，出版了专著《胶州湾六六六的分布及迁移过程》。六六六是我国在 20 世纪 50 至 80 年代广泛使用的一种农药，粉状，对危害庄稼的许多害虫有杀伤作用，但也是一种持久性有机污染物。杨教授发现，20 世纪 70 年代末，每年夏天，大量六六六随着河流进入胶州湾，让这里的水质降为四类海水水质，而且不易降解，会沉到海底长期存留。我查阅资料发现，不只在中国，在世界的许多地方都是这样。它不仅残留在土壤里，在水里，还会沉积在人类的身体中。2008 年 1 月，西班牙格拉纳达大学放射医学和物理治疗系的科研人员公布的一项研究结果表明，在他们所检测的 387 名成年西班牙人志愿者的脂肪组织样品中，有 84% 的人检出有六六六。

1983 年，中国全面禁止生产和使用 DDT、六六六，转为使用高效低毒、易在环境中分解的生物性农药，大大减轻了海洋中的农药污染。

二是石油污染。

从 20 世纪 60 年代起，黄海上的石油污染逐渐加重。一些石油化学工业将含油污水直接排入大海，或通过河流排入海中；一些石油运输船和其他货运船只的压舱水、洗舱水也直接排放入海，这都造成了污染。1977 年以后，国家重视海洋环境保护，要求企业对含油废水进行严格处理，海洋石油污染得到了一定程度的遏止。

然而，种种偶发的漏油事件，给海洋环境带来了危害。如 1983 年 11 月 25 日 "东方大使" 号油轮在胶州湾触礁，船底破裂，溢油 3346.3 吨；1984 年 9 月 28 日 "加翠" 号油轮在同一地点又触礁，溢油 757 吨，污染了海域周围的海岸及海水浴场，附近养殖的海生物因原油污染而死亡，未死的也不能再食用。再如 2010 年 7 月 16 日 18 时 20 分左右，大连新港至中石油大连保税油库输油管线突然发生闪爆，管道内原油起火，上万吨原油入海。当时正值夏季，大连刮着强劲的南风，原油很快被吹散到多处海岸，礁石、海滩都被黑乎乎脏兮兮的原油覆盖，就连 "黄金海岸" 浴场也没能幸免。这是一起重大环境污染事件，创下中国海上溢油事故之最。在事故发生的第三天，中国海监船的监视结果显示，受污染海域约 430 平方公里，其中重度污染海域约为 12 平方公里，一般污染海域约为 52 平方公里。28 艘专业清污船舶由各地赶来清除油污，从海上回收含水污油约 12830 吨，含污油量约 1580 吨，但清除岸线、岸壁的油污，耗费了大量人力物力。

三是工业污染。

新中国成立以来，黄海岸边建起越来越多的工矿企业，包括化学工业、印染工业、制革工业、造纸工业、食品加工业、电力工业、电镀工业、采矿业、冶金工业等等。由于环保意识不强，法律监管体系不完善，废水排向海洋的情况比较常见。废水中含有污染物石油、汞、镉、铅、锌、砷、挥发酚、氰化物、氨氮、硫化物、活性磷酸盐、悬浮物等等，直接危害海洋生物的生存，并影响其利用价值。20 世纪六七十年代，每当天气干旱，许多河流干涸时，平时各工厂排出的污染物都积累在河滩上。每年雨季的头几场透雨，把积在河滩上的所有污染物一起挟带入海，造成河口区的突发污染，海面上往往漂浮着一片死鱼虾。在胶州湾大沽河口，那时每年头几场透雨后均会出现鱼虾死亡现象。据《山东海洋志》记载，1963—1964年，胶州湾潮间带有各种海洋生物141种，20年过去，在这一潮间带里有百余种海洋生物灭绝消失了。

进入新世纪，各级政府严加整治，工业废水都是经过处理之后排放。但还是有一些企业出于逐利目的，不舍得购置环保设备，不愿落实环保措施，偷偷将废水直排海中，严重污染近海海域，损害生物资源，给海上捕捞业和养殖业造成损失。

四是生活污水污染。

随着城市化进程的加快，沿海城镇人口不断增加，生活污水的排放对海洋产生了影响。前些年，一些城市的市政排污设施不配套，处理污水的能力有限，致使大量生活污水直排入海。生活污水加上工业废水、包含化肥的农业废水，让海水中的氮、磷等含量提高，造成海水富营养化，导致"赤潮""绿潮"频发。近年来，沿海城市生活污水基本上都能经过污水厂处理，达到国家规定的水质标准，然后通过污水海洋处置工程进行离岸排放。

五是塑料垃圾污染。

塑料是人类的一大发明。有数据显示，1950年全球塑料产量是200万吨，2015年增加至4亿吨，产量超过了除水泥、钢铁外的任何一种人造材料。到2020年，全球生产的塑料制品总重量为83亿吨，已经超过了全球陆地和海洋动物的重量之和。这些塑料，有63亿吨彻底成为废弃物，或被回收，或被当作垃圾填埋，或在自然环境中累积。在自然环境中累积的这一部分塑料废弃物，有好多通过地表径流（入海河口）、沿海排放以及大气沉降进入海洋。根据《科学》杂志发布于2015年的预估，2010年全球约有800万吨的塑料制品流入海洋。有的漂浮在海面上，甚至在西太平洋区域聚集成一个"新大陆"，面积相当于四个日本；有的沉入海底，在最深的马里亚纳海沟也有发现。

塑料产品由于物理化学结构稳定，在海洋里长达数百年都不会被完全分解。有的会在阳光、海浪与微生物的作用下分裂解体，成为微小的塑料颗粒。这种微塑料最为可怕，它是海洋中的PM2.5，会被海洋生物吞食，通过食物链又回到人类餐桌。微塑料进入人体时，会携带有毒物质、致癌物质，达到一定剂量时会破坏人体内分泌系统、甲状腺激素，影响人体的新陈代谢和生长发育。

2021年，生态环境部组织开展了全国51个区域的海洋垃圾监测，在近海6个代表性断面开展海洋微塑料监测。结果显示，塑料是我国海洋垃圾的主要类型。渤海、黄海、东海、南海监测断面海洋微塑料平均密度分别为每立方米0.74、0.54、0.22和0.29个，平均为每立方米0.44个。与近年来国际同类调查结果相比，我国近岸海域海洋垃圾和近海微塑料的平均密度处于中低水平。

即使处于中低水平，但毕竟还有，我们不能掉以轻心。

我国从20世纪70年代就开始重视海洋污染的治理。经过几年的调研，1977年9月，国务院环境保护小组和国家建委在北京召开了防治渤海、黄海污染会议。会议认为，渤、黄海的污染是严重的，对水产资源、渔业生产和人民健康造成了很大危害，已经到了非抓不可、非治不可的时候了。会议对如何做好两个海区的污染治理，做了具体部署和分工。1978年，国家建立了渤、黄海环境监测网，共设145个监测点，其中黄海57个，通过多种手段将海区污染情况置于严密监视之下。沿海省市采取各种措施，到1982年底，渤、黄海水质已有所改善，海水中的油、汞、镉、六六六等物质含量基本达到海水水质标准。

经过40多年的综合治理，黄海水质继续改善。生态环境部在2022年5月26日发布的《2021年中国海洋生态环境状况公报》显示，2021 年我国海洋生态环境状况稳中趋好，海水环境质量整体持续向好，符合第一类海水水质标准的海域面积占管辖海域面积的 97.7%，同比上升 0.9 个百分点；近岸海域优良水质（一、二类）面积比例为 81.3%，同比上升 3.9 个百分点。劣四类水质海域主要分布在辽东湾、渤海湾、长江口、杭州湾、浙江沿岸、珠江口等近岸海域。黄海未达到第一类海水水质标准的海域面积为 9520 平方千米，同比减少 15840 平方千米。

不只要净化海洋，还要发挥海洋对于地球的净化作用，这是近年来人类的崭新理念。

进入工业时代以来，焚烧化石燃料产生了大量的二氧化碳，导致地球温度上升，产生温室效应。全球变暖不仅危害自然生态系统的平衡，还影响人类健康，甚至威胁人类生存。因此，排出的二氧化碳或温室气体以植树造林、节能减排等形式抵消，实现"碳中和"，便成为全人类守护地球家园的美好设想。

地球上越过一半的二氧化碳是由海洋生物（浮游生物、细菌、海草、盐沼植物和红树林）捕获的，单位海域中生物固碳量是森林的 10 倍，是草原的 290 倍。海洋每年能够吸收约 30% 的人类活动排放到大气中的二氧化碳，储碳周期可达数千年。2009 年，联合国环境规划署、粮农组织和教科文组织政府间海洋学委员会联合发布《蓝色碳汇：健康海洋固碳作用的评估报告》，首次提出"蓝碳"概念。近年来，"蓝碳"这个概念在我国也日渐普及。

所谓"蓝碳"，即利用海洋活动及海洋生物吸收大气中的二氧化碳，并将其固定、储存在海洋中的过程、活动和机制。我国海岸线漫长，是世界上少数几个同时拥有海草床、红树林、盐沼这三大蓝碳生态系统的国家之一，为海洋固碳发展提供了广阔空间，发展滨海固碳增汇具有独特优势。2021 年 9 月，生态环境部发布《碳监测评估试点工作方案》，选取盘锦、南通、深圳和湛江作为海洋试点城市，开展盐沼、红树林、海草床和养殖海藻碳汇监测评估。

我国是大型海藻养殖大国，养殖面积约1300平方千米，产量约2018万吨，占全球的58.1%。将大型海藻碳汇纳入蓝碳体系，有利于碳中和目标的实现。从这个意义上看，海藻养殖除了经济效益，还有生态效益。黄海海域已经形成养殖海藻的传统产业，在这方面大有作为。同时，还可以培植海草，修复浅海生态系统。从2020年6月开始，中国水产科学研究院黄海水产研究所近海生态养殖团队就与荣成东楮岛水产有限公司联合开展试验，在陆基温室培育出鳗草幼苗，并成功移植到东楮岛附近海域。鳗草，别名大叶藻，过去在山东沿海分布较广，鳗草丛里生活着无数鱼虾螃蟹，还有大量海绵、管状蠕虫、苔藓虫等附着在鳗草的叶子上生活。但是，鳗草床资源目前已经严重衰退。这个海草床生态系统重建项目，2021年4月通过了国家专家组阶段性现场验收。

盐沼，指地表过湿或季节性积水、土壤盐渍化并长有盐生植物的地段，在黄海沿岸广泛存在。这些地方有独特的生态系统，生长在此的水草和微体藻类，都是"蓝碳"的主要参与者、贡献者。黄海沿岸各地，近年来都在实施滨海湿地固碳增汇行动，推进盐沼生态系统修复，增加海草床面积、海草覆盖度。许多盐沼正受到保护，已经消失了的被陆续恢复，有些地方还建成了湿地公园。从长江口到鸭绿江口，南通、盐城、连云港、日照、青岛、威海、烟台、大连、丹东等市都建起了数量不等、大小不一的湿地公园，蒹葭苍苍，水草丰美，鹤鹭翔集，一派生机。

2022年1月10日，中国黄海湿地博物馆在盐城正式开馆。这是全球首个全面展示黄海湿地生态区域自然人文的主题馆，主展区分为海陆天成、天际旅程、河海交响、湿地家园、全球使命中国担当五个主题，将盐城这片太平洋西岸和亚洲大陆边缘面积最大的海岸型湿地，连同整个黄海沿岸各个代表性湿地，通过多种手段予以生动展示，让人看了大开眼界，并增强了湿地保护意识。

黄海沿岸没有红树林，但中国第一个关于红树林的蓝碳项目交易是在青岛完成的。2021年6月8日，世界海洋日暨全国海洋宣传日主场活动在青岛举行，自然资源部第三海洋研究所、广东湛江红树林国家级自然保护区管理局和北京市企业家环保基金会三方联合签署了"湛江红树林造林项目"碳减排量转让协议。这个项目，通过发挥市场交易机制的作用，实现了红树林资源的生态、社会和经济共赢的目标，为各地提高红树林生态系统质量和稳定性，推动红树林生态系统保护修复起到了示范作用。

海岛处于海洋之中，也应该成为一个个"碳库"。位于青岛西南海域的灵山岛为了降低碳排放，已实现燃油车"零进岛"、太阳能路灯照明全覆盖、家庭取暖用上清洁能源，森林覆盖率达到80%，全年累计减碳约436吨。2021年12月21日，这里获得中国质量认证中心认证，成为全国首个获得权威部门认证的自主"负碳海岛"。

烟台市长岛县有151个岛屿和所属海域，岛陆面积56.8平方公里，海域面积3541平方公里，海岸线长187.8公里，拥有海草床、藻类贝类养殖等丰富的蓝碳资源。2018年6月19日，山东省人民政府正式批复设立长岛海洋生态文明综合试验区。四年来，这里为建设海洋生态文明采取了多方面举措，2022年5月20日又挂牌成立了"长岛海洋碳汇研发实验基地"，加快零碳生态岛建设、海洋资源、贝类碳汇、渔业碳汇、零碳旅游、绿色能源、蓝碳交易等方面的研究突破，推动海洋碳汇产业向更高层次发展。

威海市，更是在全国率先制定了蓝碳经济发展行动方案，成立了全国第一个生态经济主题院士工作站，集聚了桑沟湾贝藻碳汇实验室、楮岛海草床生态系统碳汇观测站、海洋生物碳汇研发基地等一批高能级研发平台。2021年在全国率先发放总额2000万的"海洋碳汇贷"，威海长青海洋科技股份有限公司拿到了这笔贷款，质押物是42.5万吨碳排放权。由此，蓝碳从"无价"变"有价"，在威海迈出了第一步。

2020年9月22日，习近平主席在联合国大会上代表中国政府向世界宣布："中国将提高国家自主贡献力度，采取更加有力的政策和措施，二氧化碳排放力争于2030年前达到峰值，努力争取2060年前实现碳中和。"碳达峰、碳中和目标的提出，顺应了绿色低碳可持续发展的全球大势，充分展示了中国负责任的大国担当，也开启了中国新一轮能源革命和经济发展范式变革升级的"倒计时"。

黄海西部，正在为这个目标的实现作出"蓝碳"贡献。

六 天堑通途

海洋，是人类在地球上行走的最大障碍。波涛汹涌，茫无际涯，挡住了他们的脚步，黯淡了他们的目光。后来有了船，有了飞机，才有了对海洋的跨越。然而这样的跨越还是不够踏实、稳定，当代人就在海上建起大堤、桥梁，在海底建起公路、铁路，让天堑变成通途。

在黄海西部沿海，最早的奇迹，是连云港的"西大堤"。

20世纪80年代，连云港港口急需扩建，向西发展。而西面向大海敞开，秋冬季节的北风推浪携泥，已经淤积成大片浅滩。连云港建港指挥部邀请南京水利科学研究院、河海大学等科研单位实地考察后，决定修建拦海大堤。这道大堤，从北崮山黄石嘴直达连岛的江家嘴，全长6700米，经国务院批准，1985年3月10日动土兴建。

连云港是建筑在淤泥质海岸线上的港口，有的地方淤泥深达十几米。据说，当年在此修筑码头时，由于没有处理好海底淤泥问题，有一位荷兰专家跳海自杀。跨海大桥的桥址上，淤泥厚度为6至9米，要在这样的地质环境下修建拦海大堤，难度可想而知。工程建设者本来打算采用挖泥技术，但发现这样难度大、进度慢，就研究出了"爆破挤淤技术"，通过爆破的办法清除海底淤泥，实现淤泥和石料的置换。一声声轰响，一次次水花突溅，由抛石形成的大坝基床在加固、在延伸。"爆破挤淤技术"是连云港开发的专利技术，后来在全国多地普遍采用。

这座全清淤抛石斜堤结构的大桥，共抛筑石料500多万立方米，预制水泥护坡块体28980块，浇混凝土141277立方米，1993年12月8日胜利合龙。大堤顶宽12米，堤面净宽10米，迎浪面筑有2.8米高的弧形挡浪墙。在大堤西端往东160米处，设有36个透水孔。每个透水管道长25米、直径1.2米，位于堤坝的腰部，涨潮时实现堤内外局部水体自然交换。1994年8月30日，工程通过国家竣工验收。因为是当时全国最长的拦海大堤，被誉为"神州第一堤"。

"神州第一堤"建成后，连云港港区变得风平浪静，码头岸线大大增加，庙岭港区和墟沟港区相继建成，港区水面由原来的3平方公里增加到30平方公里。

建设这道大堤，最初是为了港口防风挡浪和港口建设，建成后，其旅游功能日益彰显。东西连岛是江苏省最大的海岛，但过去上岛离岛都靠渡船，有了大堤，通了公交车，就方便多了。随着连岛旅游设施的开发，自驾游越来越红火，大堤上车辆穿梭往来。大堤本身也成为一道风景，如一道海上长城，人们凭栏观海，转身看港，都有壮美画卷入眼。

离开大堤西端，贴着港区东行，到连云港老码头、陇海铁路终端南下，眼前赫然出现一条跨海巨龙，那是田湾跨海大桥。

这座跨海大桥北接高公岛，南连徐圩新区，全长4572米，桥面宽34米。2013年9月开工建设，2016年4月29日正式通车，总投资15.5亿元。大桥采用双向六车道建设标准，由北引桥、主通航孔桥、中引桥、辅通航孔桥、南引桥五部分组成。在最高处还建有观景平台，游客到此纷纷停车，站到桥边观看田湾核电站、海上云台山等景观。大桥建成后，将"港、产、城"这几个海港城市核心元素有机串联，推动了地方经济的发展。

让天堑变通途的壮举，在山东半岛南面最为集中。

这里有一条滨海公路，就是著名的 G228 国道。它中途遇到多个河口、海湾，只好绕行，曲里拐弯。在荣成市区南面八河港港湾处，20 世纪 70 年代建了一座集交通、城市供水、灌溉等综合利用为一体的大型海湾水库，大坝长约 2600 米，一边是海水，一边是淡水，风味迥然。近年来，山东半岛南面还陆续建起几座跨海大桥，如青岛西海岸的陈家贡湾大桥，2009 年建成，长 1811.5 米；文登与荣成交界处的长会口跨海大桥，2009 年建成，长 2020 米；即墨与海阳之间的丁字湾跨海大桥，2012 年建成，长 3291.6 米。这几座大桥连同八河水库大坝，捋直了 G228 国道，让往来于半岛各市的车辆节省了好多时间。

古代被称作"少海"的胶州湾，是从青岛市外出的最大障碍。一是去黄岛不方便，"青黄不接"。虽然后来有了轮渡，但客流量大，很拥挤，而且受天气制约，常因大风、大雾而停摆。从青岛坐车去黄岛，要在 70 公里沿海公路上行驶两个小时左右。二是去省城不方便。虽然1994 年建成了济青高速公路，但也要在胶州湾北边绕一个大弯儿。有鉴于此，青岛市政府经过详细调研，制定了建设"南隧北桥"的方案，2006 年同时开工建设，以大手笔解决青岛交通瓶颈问题。

"北桥"，指胶州湾跨海大桥。2006 年 12 月 26 日揭牌奠基，动工兴建。投资接近 100 亿元，由中交公路规划设计院负责设计，山东高速集团投资、建设、经营、管理。

这座跨海大桥，建设难度非常之大。主要技术难点，首先在于当地的自然环境和气候条件特殊，大桥既要扛得住夏季的狂虐台风，又得抵得过冬日的冰封海洋，另外，环保方面的诸多要求也要满足。针对一个个难题，施工团队反复研究，拿出了完美的应对方案。譬如大桥的抗震标准，能达到里氏八级以上。其次，胶州湾有许多海上航线，修建大桥不能影响到海上航线的安全。于是，大桥在关键航道上采用了斜拉桥的设计，减少桥墩数量，升高桥面高度，桥面离海面最高处达到 50 米，可通过万吨轮。桥墩的紧固程度，能承受 30 万吨巨轮的猛烈撞击。再次，建设如此大规模的桥梁，要解决一些从未遇到过的技术难题。施工团队顶着巨大的压力，精心组织科研攻关，一些关键难题迎刃而解。最值得称道的是，大沽河航道桥箱梁由 22 种 55 个钢箱梁装焊组成，每个标准梁段长 12 米、宽 47 米、高 3.6 米，其中最大梁段重 1000 余吨，这在国内跨海大桥上首次采用。

经过四年的紧张施工，动用上万名工匠，耗费 45 万吨钢材和 230 万立方米混凝土，胶州湾跨海大桥终于建成。大桥东起青岛主城区，跨越胶州湾海域，西至黄岛的红石崖与济青高速公路南线连接，成为国家高速公路网 G22 青兰高速公路的起点段。在大桥主线中部，还设红岛互通立交与红岛连接线相接。胶州湾跨海大桥全长 36.48 千米，是当时世界上已建成的最长的跨海大桥，比前任"冠军"杭州湾跨海大桥长了 0.48 千米。有了这座双向六车道的跨海大桥，青岛、黄岛、红岛"三极"连接，扩大了青岛市城市框架。青岛市区抵达黄岛区仅需行驶不到 40 公里，车程时间缩短了整整一半。同时，也让济南和青岛之间的交通更加方便。

2011 年 6 月 30 日，胶州湾跨海大桥正式通车。在很长一段时间内，许多青岛人与外地人竞相到这座大桥"试新""打卡"；我多次坐飞机在青岛流亭机场起降，如果经过海上，都会贴近舷窗，俯瞰这条海上长龙。

的确，这座大桥结构新颖、造型独特、美观大气，三座航道桥与非通航孔桥、海上互通立交等完美组合，149 米的主塔高高矗立，共同谱写了一部气势磅礴的桥梁组曲。大桥在建成之后，获得多项荣誉：2011 年入选《福布斯》榜"全球最棒 11 座桥梁"，2013 年在第 30 届国际桥梁大会上获乔治·理查德森奖，2018 年获中国公路"李春奖"。2011 年，非洲国家塞拉利昂还以胶州湾大桥的主体工程形象，发行了两张纪念邮票。

胶州湾跨海大桥自投入使用以来，至 2022 年 5 月，已累计安全通行车辆超 1.2 亿辆次，现在每天平均有 5 万多辆车驶过。2022 年 5 月 22 日，胶州湾跨海大桥东延工程正式启动，计划延长 1.6 千米，通过立交桥的方式与青银高速相接。项目完工后，从这座大桥上通过的车辆将进一步增多，大桥功能将更加彰显。

"南隧"，指青岛胶州湾隧道。2006 年 12 月 27 日，也就是"北桥"开工的第二天，举行了"南隧"的动工仪式。青岛的西南端是团岛，黄岛的最东端是凤凰岛，设计中的胶州湾隧道要穿过胶州湾海域，连接团岛与凤凰岛，成为"青黄相接"的捷径。线路全长 7.797 千米，跨海部分长 4.095 千米；道路设计为双向六车道，总投资为 40.59 亿元人民币。

青岛胶州湾隧道是中国最早开工建设的海底隧道，缺乏海底隧道的设计、施工规范和建设经验。隧址区水文地质又极其复杂，岩石多达 22 种，岩体构成复杂多变。海域段穿越 4 组 14 条断裂带，极易透水。而且，胶州湾隧道是当时世界上埋深最浅的钻爆法海底隧道，施工中极易发生坍方、突涌水等灾害性事故。施工方通过反复调研讨论，将"穿越海域最大水深 42 米，最小岩石覆盖层 25 米"作为纵断面设计时的控制埋深，降低了隧道失稳和海水溃入的风险。同时，开发了综合超前地质预报技术，开发了一整套硬岩海底隧道信息化快速注浆加固堵水技术，解决了难题，让胶州湾在数万年前形成的海底之下有了平行间距为 45 米的两个特大孔洞。

在两年多的时间里，隧道工程共开挖土石方约 253.8 万立方米，喷射混凝土 12.4 万立方米，模筑混凝土约 61.3 万万立方米，用水泥约 31.5 万吨，钢材约 8.7 万吨，锚杆 38 万根约 115 万立方米。2009 年 4

月 28 日，胶州湾隧道完成主体贯通工程；2011 年 6 月 30 日通车运营，实现了中国海底隧道从无到有的突破。

从此，胶州湾湾口出现奇观：海面依旧碧波荡漾，船来船往，而南面的滨海大道终端、北面的四川路终端，都有两个并列隧道口，车辆鱼贯而入，短短 6 分钟后即可从另一头驶出。许多老司机到此跑第一回，出了隧道都要赞叹一声：太方便了！

2011 年 6 月 30 日，中国邮政局发行了 JF103《青岛胶州湾隧道通车》邮资信封。邮资图为青岛胶州湾隧道的横截面示意图，隧道内的风道口、宽畅的道路和行驶中的轿车，一级隧道顶板外的海底等；装饰图为胶州湾碗口海域地图，一根象征隧道的深红色线将青岛市区（青色）和黄岛区（黄色）垂直相连，寓意"青黄相接"的愿望已经实现。

青岛胶州湾隧道，荣获 2014 年第十二届中国土木工程詹天佑奖、2014 至 2015 年中国建设工程鲁班奖。

"南隧北桥"同时开工，同时建成，让胶州湾有了两条过海大通道，给市民出行、外地人来青岛提供了极大便利。

在此基础上，青岛市政府还想进一步改善城市交通，之后又让两条地铁穿过了胶州湾。

一条是地铁 1 号线。这是青岛轨道交通规划线网中的第一条线路，全长 60 公里，设 41 座车站，属于国内少见的超长线路。到了团岛，沿既有的胶州湾隧道东侧向南，下穿胶州湾湾口海域，接入西海岸凤凰岛站。区间线路纵坡呈"V"字形，海域段长度约 3.49 公里，最深处距海平面 88 米，比胶州湾隧道还要深。隧道上方，每平方厘米至少承受 8.8 公斤水压，相当于每平方米承受 300 辆小汽车的压力。2015 年 10 月，青岛地铁 1 号线过海段开工建设，2018 年 11 月 6 日顺利贯通，为当时中国国内最深的海底隧道和最长的地铁海底隧道。2018 年 12 月 30 日，青岛地铁 1 号线南段通车运营，青岛市民乘坐地铁通过胶州湾仅需 6 分钟。又添一线牵"青黄",胶州湾巨变续写了新的篇章。

另一条是地铁 8 号线。这条地铁起自胶州北站,终于五四广场,全长 48.3 公里。其中从大洋站到青岛北站的区间,在胶州湾北部,要穿越 5.4 公里长的海域。隧道最大埋设深度达海平面以下 56 米,地质复杂多样,共通过 9 条断层破碎带,建设方花了两年零七个月完成施工。2020 年 12 月 24 日,青岛地铁 8 号线正式开通运营,连接了青岛所有的交通枢纽,包括高铁青岛站、青连铁路青岛站、胶州北站、胶东国际机场等等,功能强大。

穿过海底的隧道,在大连市也有两条,都在大连湾。

进入新世纪,大连先后建成五条地铁。大连地铁的吉祥物为斑海豹"连仔",笑眯眯的,十分可爱。2017 年 3 月 30 日开建的地铁 5 号线,让"连仔"有了潜游海底的一段路程。

那片海是大连湾里面的梭鱼湾,海域内有大连港和大连船舶重工集团有限公司等"国之重器"。从卫星云图即可看到,"大船集团"的船坞内有多艘巨轮正在建造中,在船坞前方海域中,有一条南北向的虚线标出了地铁 5 号线的位置。

这条地铁,下穿海域全长 2882 米,最深处距海平面约 50 米。隧道穿越的地方是岩溶强烈发育区,探明的溶洞有 1000 多个,最大的溶洞高 29.8 米,大约有 10 层楼高。而且,海底溶洞连环生长,走向复杂,泥浆灌进去往往顺洞溜走。如果泥浆填充不到位,作业面就会出现坑包,让盾构机栽跟头。想象一下这些险情,会让人不寒而栗。面对严峻挑战,施工人员万分谨慎,稳扎稳打。2020 年 5 月 6 日,"海宏号"盾构机穿越海底溶洞群,进入板岩地层推进,标志着盾构施工下穿海域岩溶强烈发育地质这一"世界性难题"被攻克。2021 年 11 月 10 日,海底隧道土建施工完成;2022 年 5 月 19 日,跨海隧道工程铺轨全部完成。2023 年建成运营后,大连地铁 5 号线将形成一条南北向的城市快速通道,让梭鱼湾至火车站的时间从 30 多分钟缩短至不足 3 分钟。

　　在这条穿海地铁的东面，大连湾海底隧道也在 2017 年 3 月 30 日开建。长达 5.1 公里的隧道由 18 节下沉式管道拼接而成，每一节的长度为 180 米，重量约 6 万吨，是世界上单孔跨度最大、结构外包尺寸最大的沉管隧道。2022 年 9 月 29 日，大连湾海底隧道顺利贯通。建成后，加上 7000 米长的光明路延伸工程，将把东港商务区和钻石湾这两个大连最繁华的区域连接起来，破解大连 C 字形空间结构所形成的交通瓶颈，构建起大连"一湾两岸"的滨海城市新格局。

　　大连在黄海海域还有多座跨海大桥，规模较大的有位于长海县大长山岛和小长山岛之间的长山大桥，长 3.38 公里，2014 年建成；位于大连市区的星海湾大桥，长 6 公里，2015 年 10 月 30 日通车。

　　星海湾跨海大桥，在星海广场南侧约 1000 米，是中国首座海上建造锚碇的大跨度双层悬索桥。它西起甘井子区环涛路仁水街交叉口，东至西岗区滨海西路上的金沙滩东侧，上层桥面由东向西行驶，下层桥面由西向东行驶。星海湾大桥的建成，不仅直接连通甘井子区和西岗区，缓解了交通压力，而且成为一个新的旅游景点和大连市新的地标式建筑。从岸边看桥，长龙蜿蜒；从桥上看星海广场，美轮美奂。尤其是夜晚，二者相映生辉，如梦如幻。

　　站在星海湾大桥上向南眺望，可能会看见从山东半岛过来的轮渡船正绕过老虎滩、棒槌岛去大连港停泊。山东半岛与辽东半岛之间的客轮，开通了上百年之久，已经成为连通"海南""海北"的重要途径，但因为海路辽远，有风有浪，一直充满凶险，发生过多次海难，直到 20 世纪末还发生过一次。

　　那是 1999 年 11 月 24 日午后，海上寒风凛冽，越刮越猛，烟台海监局下达了严禁出海的通知，只有"大舜"号滚装船违禁出发，从烟台地方港开往大连。出航两个小时之后，风浪愈发狂急，船长只好决定返航。然而轮船掉头时颠簸剧烈，货舱里稳固汽车的缆绳断开，车辆乱撞，导致起火。发出求救信号后，有几艘船先后赶去救援，却因风浪太大无法靠近。23 时 38 分，船体翻沉，285 人遇难，5 人失踪，生还者仅为 22 人，让全世界震惊，无数人悲痛。

因而，人们就梦想两个半岛之间也能有一座桥梁。不只为了安全，更是为了交通便利，助推经济发展。早在 1992 年，时任烟台市政府办公室副主任的柳新华就提出建设渤海海峡跨海通道项目，其构想是：从山东蓬莱经庙岛群岛至辽宁旅顺，以跨海桥梁、海底隧道或桥梁隧道结合的方式，建设跨越渤海海峡的直达快捷通道。

这个提议引起有关方面的重视，2008 年，国家发改委召开了关于渤海海峡跨海通道项目（也称烟大海底隧道）的研究座谈会。自 2009 年开始，辽宁、山东两省人大代表、政协委员连续六年在全国两会上提交建设渤海海峡跨海通道的议案和提案。2011 年，国务院正式批准《山东半岛蓝色经济区发展规划》，"开展渤海海峡跨海通道研究工作"写入其中。2013 年 7 月，渤海海峡跨海通道战略规划研究项目完成并上报国务院。

据报道，渤海海峡跨海通道战略规划研究项目组的专家否决了之前的"全桥梁""南桥北隧"两种方案，敲定了"深埋的全隧道"方案。有专家分析，渤海海峡跨海通道的建设，将使环渤海由原来的"C"形环绕运输变为"I"形直达运输，烟台和大连之间 1800 多公里的陆路运输，通过这个项目将减少到 120 多公里。渤海经济圈与胶东乃至长三角经济圈紧密结合，对东北振兴、中国经济的再腾飞意义重大。工程虽然投资巨大，2000 亿元到 3000 亿元，但 10 年至 15 年即可收回，直接受益的地区就有 10 个省市，并且大大降低了运输成本。到 2030 年，跨渤海海峡潜在货运流量将达到 1.7 亿吨、客运流量为 4000 万人左右，每年可节约燃油 100 余万吨，减少碳排放 800 余万吨。

但是，反对的声音也有。有专家认为，渤海海峡位于郯庐断裂带附近，地震等自然灾害发生概率非常大；还有专家认为，渤海海峡的客货运输需求远没有想象中那么大，而且，现有的两个半岛之间的轮渡，以及 2008 年开通的烟大铁路轮渡，再加上飞机，已经基本满足两地运输需求。

虽然渤海海峡跨海通道项目至今未能在国务院正式立项，但是它的宏伟模样早已出现在无数人的想象之中了。

七　绿电上岸

如果真有东海龙王的话，他老人家近几年巡海，会发现领地里矗立了无数"定海神针"。他可能会想，莫非是孙猴子拔下大把毫毛，撒到海里变成的？但他到水面察看，却发现"金箍棒"顶端有三个长叶子呼呼转动。问虾兵蟹将这是咋回事，有聪明者告诉龙王："这是人类造的大风车，安到海上借风取电。"龙王听了会捋着龙须赞叹："人类借风行船几千年，现在又有了这个新点子？厉害厉害！"

人类的确厉害。自从学会用电，千方百计制取，有火力发电、水力发电、风力发电、核能发电，等等等等。火力发电，因为要消耗化石燃料，如煤炭、石油、天然气等等，造成环境污染，人们便千方百计寻求清洁能源，更多地使用"绿电"——在生产过程中二氧化碳的排放量为零或趋近于零的电力。

风，是大自然中取之不尽用之不竭的天然能源。风车、风帆，是人类大规模获取风能的例证。受此启发，人类从 100 年前开始研制风力发电装置，先是小型，后是大型。其原理，是利用风力带动风车叶片旋转，再通过增速机提升旋转的速度，以促使发电机发电。1978 年 1 月，在美国新墨西哥州的克莱顿镇，一台 200 千瓦的风力发电机投入使用，其叶轮直径为 38 米，发电量足够 60 户居民用电。1978 年初夏，在丹麦日德兰半岛西海岸，有一台 57 米高的风电机开始运行，日发电量达 2000 千瓦时，所发电量的 75% 送入电网，其余供给附近的一所学校。

与化石燃料不同，风力发电优势多多。最主要的优势是蕴量巨大，有专家计算，全球可利用的风能比地球上可开发利用的水能总量要大 10 倍。再就是清洁、可再生，能使环境污染降至最低。所以，风力发电机在全世界许多地方竖了起来。

进入新世纪，中国新能源战略把大力发展风电作为重点，并且实行补贴政策，短短 20 年，风电装机容量已经跃居世界第一。然而，在陆地上发展风电遇到了一些问题，如中国西部幅员辽阔，风力充足，但是风沙对风电设备磨损严重；在人口较多的中东部发展，却有噪音和视觉污染、占用土地等问题。于是，专家与决策者便想到了海上的风。

我国海上风能资源十分丰富。据中国气象局的调查和评价，近海 5—25 米水深区风能资源技术开发量约为 2 亿千瓦，5—50 米水深区约为 5 亿千瓦。如果近海风能被充分利用开发，相当于 30 个三峡电站的规模。

然而，发展海上风电面临许多困难。首先，海上风电场建设前期，要在海上竖立测风塔以取得风力数据，并对海底地形及其工程地质等基本情况进行实地勘察；其次，要考虑风和波浪的双重载荷，其支撑结构的要求比陆上风电更高，尤其是要面对恶劣天气、海浪、潮汐等带来的挑战；最后，海上风电机组的吊装等建设施工以及运行维护的难度也很大，需要专业船只和设备。

但这些困难，都被建设者一一克服。2010 年，我国建成了第一个海上风电场。这就是上海东海大桥海上风电场，分布在临港新城至洋山深水港的东海大桥两侧。国家能源局的数据显示，到 2021 年，我国海上风电累计装机规模达到 2639 万千瓦，跃居世界第一。

"风在海上刮，电从海底来"，用海风发电是一个奇妙的过程：海风带动叶轮转动，驱动叶轮背后的发电机，电流通过塔筒内和埋在海底的海缆传导至海上升压站，再以高压方式送到岸上并入电网，传送至千家万户。

随着海上风电建设迅速升温，黄海西部景观也随之改变。2022年5月下旬，我在朋友陪同下从长江口北岸的启东圆陀角向北走，在沿海看到了多处海上风电场。塔筒挺立，叶片悠悠，成为海天之间的独特风景。听当地领导介绍，更多的风电机建在海中，离岸一般有几十公里。我用百度地图看，有的能看到，但很模糊。在网上查到"吉林一号"卫星的一些遥感影像，等于在650公里高的轨道上"看"海上风电场，竟然十分清晰，历历可数。

黄海南部海域的沙洲群，其范围北起射阳河口，南至长江口北部，涉及江苏盐城、南通下属的8个县、市，南北长200多公里，东西宽约140公里，面积2.4万平方公里。它由古黄河、古长江和海洋潮波共同缔造而成，其中的太平沙、毛竹沙、牛角沙、蒋家沙、太阳沙等等，都是大名鼎鼎。过去这一带造成行船障碍，现在却成为海上风电的理想场址，因为水浅，海底都是淤泥质型。因此，沿海地区的启东、通州、如东、东台、大丰、射阳、滨海、响水等等，都在积极发展海上风电。相毗邻的连云港市灌云近海，也有风电场建起。

风电界有个说法："世界海上风电看中国，中国海上风电看江苏，江苏海上风电看盐城。"盐城地处江苏沿海中部，沿海滩涂面积683万亩，海域面积1.89万平方公里，有丰富的可开发风电资源。在政策和地缘双重因素的吸引下，2017年以来，国内外许多企业落户盐城，包括华能、国家电投、国家能源、三峡等一批央企也来大展拳脚。

最早的风电场位于江苏省响水县灌东盐场、三圩盐场外侧海域，离岸距离约10公里，涉海面积34.7平方公里，投资建设者是中国长江三峡集团有限公司。这个项目于2014年10月开始海上试桩，2015年4月25日开始海上主体工程全面施工。施工船开到这片水深8至

12 米的海域，打桩，吊装，让一台台"大风车"立在了海面上。2016 年 9 月 3 日 16 时 28 分，经过 27 小时连续作业，最后一支叶片被高高吊起，在 87 米高空与轮毂顺利对接，至此，风电场的 55 台风机全部吊装完毕。10 月 17 日，主体工程全部并网发电，年上网电量约为 4.93 亿千瓦时，每年可节约标煤 15.4 万吨，减排二氧化碳 38.9 万吨、二氧化硫 2804 吨。作为三峡集团首个海上风电项目，它创造了亚洲首座 220 千伏海上升压站、国内首条 220 千伏三芯海缆等多项第一，探索积累了国内海上风电建设的宝贵经验。

此后，盐城每年都有海上风电场开工，有的离岸很远。在毛竹沙建的江苏大丰 H8-2 海上风电项目，离岸超过 80 公里，是我国距离陆地最远的海上风电项目，所用海缆长度达到 86.6 公里。在这里建风电场相当不易，施工人员乘船从盐城大丰王港新闸出发，需要绕开一些沙洲，航行 5 个小时才能到达，有的人严重晕船。项目在 2020 年 9 月开工，2021 年 11 月 28 日完成全部风机安装，12 月 15 日全容量并网发电。年发电量约 9 亿千瓦时，能够满足约 37 万个家庭一年的正常用电需求。

2021 年，盐城海上风电建设热火朝天，一片繁忙景象。在高峰时段，海上各类施工作业船舶达 200 余艘，作业人员达 2000 余人。到 2021 年底，盐城近海海域已经建成 23 座风电场，计有 1355 台风机、19 座升压站、1 座高抗站，总装机容量达 552 万千瓦。这是当时国内规模最大的海上风电集群，并入国内的大电网，每年可以输送清洁电力约 173 亿度，接近盐城全社会用电量的近一半。盐城，已是名副其实的"海上风电第一城"。

与海上风电同时崛起的，还有风电设备制造业。盐城已成为国内产业规模大、配套能力强、集聚效应佳的风电装备制造基地，形成了盐城港大丰港区、射阳港区、滨海港区、响水港区四大港区为核心的"海上风电母港集群"，保障海上风电项目设备运输及运维设备、人员出海的港口需求。2021 年，风电整机产能达 2300 台（套）/ 年、风电叶片产能达 8529 片 / 年、风电塔筒、导管架产能 65.5 万吨 / 年。

2021 年 9 月 13 日，江苏省发展和改革委员会、江苏省自然资源厅联合发布《江苏省"十四五"海上风电规划环境影响评价第二次公示》。公示显示，江苏省"十四五"海上风电规划规划范围为江苏省领海内海域，规划场址共 28 个，规模 909 万千瓦，规划总面积为 1444 平方公里。这意味着，江苏沿海海域在 2025 年之前将建设更多的海上风电场，出现风电机林立的壮观景象。

2021 年 11 月 15 日，2021 中国新能源发展论坛在盐城举办。论坛主题为"双碳赋能智领未来"，旨在"30·60"双碳目标引领下，持续构建全球新能源领域交流合作平台，及时分享技术创新和优秀实践，共同打造绿色转型美好未来。11 月 16 日，首届"中欧海上风电产业合作与技术创新论坛"也在盐城召开，来自中欧双方的能源主管部门、能源企业和机构的嘉宾代表，通过线上线下的形式，共同探讨海上风电的未来合作发展路径。

山东省海岸线长、海域广阔，也有向海揽风之优势。"十四五"期间，山东规划了渤中、半岛南、半岛北三个海上风电基地，总装机规模 3500 万千瓦。半岛南、半岛北这两个海上风电基地，都在黄海。

山东半岛南面，海阳核电站举世闻名。半岛南海上风电基地就在核电站南侧海域，相距不远，似在显示共同为山东增加清洁能源的姿态。半岛南 3 号、4 号，两大片风电场总投资约 110 亿元，总装机容量为 60 万千瓦，年发电量超 16 亿千瓦时，年可节约标煤约 50.4 万吨。

2021 年 9 月 12 日 16 时 31 分，华能山东半岛南 4 号海上风电项目首批风电机组顺利并网，成功发出山东省第一度海上风电，标志着山东省实现海上风电"零"的突破。该项目总装机容量 301.6 兆瓦，安装 58 台 5.2 兆瓦风机，是目前国内应用单桩基础水深最深、单机容量最大的海上风电场之一，在建设中创造了同类项目风机沉桩速度新纪录；首次实现了海上升压站全国产化，是首个风、光、储综合利用的海上风电项目；创造性地完成首台海上风机整体吊装，开创了国内海上风电实施5.2兆瓦以上单桩基础风机整体吊装先河。2021年12月10日，4号海上风电项目实现全容量并网发电，年发电量大约8.2亿千瓦时，所发的电通过两条长约40公里的海缆送到陆上并入山东电网。

12月16日，国家电投山东半岛南3号海上风电项目也实现全容量并网发电。这个项目风场中心离岸37公里，平均水深31米，装机规模301.6兆瓦，有58台单机容量5.2兆瓦风电机组。

两个风电场，共116台风机。离此不远，同属半岛南海上风电基地的V场址上，2022年又树起了72台。该项目由国家电投集团海阳海上风电有限公司承建，一个突出的特点是单机容量增加，每台都是7兆瓦。

半岛北海上风电基地的多个场址，2022年也已启动前期准备项目。

在黄海最北端，庄河海域石城岛东侧，2021年也建成了一个大型风电场，面积115.2平方公里，平均水深30米，共安装111台风力发电机组。这是由中国电建所属华东院EPC总承包的海上风电项目，是我国北方单体容量最大、纬度最高的海上风电场。12月31日实现全容量并网发电，年上网电量可达17.3亿千瓦时，可满足144.2万户家庭年用电需求。

2013年，国家能源局批复《大连市海上风电工程规划报告》，在庄河、花园口区域布局6个海上风电场，规划总装机容量190万千瓦。庄河海上风电场建成之后，剩余几个海上风电项目也将在"十四五"期间建成投运，届时，大连将成为我国北方地区重要的清洁能源生产基地。

前几年，为发展清洁能源生产，国家实行补贴政策，起到了激励和推动作用。但发展到一定阶段，取消补贴，实现平价，也是促使其可持续发展的必要手段。2020 年，是陆上风电补贴的最后一年；2021 年，是海上风电补贴的最后一年。早日实现平价，是海上风电行业的主攻方向，有人甚至将其称作"风电界的珠穆朗玛峰"。

为了攀上这个"珠穆朗玛峰"，全行业都在想方设法，在风电机组制造、海上输电工程、项目施工建设、后期运行维护等环节全面发力。譬如说，有的厂家正在生产超长叶片，2022 年 8 月，连云港一家公司生产出长 123 米，相当于 37 层楼高的叶片，于 9 月底装船运往盐城大丰试验场试装。未来的单支叶片可达到 150 米，主轴承可以达到 5 米。通过种种举措，海上风电场的度电成本可大大降低，有优势跟火电竞争。到那时，黄海上的浩浩长风，会转化为更加强大的电流，给陆地上送去能量，送去光明。

海洋上可开发利用的清洁能源，不只有风能，还有光能——洒向海面的金色阳光。

在江苏省东台市沿海滩涂，2017 年出现了一处"风光渔"互补产业基地，格外引人注目。在一望无际的滩涂上，矗立着一排排风电机，下面是在太阳照射下亮闪闪的大片光伏板。光伏板下面，则是一个个鱼塘，养着鳗鱼、鲻鱼、脊尾白虾等等。这种立体开发模式，实现了滩涂资源利用效益最大化。基地已建成 14 平方公里，新能源装机容量达 1 吉瓦，总投资达百亿元，将建成全球单体规模最大的滩涂风光电产业基地，年可实现产值 25 亿元，提供清洁能源 30 亿千瓦时。

2022 年 5 月，山东省启动了第一批 11.25GW 海上光伏的招标，正式启动了光伏"入海"的新征程。根据整体规划，在浅海海域（低潮位水深 6—8 米至潮间带）重点布局桩基固定式海上光伏，在已规划海上风电可用海域重点布局漂浮式海上光伏，总装机规模 4260 万千瓦，重点打造"环渤海"和"沿黄海"两大千万千瓦级海上光伏基地。在黄海沿海，青岛、烟台等地海域都安排了重点项目。从开发节奏来看，近期采用渔光互补、多能互补等模式，推动桩基固定式海上光伏开发建设和漂浮式海上光伏示范；中远期，结合海上风电开发布局，在具备条件的海域大规模推动漂浮式海上光伏开发建设，重点打造"风光同场"海上清洁能源基地。到 2030 年，海上光伏规划项目全部建成并网，装机规模达到 4000 万千瓦左右，建成全国重要的海上"风光同场"一体化综合开发基地。对于刚刚研发出的漂浮式海上光伏项目，山东省将按照 1500 元 / 千瓦的标准给予财政投资补贴，以后按照每年 300 元 / 千瓦逐步退坡。这种激励政策，将促使许多企业到海上追光逐日，获取光能。

2022 年 2 月 9 日，辽宁省大连市人民政府发文称，今年普兰店区紧盯"大连市副中心城区建设"主线目标，抢抓"双碳"发展机遇期，以沿海光伏为突破口，精心谋划国内最大规模沿海滩涂"渔光互补"光伏示范基地建设。确立皮杨地区为全区新产业发展集聚区，新产业研发中心项目已落户皮杨产业区。目前，已将 4 万亩盐田作为先期开发地块，与 14 家企业签署新开发框架协议，匡算总投资 111.4 亿元。

据报道，普兰店区以皮口辽参特色小镇为核心区，探索打造"光伏 + 海参养殖"产业融合示范点，首创"参光一体"产业模式，健全集"育种研发—参光一体生态养殖—有机加工—品牌销售"的参光一体全产业链，将光伏产业融入辽参生成环节，同步提高单位空间资源的利用率、绿色发电等多重效益，同时也有利于解决海参生产环节的供给和污染问题，打造产业融合绿色发展新样板。

"风光同场""风光渔""参光一体"等等，这是黄海沿海已经出现和将要出现的一个个独特景观。

风能与太阳能是从空中来的，海洋中也有能源，如潮汐能、波浪能、海流能（潮流能）、海水温差能、海水盐差能等等。当代人类对这些都有观察和研究，有的已经开发，有的正在试验阶段。

在我国，20 世纪 60 年代就对潮汐能开展研究，并建设发电站。

一批水电专家对山东、浙江、辽宁等省份进行了实地考察，共确定了398处适合建设潮汐电站的地点。专家们发现，以乳山口为中心东西100多公里的沿岸潮差较大，平均在2米以上，是我国北方海域最具备建设潮汐电站条件的海区之一。而金港海湾是乳山口海湾中的一个小海湾，在这里修建拦海大坝具有得天独厚的地理优势，潮差、地质等各方面条件也最为理想，最终被选定为我国第一个，也是亚洲第一个潮汐电站的站址。

1970年7月，金港潮汐电站破土动工，当时周围几个村的村民都来参加劳动，修筑大坝。当年11月电站建成，装有框架木面自动启闭闸门和3台立式水轮机，单机容量40千瓦，1970年12月5日开始运行发电。受当时技术条件所限，3台木制水轮机效率低，机组和传动设计也不合理，水下部件海蚀严重，海生物附着物常使流道阻塞。金港潮汐电站只运行了3年便停业，水库改为海水养殖场。

金港潮汐电站停业之前，有关方面就在乳山口湾另行勘址，决定在白沙口修建新站。1973年11月动工兴建，因当时特殊的社会原因，10多年才建成，为当时中国最大的潮汐发电站。运行了近20年，因为这一带开发建设银滩滨海旅游度假区，白沙口潮汐电站于2007年停用。

在黄海东岸，韩国京畿道安山市海边，2004年开始建设始华湖潮汐发电厂，2010年建成，2011年8月3日正式开始运营。10台发电机合并发电容量达25.4万千瓦，年发电量可达5.52亿千瓦时，为世界规模最大的潮汐发电厂。韩国联合通讯社称，始华湖潮汐发电厂每年可以为韩国减少1000亿韩元的石油进口，并减少32万吨温室气体的排放。

2010年11月24日，黄海西岸的潮汐电站又有新策划。国家海洋局、中国海洋大学、海洋可再生能源管理中心三方共同签署了《乳山口4万千瓦级潮汐电站站址勘查及预可研项目合同》，该项目是全国唯一入选的潮汐电站站址勘查及预可研项目。乳山口潮汐电站初步选择单库单项发电方式开发，总投资约 8 亿元，初步估算装机规模为 4 万千瓦，布置安装 5 台竖井增速贯流转桨式水轮发电机，年发电量约 1.03 亿千瓦。但这个项目后来没有进展，大概与成本较高、难度较大有关。

波浪能发电，也在试验中。"无风三尺浪，有风浪滔天"，这是形容海上波浪的一句老话。尤其是波浪冲击海岸时冲击力巨大，蕴藏着巨大的能量。有人测算，在 1 平方公里海面上产生的能量可达 20 万千瓦左右。2005 年《中华人民共和国可再生能源法》颁布，随着相关政策的刺激，我国波浪能装置开发也进入了快速发展的阶段。在黄海西部沿海，一些波浪能发电典型装置已投入试验，譬如：

2012 年，国家海洋技术中心研究开发了 100 千瓦底铰摆式波浪能发电装置，在青岛即墨大管岛海域进行了海试。

2012 年，山东大学研制了 120 千瓦双定子、双电压结构的振荡浮子式波浪能发电装置"山大 I 号"。该设备总高度 30.77 米，质量约为 93 吨，在俚岛附近进行了海试。

2014 年，中国海洋大学研制了 10 千瓦组合型振荡浮子波能发电装置，命名为"海灵号"，在斋堂岛海域投放。该装置运用组合式陀螺体型振荡浮子与双路液压系统将波浪能转化为电能，使用潜浮体和张力锚链进行海上安装定位。

但愿这些试验早日获得成功，能让滚滚波涛转化为源源不断的电流。

利用海流能（潮流能）发电，东海中已有成功案例：在浙江舟山，一座外形像小提琴模样的大型海洋潮流能发电站于 2016 年建成，首期 1 兆瓦机组成功并入国家电网，2018 年 8 月被国际能源署认定为世界首座海洋潮流能发电站。在黄海，目前尚无建成的此类电站，但黄海与渤海交界处的老铁山水道，一直被专家津津乐道。因为这里的海水流速很大，有实际开发价值。

海水温差能、海水盐差能发电，目前还在理论探讨中。

说来奇怪，我国四大边缘海中，渤海、东海、南海都有丰富的化石燃料资源，几十年来已经开发利用了好多，唯独黄海没有。一些科研机构一直在考察研究这个问题，专家研判，在南黄海，海相中生界、古生界油气资源潜力巨大；在北黄海，崂山断隆带是海相下构造层的油气远景区，青岛隆褶带是海相上构造层的油气远景区。但所有的勘测考察，迄今未获得商业性发现。

好在，清洁能源弥补了这个缺口。

绿电方兴未艾，黄海能量十足。我们已经获益，并将享受越来越多的福祉。

八　游人如潮

人类有一种趋海性，对海洋既敬畏又迷恋。有人不惧远路长程，千方百计前去看海；有人迁徙到那里居住，为的是亲近大海，改善生活。现在，世界上四分之三的大城市、70% 的工业资本和人口集中在距离海岸线 200 公里以内地区。卫星云图的夜间景象佐证了这个事实，海边与内地相比，亮点更多，亮度更高。

这个历史进程，在中国是迟来晚到的。明清两代实行海禁时，海边居民大量减少。直到改革开放之后，人们有钱有闲，到海边旅游才蔚然成风；放开了户籍限制，城市化进程加快，滨海城市人口飞速增加。

我也是一个逐海而居之人。1991 年到日照之后，30 多年来经历和见证了滨海旅游业的发展。兖（州）石（臼）铁路刚开通时，乘客中就有许多专程到日照看海的人。还有个别人买不起车票，扒火车坐在煤堆上。火车到了石臼港停下，他们跳下车，跑到海边洗去一身煤黑，而后在沙滩上尽情玩乐。当兖石铁路与郑州连通，很多旅行社在河南打出了一句广告语："日照——离你最近的海！"于是每个周六晚上，从郑州开往日照的火车上，河南游客满满当当。早上到站，去海边玩上一天，晚上坐夜车打道回府。游客们来自全国各地，大小宾馆到了夏季统统住满。海边渔村几乎家家办起"渔家乐"，既可住宿又可吃饭，游客们住进去，换上泳衣即可下海。我曾接触到许多游客和内地朋友，有人把海子的那句诗"面朝大海，春暖花开"挂在嘴边，有人甚至把看海与藏传佛教教徒朝拜拉萨相提并论，声称不看看大海，人生不算完整。

还有一些游客专门到日照看海上日出。日照的海在东面，日照又在中原之东，因而古人认为这里"日出初光先照"，遂将这里命名为"日照"。这里自古以来就有太阳崇拜习俗，现在日照被人叫作"东方太阳城"。日照海边，每天早晨都有好多人看日出，等到太阳跃出大海的那一刻，海滩上一片欢呼。2000年1月1日的早晨，我在海边与几万人一起恭迎新千年的第一缕曙光，当时的复杂情感，至今记忆犹新。此后，这里每年元旦早晨都要举行盛大的"迎日出祈福庆典"活动，当一轮朝阳在海面上升起时，圣钟一下下敲响，万人面向朝阳祈福，场面十分感人。不止于此，位于日照城西南的天台山，传说是东夷人祖先祭祀太阳神的圣地，2021年在山顶建起了高高的观日台，每天都有一些游客到那里迎迓海上朝阳。

近年来，日照市大力实施阳光海岸品质提升行动，免费开放万平口景区、海滨国家森林公园，先后建成开放28公里的阳光海岸绿道和33.8公里的山海风情绿道，将山海林湖等自然资源和体育运动、休闲娱乐等功能景点串珠成链。与此同时，新的旅游景点不断增加，如海洋公园、海洋美学馆、海洋科普馆、东夷小镇、刘家湾赶海园、岚山多岛海等等。日照港在全国第一个实行"退港还海"，将煤炭堆场转移到南港区，原址改建成美丽洁净的"海龙湾"，与灯塔广场连接成片。2020年，日照市阳光海岸带精品旅游产业集群入选山东省"十强"产业"雁阵形"集群库。

2020年8月下旬，几十位来自全国各地的作家聚首日照，参加第二届中国（日照）散文季启动仪式并在海边采风，北京市作协副主席、著名散文家周晓枫也来了。但她随大家一起走完全程回到北京之后，又独自回来，以一个普通游客的身份住进了她参观过的海洋美学馆酒店，因为她特别喜欢这个地方——这是她第二年春天到日照领取刘勰散文奖大奖时才向别人透露的。这家酒店建在海边，她在获奖文章《海边的美学馆》中这样写："我住在宽敞的栖海单间，整墙落地玻璃。站在窗前，我像鱼一样，目力所及都是海……离海咫尺之隔，最近的浪涌，就在二十米开外。""我拉开纱帘，月色中的海仿佛漫灌进来。仰躺的时候，大海和小床仿佛处于同一个平面……荡漾，枕浪而眠，我睡得像只沉稳的锚。"她用精彩的文笔，写了这家"海洋美学馆"，写了在这里看到的日出景象，还写了日照的多处景点。最后，她这样为全文作结："整个日照，就像一座海边的美学馆。"

日照只是滨海旅游业发展的一个缩影。进入21世纪以来，从长江口到鸭绿江口，从城市到渔村，到处都是游人如潮。几千年间，黄海从未见过这么多人踊跃前来，从未听过这么多的歌声笑声。

游客们来了，除了看海，到浴场与浪共嬉，还看城市景观。像青岛、大连这两个特大城市，烟台、威海、连云港这些大城市，各具人文内涵和独特风貌，让游人踊跃前往。

青岛，绿树红楼，中西合璧；"青黄"相接，气象万千。前海栈桥、"五月的风"，让人抚今思昔；海军博物馆、奥林匹克帆船中心，让人胸胆开张；每年一度的青岛啤酒节，经常举办的海上灯光秀，让人沉醉不已……2022年5月21日，青岛又上演了一场史无前例、盛况空前的夜空科技大秀。以天为幕，以海为台，以城为景，上有 800 架无人机，下有 53 幢楼宇连接成的 5.2 公里巨幅青岛画卷。这是全球最大楼宇群灯光秀媒体与无人机编队的首次合作，充分展现了青岛"活力海洋之都、精彩宜人之城"的城市风貌。

大连，北方明珠，浪漫之都。西濒渤海，东临黄海，海的蓝色有深有浅，城的风貌斑斓多姿。曲折的海岸线上，山海相依，白浪翻飞，一个个森林公园、海洋公园各有特色；现代高楼与各式洋房交互错落，大大小小的广场星罗棋布。如中山广场，呈圆形辐射，欧味十足，"十条大街十个巷、十幢建筑十个样"；如星海广场，占地 176 万平方米，向海敞开，大气磅礴。女警骑着高头大马，英姿飒爽；白鸽在绿地与蓝海间飞翔，美不可言。一年一度的赏槐会，让旅客闻香识城；每年一次的国际服装节，让人想起了传颂多年的那句话："吃在广州，玩在上海，穿在大连。"

"一棵灵芝草，碧波水中摇，沧海桑田混沌开，梦幻芝罘岛……"张靓颖唱的一首《芝罘岛》，道出了烟台的来历。芝罘湾畔的那座小山和山顶上的灯塔，向游客讲述这里的百年巨变；东、西炮台上的陈年旧铁，记录着沉重的民族耻辱；供奉着妈祖神像的福建会馆，镌刻着当年南方商人的信仰之虔诚、做事之认真。集"船、港、城、游、购、娱"于一体的"烟台海上世界"，则显示了烟台人塑造城市品牌的宏大气魄。游客再到蓬莱，登蓬莱阁，观三仙山景区，可以体会古人慕神求仙之心境；游戚继光故里、看蓬莱水城，能听到从 16 世纪传来的英雄长啸……

"走遍四海，还是威海。"这是一句成功的广告语，威海人通过种种媒体叫响。敢这么讲，自有底气。"小、巧、秀、雅"的建设思路，塑造了山、海、城、林融为一体的城市风貌。威海公园有个"大相框"雕塑，别具匠心。透过大相框，可以看碧海蓝天、日出日落。游人仿照这个姿势，举着相机或手机四处走动，刘公岛、环翠楼、仙姑顶、华夏文化城……有许多威海美景入框成画。

连云港，以连岛、云台山、港口共同命名，赋予了这个城市独特的品相与气质。北方之粗犷，南方之婉约，在这里融汇；由海岛变成的大片山地，诠释了何谓沧海桑田；自新亚欧大陆桥最东端开出的列车，经过花果山脚下，给人穿越历史与神话的感觉。

沿海一些中、小城市，如丹东、庄河、金州、牟平、荣成、文登、乳山、海阳、岚山、赣榆、射阳、大丰、如东、启东等等，也各有可圈可点之处。

城市之外的海滨景区，游客云集。他们到旅顺口看黄渤海自然分界线，览军港奇观；到成山头看"东方第一角"，觅秦皇汉武遗踪；赏崂山十二景，探"神窟仙宅"；登石岛赤山，听经声佛号……好多人心醉神迷，流连忘返。

黄海处于东亚—澳大利西亚候鸟迁飞路线上，每年有逾5000万只水鸟在此南来北往。过去，每当候鸟过境时，便迎来捕鸟人的狂欢季，随着人们环保意识的提升和国家有关法令的颁布，候鸟迁飞时能安心安全地在岸边停留。这些地方多是湿地，堪称候鸟迁徙过程中的"国际机场"和"生命方舟"，近年来成为一个个自然保护区或国家公园，也成为游客们观赏候鸟、亲近自然的地方。

黄海最北边的鸭绿江口，是候鸟们的重要驿站。每年3月末，从澳大利亚、新西兰飞往美国阿拉斯加繁殖地的大量候鸟到这里栖息、觅食，种类有翘鼻麻鸭、绿头鸭、小白鹭、苍鹭、斑尾塍鹬、大杓鹬等20多种，总量有时达到40万只。鸟群起落时，甚至遮天蔽日。1997年，国务院批准丹东鸭绿江口滨海湿地为国家级自然保护区。2004年5月，新西兰米兰达自然保护区和鸭绿江口保护区结成姊妹保护区，在全国开创了建立中外姊妹保护区的先河。

山东半岛的荣成湾有一潟湖，也是鸟类迁移的重要中转站和越冬栖息地，每年有近万只大天鹅来此越冬，是世界上最大的大天鹅越冬种群栖息地。2007 年 4 月，这里晋升为国家级自然保护区，被人称作"天鹅湖"。2011 年 1 月，中国野生动物保护协会授予荣成市"中国大天鹅之乡"称号。

盐城滨海湿地，因丹顶鹤而举世闻名。有一位叫徐秀娟的东北姑娘，1986 年大学毕业后到这里的自然保护区工作，第二年秋天为了寻找一只走失的丹顶鹤，只身进入荒草泥滩，再也没有回来。此后，《丹顶鹤的故事》这支歌经朱哲琴演唱，传遍四方，催人泪下。这块湿地，现已成为"丹顶鹤的第二故乡"，每年来此越冬的丹顶鹤达千余只，占世界野生种群的 40% 以上。不只是丹顶鹤，这块跨响水、滨海、射阳、大丰、东台五县（市）的全国最大的滨海湿地，已经成为无数水禽的乐园，生机无限，1992 年被国务院批准为"江苏盐城国家级珍禽自然保护区"，2002 年被列入《国际重要湿地名录》。2019 年又被列入《世界遗产名录》，成为全球第二块潮间带湿地遗产。

在盐城湿地南面，离长江入海口不远，有一个特别保护区，保护对象是牡蛎。200 年前有人发现海上有一个神秘地带，潮涨为礁，潮落为岛，原来是由牡蛎堆积而成，被渔民们叫作"蛎蚜山"。这些野生牡蛎几百年来生生不息，已铺展成面积为 3.5 平方公里的海岛，有楹联颂曰："是山非山潮落登山天下奇景扑面来，有岛无岛汐涨离岛海上壮观踏浪去。"2006 年这里成为国内首个海洋特别保护区，2013 年更名为"江苏海门蛎蚜山国家级海洋公园"。

具有地理学意义的真正岛屿，在黄海海域且属于中国的有 433 个，分布状况是北多南少。经历了亿万年的地质运动，无数次的海侵海退，日复一日的风吹浪打，这些海岛变成了今天的模样，吸引人们去观光，去探秘。其中有一些岛屿已成为旅游胜地。

如辽东长山群岛。这是黄海最大岛群，有 122 个岛和 260 多个礁，面积不等，形状各异。其中广鹿岛最大，也离大连最近，被誉为"大连门户"，有岛上水军府、马祖庙、仙女湖、仙人洞等景点。海洋岛是离岸最远的岛，被称为"黄海前哨"，有哭娘顶、太平湾、海神娘娘庙、海洋岛公园、苇子沟浴场、青龙山森林公园等等。

如威海刘公岛。面积仅有 3.15 平方公里，但在黄海岛屿中的历史分量最重。当年的北洋海军提督署、水师学堂、铁码头，新建的中日甲午战争博物馆，按 1：1 比例复制的定远舰模型，讲述国耻，催人奋进。

如即墨田横岛。公元前 202 年，五百义士在此挥刀自刎，这座小岛就成为一代代国人心目中的圣地，许多人去凭吊英雄先烈，感叹慷慨古风。现在，五百义士墓冢尚存，又新建了齐王田横雕像，供人瞻仰。

如赣榆秦山岛。山形东大西小，宛若一张横卧海天之间的瑶琴。传说秦始皇曾经上岛，有李斯碑、徐福井、秦东门等景点。岛西长约 2.6 公里的"海上神路"，由七彩缤纷的砾石堆成，是独步华夏、绝无仅有的海蚀奇观。

如灌云开山岛。一座黄海南部的孤岛，面积仅 0.013 平方公里。王继才、王仕花夫妇驻守 32 年，被中宣部授予"时代楷模"称号。2021 年，开山岛获批国家 3A 级红色旅游景区，"开山岛夫妻哨"事迹陈列馆也成为全国爱国主义教育示范基地。

近年来，中国海洋旅游转型升级，提质增效，发生了两大转变：一是由景区旅游向全域旅游转变；二是由观光型向观光、休闲、康养、度假、研学复合型转变。

全域旅游，既有团体游，也有自驾游，目的地有渔村渔港、盐田遗迹、森林山川、河口滩涂等等。小汽车、摩托车的普及，更让自驾游呈喷发之势。旅游部门因势利导，经常策划一些特色鲜明、吸引力强的活动。譬如，2021 年 12 月 22 日，由青岛、烟台、潍坊、威海、日照五市组成的胶东经济圈文化和旅游一体化合作联盟推出了"驾游东方海岸"自驾游产品，发布了 10 大主题 36 条线路。自驾游线路的零起点在日照市山海天游客服务中心，在日照 306 公里的"经山历海"摩旅骑行自驾线路上，在胶东 2728 公里海岸线上，来自全国的自驾游车辆风驰电掣，也成为山东海滨一景。

进入新世纪，休闲渔业大行其道。滨海港湾休闲渔业、都市型休闲渔业、海洋牧场休闲渔业，各具魅力。大量游客跃跃欲试，兴高采烈地当渔夫，当钓客。日照刘家湾赶海园有广阔而平坦的沙滩，自古以来就是人类的觅食之地，现今推出了古法赶海，让游客体验古人如何利用潮汐规律从滩涂上挖取贝类，既长知识又增渔获。在许多渔村，"渔家乐"的招牌让人目不暇接，游客住进去，可以直接参与近海传统小型捕捞活动，捕鱼、吃海鲜，体验渔民生活，享受海捕乐趣，领略渔村风情。如大连市长海县，20 年来"长海渔家"已经发展到 500 家，好多人到此，就是为了远离都市快节奏，体验海岛慢生活。日照建起国家级、省级海洋牧场 22 处，叫响"一根鱼竿钓天下"品牌，引来八方钓客，2016 年被中国休闲垂钓协会授予"中国国际休闲海钓之都"称号。

许多与海有关的节庆活动，也办得热热闹闹，引来游客观看。影响最大的当数中国青岛国际海洋节，创始于 1999 年，由国家海洋局、青岛市人民政府共同主办。至 2021 年已举办 13 届，每一届都是半个月左右，活动内容十分丰富，涵盖了开幕式、海洋科技、海洋体育、海洋文化、海洋旅游、海洋美食、闭幕式等几大板块数十项活动，成为青岛每年夏日一道亮丽的风景线。自 2017 年起，"大连海洋文化节"已连续举办 5 届，围绕海洋文化、海洋科普、海洋体育、海洋产业、海洋旅游、海洋美食、海洋保护、海洋科技八大板块举办一系列的活动，引来大量游客。日照渔民每年在农历六月十三举办"渔文化节"，位于岚山、裴家村、东夷小镇的几座龙王庙里，百公里海岸线的多处海滩上，都隆重举办祭拜大海和龙王的仪式，祈求平安丰收。江苏连云港，多次举办连云港之夏旅游文化节和渔民文化节。启东市从 2000

年起每年都举办中国·启东海鲜节，其中第三届在吕四海洋风情区举行。开幕式上，举行千船出海开航仪式，千舟竞发，万人出海，甚是壮观。其间，中外嘉宾和游客还到海滩踩文蛤，观看昔日用水牛车往岸上运蛤蜊的情景，兴致勃勃，乐不思归。

威海市的休闲渔业格外红火，累计创建 11 处国家级休闲渔业示范基地，4 处全国精品休闲渔业示范基地，4 处省级海钓示范基地，获评"中国休闲渔业旅游魅力市"等荣誉。全市休闲渔业年游客量超过 700 万人次，收入超过 100 亿元，休闲渔业及关联产业吸纳从业人员 20 万人，成为乡村振兴的新亮点、农民增收的新渠道、美丽乡村的新名片。2015 年，威海市被授予全国首个且唯一的"中国休闲渔业之都"。

为适应游客休闲、康养、度假等需求，旅游度假区在各地陆续形成。在黄海西岸，有大连金石滩国家级旅游度假区、大连仙浴湾海滨旅游度假区、蓬莱国家级旅游度假区、烟台养马岛旅游度假区、烟台海阳国家级旅游度假区、威海银滩旅游度假区、青岛凤凰岛国家级旅游度假区、青岛灵山湾旅游度假区、青岛珠山天鹅湖生态旅游度假区、日照山海天国家级旅游度假区、连云港连岛海滨旅游度假区、盐城沿海湿地旅游度假区等等。这些度假区，都建在风光秀丽的海滨，各种设施完备，娱乐项目较多，有的还有康养中心、房车营地，可以让游客颐养身心，愉快度假。

引人入胜的还有一个个海洋公园。国家海洋局 2011 年 5 月 19 日公布了中国首批 7 个国家级海洋公园，至 2017 年，共公布了 6 批，总计 47 个。黄海岸边有 16 个（以公布时间先后为序）：江苏连云港海州湾、山东刘公岛、山东日照、山东大乳山、山东长岛、江苏小洋口、江苏海门蛎蚜山、山东烟台山、山东蓬莱、山东青岛西海岸、山东威海海西头、辽宁大连长山群岛、辽宁大连金石滩、大连星海湾、山东烟台莱山、青岛胶州湾。这些国家级海洋公园，各具特色，美不胜收。国家级海洋公园的建立，为公众保障了生态环境良好的滨海休闲娱乐空间，促进了海洋生态保护和滨海旅游业的可持续发展。

海洋旅游，从海岸到近海，再到远海。帆船、游艇、游轮、邮轮，都被用上。

将帆船、游轮用于旅游，好多城市都有。如大连港开办了"海上看大连"项目，6艘新型双体机帆客船从大连港老码头帆船基地出发，让游客到海上去饱览大连风光。庄河在2022年7月开辟了帆船游海岛路线，两条"海之梦"帆船从王家镇东滩港启航，载游客观赏神龟探海、大象吸水、猴王镇海及海王九岛风光。在威海，有一艘可载客500人的大型豪华观光游轮"侨乡"号，每天多次从威海游轮码头出发，途径威海新外滩、幸福公园、威海公园、金线顶，从刘公岛南端行至北端，在海上观赏威海。

从前在发达国家才有的游艇，近年来在中国越来越多。在日照世帆赛基地的6条浮动码头、320个泊位上，平时有大量游艇停泊，各式各样，有大有小。有的用于商业经营，可以为游客提供观光、餐饮、垂钓等方面的服务；有的属于私人所有，供家族成员享乐，是艇主从事商务、处理日常工作及社交活动的场所，也是艇主向贵宾或对手显示其经济实力的王牌。有的豪华游艇价值千万，据说属于大都市的富豪、明星，平时泊在这里，闲暇时过来开到海上游玩。有些游艇的停泊与维护费用，一年需要几十万元。

青岛、大连的游艇更多，都有专门码头和多家游艇俱乐部。烟台、威海、连云港，也有许多游艇玩家。就连荣成石岛新港也停着一些豪华游艇，渔民不只是开着渔船捕捞，也开着游艇玩耍。游艇像轿车一样为私人拥有，成为一种水上娱乐用的高级耐用消费品，购买游艇是近年来一个高档消费趋势。

邮轮在国外已有100多年历史，最早用于运输邮件，同时运送旅客。现代邮轮多用于载客旅游，好比流动的大酒店、度假村，船上娱乐设施应有尽有。改革开放之后，我国沿海才出现邮轮的身影。

　　1983 年 3 月 19 日，英国"伊丽莎白女王二世"号邮轮经中国香港抵达青岛。这艘可载 1262 名乘客的世界著名豪华游轮，让青岛港从此开启了邮轮业务。2015 年 5 月 29 日，青岛邮轮母港正式开港，开港当年就接待邮轮 35 个航次，创造了国内邮轮母港开港首年运营新纪录。2016 年，经国家旅游局批准，青岛成为全国继上海、天津、深圳之后的第四个"中国邮轮旅游发展实验区"。2019 年 9 月 10 日，11.45 万吨级邮轮"歌诗达赛琳娜"号在青岛首航，满载 3300 多名乘客前往日本长崎，度过 4 晚 5 天的海上中秋豪华之旅。这是国际知名邮轮公司首次在山东实现常态化运营，标志着山东港口邮轮产业发展开启了全新时代。2019 年，青岛邮轮母港全年接待邮轮 93 个航次，游客 18 万人次，位居中国第六、北方第二。

　　大连早在 1976 年就开始挂靠邮轮，是全国最早开通邮轮旅游业务的城市。40 多年来，大连市平均每年接待邮轮 30 艘以上，累计接待邮轮游客 30 余万人。2016 年 7 月，大连港国际邮轮中心开始运营。2017 年由国家旅游局批准，大连成为我国第五个"中国邮轮旅游发展实验区"。

　　2014 年 7 月，烟台邮轮母港开始运营。8 月 16 日，渤海轮渡旗下"中华泰山"号在此启航。2020 年 10 月 7 日，亚洲最大的邮轮型客滚船"中华复兴"轮首航烟台至大连航线。

　　2018 年 4 月 29 日，连云港邮轮港开港。"辉煌"号在此起航，首航连云港—日本邮轮航线，以长崎为终点港，全部行程 5 天 4 晚，连云港成为江苏第一个开通国际邮轮的港口。

　　由于 2020 年年初新冠疫情突然暴发，全球邮轮业遭受了严重打击。多次停靠青岛的美国"钻石公主"号豪华邮轮，2 月初在香港检出染疫乘客，在提前返回日本横滨的途中越来越多，引发全世界关注，被人说成"恐怖邮轮"、一座"污染的监狱"。截至 5 月 16 日，在所有乘客和船员中，已累计确诊 721 人，死亡 13 人。全球多艘邮轮陆续出现确诊病例，自 2020 年 3 月开始，全球邮轮纷纷停航。

中国邮轮业也迎来了寒冬，黄海沿岸的几个邮轮港口变得冷冷清清。2022 年，当国际邮轮市场重启的脚步不断加快时，青岛从 7 月 5 日起举办了全国首个国际邮轮节，为期一个月。邮轮节以青岛国际邮轮文化展为主体，通过会、赛、展、演等渠道，以绘画、摄影、音乐、电影、相声等形式普及邮轮文化知识，吸引超 20 万人次直接参与，旨在培育邮轮旅游消费市场，为复航复苏做好准备。

日照老渔民曾对我讲，过去没有码头，渔船停在港湾里，每天要等到潮水涨上来的时候拔锚出海。但偶尔会遇上很特殊的现象：潮水该来不来，到不了正常潮位，只好等着下一波潮水到来。从 2020 年开始的新冠疫情，也让包括海洋旅游在内的整个旅游业出现了意外的退潮现象。好多旅行社、旅馆、"渔家乐"等，都处在停业或半停业状态，许多人收入减少，生活艰难。好在各级政府实行严防严控，全国人民积极配合，疫情虽有波折，但总体向好。2022 年的夏季，海滨游人渐渐增多。但愿旅游高潮再度掀起，一浪高过一浪。

九　水上英姿

2000 年 8 月 8 至 10 日，在黄渤海分界线上，一个叫张健的人创造了奇迹：不借助任何漂浮物，成功横渡渤海海峡。

渤海海峡，从南到北 100 多公里，海况恶劣，十分凶险，特别是北部的老铁山水道海流特急。这片水域还有鲨鱼和巨型毒海蜇，一旦遭遇，就可能受到伤害。自古以来，无人能够游过这个海峡，但是 36 岁的张健偏要发起挑战。他在北京体育大学读书时就萌生念头，想在自己的体育生涯中游过中国三大海峡。1988 年 3 月 21 日，他刚刚大学毕业，就参加了横渡琼州海峡的活动，近 30 公里的距离，成绩为 9 小时 12 分。此后他想再接再厉，横渡台湾海峡，但因为种种原因没能付诸行动，就把目光盯向了渤海海峡。经过一段时间的考察、准备与训练，2000 年 8 月 8 日上午 7 时 45 分，穿着鲨鱼皮连体软式泳衣的张健出现在大连市旅顺口老铁山南岬角，和他的父亲以及当地的渔民一起，将满满一碗酒洒向大海。8 点整，他纵身跃入海中。

张健身高 1.76 米，体重 90 公斤，看上有点胖。但他下水后却勇猛矫健，从上午游到下午，从白天游到黑夜。横渡海峡，要求不能上船休息，不能睡觉，不准用手触碰船体，吃喝拉撒都在海里完成。张健饿了，就吃一点随行船上人员用长竿供给的食物，吃完再继续游向南方。途中，还要随时防范鲨鱼和暗流。他游到天亮，再游到天黑，黄渤海分界线上的岛屿一个个从右前方退向右后方。等到他在海上看见第二次日出，筋疲力尽的他依然咬牙坚持。8 月 10 日上午 10 时 22 分，他终于在山东蓬莱东沙滩站起，向在岸上等待的妻子和几千人挥手致意。他游了 123.58 公里，用时 50 小时 22 分钟，创造了男子横渡海峡最长距离的世界纪录，由此也获得了"中国横渡第一人"的美誉。

2022 年 8 月 22 日傍晚，我来到大连市旅顺口区老铁山岬角。那里有一块石碑，上面刻着"黄渤海分界线"几个大字，与其相对的石壁上，则有一块"张健入水点"纪念牌。看看这块牌子，再转身南望深蓝色的海面和黛青色的庙岛群岛，身为旱鸭子的我对张健十分敬佩。

张健的壮举，激励着无数人在体育事业和人生之路上奋勇拼搏。有一个叫银东晶的沈阳人，和张健同龄，十分羡慕张健能横渡两个海峡，但因为忙于工作与生活，直到 2014 年才决定去追逐梦想。经过一段时间的训练，2015 年 5 月 28 日，他和另外五人一起在海口市新埠岛下水，历经 9 小时 55 分，成功横渡了琼州海峡。此后，他又经过三年备战，向渤海海峡发起挑战。2018 年 8 月 18 日 8 点，他在旅顺老铁山下海，但刚游了一会儿就遭遇了逆向六七级海风和海浪，天也阴着，且下起了小雨。银东晶在逆流中前游，耗费了大量体力，上午 10 点多决定终止横渡。当时他说，第二年再来，但是直到 2022 年 8 月，还没有任何关于银东晶的消息。

2020 年，有八个人接力游过渤海海峡。这次横渡活动名为"八仙渡海"，是东莞市善泳者游泳俱乐部效仿中国古代神话传说"八仙过海"而举行的。队员从全国各地选拔，最后选定七男一女，他们是：山东烟台的赵杨（女）、王崇强；山西太原的曹克勤、李乐文（14 岁）、李卓群（15 岁）、冷天；内蒙古呼伦贝尔的符文东；广东东莞的蔡秋生。平均年龄为 40 岁的八位横渡者，2020 年 7 月 29 日上午 10 点 10 分在山东蓬莱八仙渡码头开始，一人游一段，然后与下一位"击掌交棒"。经过 38 小时 02 分，于 31 日 00：12 分在辽宁旅顺老铁山登陆成功，总泳程 56 海里（103.7 公里）。这次活动受到了众多游泳爱好者及蓬莱当地政府的关注，直播时有 3 万多名观众在线共同见证。

游泳泅渡，是人类最原始的一种行为方式，在江河湖海中常见。但是敢用身体丈量渤海海峡，常人难以为之，所以不论成败，都应该在《黄海传》中记上一笔。

自从有了船，人类渡海便有了便利工具。尤其是机器船的出现，更让海上交通变得快捷而安全。不过，有人依然迷恋帆船，因为这种交通工具最自由最省钱，也最能体现人与大海相处时的体力与智力。扬起风帆，无远弗届，便成为一些航海家、探险家的梦想与行动。15 年来，黄海一次次映出了他们的豪迈姿态。

2007 年 1 月 6 日早晨，日照世帆基地的码头上停着一艘墨绿色的帆船，船体上有"日照"两个黄色大字。青年航海家翟墨要独自驾驶这艘"日照"号，从这里开始环球航海一周的壮举。

翟墨，1968 年生于山东新泰，是个矿工的儿子。他因哮喘病而自卑、自闭，只好用画画排遣寂寞，后来到济南上大学，成为一名印象派画家。这时他身高一米八五，整天晃着大个子，长发飘飘。毕业后拍过电影，画过广告，但还是最爱画油画，就到泰山脚下租了间民房闭关创作。几年后，他在北京举办画展，引起注意，1999 年受邀到新西兰办画展。来到"帆船之都"奥克兰，翟墨平生第一次坐上帆船，感觉心里某种东西被激发了，所追求的那种浩荡的感觉，与大海的广阔胸怀产生了共鸣。他在这里为一位挪威的老航海家拍纪录片，听他说已经绕了地球一圈半，而且在这一行里没见过一个中国人，翟墨立即萌生了去航海的念头。老船长介绍他加入当地的航海俱乐部，还为他物色了一条 8 米长的帆船。他用 5 个小时学会驾驶，疯狂地研究大海，满脑子都是星星月亮海风，之后用 6 个月时间，环绕新西兰一周。女朋友一开始很支持他，但后来受不了这种担惊受怕的生活，只好离开。告别女朋友，翟墨在大洋上漂流 20 天，到了一个只有土著人的海岛上。他拒绝了酋长女儿的求爱，在海上经历了 11 级风暴，总算回到奥克兰，但那条帆船彻底报废。

　　2002 年年初，翟墨回到中国，还是把心思放在航海上。他盯着海图看来看去，手指在海岸线上划动，心里说："首先是中国沿海，从大连到三亚，然后是整个世界！"他从朋友那里借来一条"白云"号老帆船，2003 年 3 月 18 日从大连出发，开始了"中国海疆万里行"。经成山头、青岛、大陈岛、厦门，5 月 9 日抵达三亚。因为"非典"疫情，他停止行动，飞回北京。他通过画画、卖画，攒了一些钱，2006 年决定再次出发。他从日本买来一条英国造的"子午线"号帆船，回程中经过济州岛北侧时直切黄海，将船停在日照。

　　2006 年 11 月 22 日，"翟墨单人无动力帆船环球航海新闻发布会"在北京举行，翟墨满怀激情讲了他的航海行程，表达了他为国争光的理想。会后，中央电视台《文明之路·世界文明环球纪行》栏目组联系他，要将他这次航海纳入拍摄计划。日照市人民政府得知消息，向栏目组提供赞助 99 万元，其中的一半用于翟墨航海。日照市领导提出，翟墨的船就叫"日照"号，有两层意义：其一，走到哪里就能把日照的名字带到哪里；其二，太阳永远照耀的船，能带来好运。翟墨高高兴兴地答应了，而后投入了认真的准备。

翟墨从日照出发的这天早晨，他的老师王大有教授主持了隆重的祭海仪式，日照市领导紧握他的手，祝愿他胜利返航。他的几个哥哥赶来，送来了老娘亲手做的一箱煎饼；几个艺术家朋友从北京宋庄赶来，将凑起来的一笔钱给他。12 米长的"日照"号上，装了 50 面国旗、一摞摞海图、12 桶柴油、108 本书和各种食品、生活用品。翟墨向送行人群挥手告别，上船起航。2007 年 1 月 18 日到达厦门，一些朋友帮他将船进行了全面整修，添置了一些设备。离开厦门后，经香港、海口，到达西沙群岛的永兴岛，受到驻岛部队的热情接待。

驶出中国海域，翟墨一个人孤勇前行，经菲律宾，过雅加达，驶入印度洋。饿了就吃煎饼或方便面，实在困了睡上两三个小时，途中经历了风暴、海底地震和鲨鱼群。到了赤道无风带，整整五天一丝风也没有，几乎看不出船有移动的迹象。后来又遇到长达 12 天的风暴，正搏斗间，忽然发现一块黑色陆地升起，原来那是一条大鲸鱼。有一天，船上的螺丝被风暴打断，他只好闯到一个美军基地，得到了救助。过好望角，他战胜"杀人浪"，在南非开普敦逗留一个多月，结交了好多朋友。离开时，码头上所有船只一起为他鸣笛送行。到了大西洋上的圣赫勒拿岛，他拜谒拿破仑墓地，在留言簿写下：东方睡狮已经觉醒！

翟墨航行在海上，在与各种风险较量过之后的闲暇时刻，也会读书作画。因此，2018 年 5 月到达夏威夷时，他在朋友的帮助下搞了一次画展，将卖画所得捐出，由美国红十字会转交中国红十字会，支持四川抗震救灾。

2008 年 12 月 14 日，翟墨到达菲律宾的一个荒岛，突然发起高烧。想起菲律宾是航海家麦哲伦的葬身之地，他心间蒙上阴影。但他还是凭借坚强的意志，5 天后挺了过来，于 2 月 11 日抵达西沙群岛。而后他一路北上，在中国沿海多处逗留，终于在 8 月 16 日回到日照。世帆赛基地锣鼓喧天，人头攒动，都在迎接翟墨。900 多个日日夜夜，28300 海里路程，从日照出发，绕行地球一圈再回到日照，让无数人激动、钦佩。在欢迎晚宴上，专程前来迎接翟墨返航的国家交通运输部副部长、国家海事局局长徐祖远庄严宣布："'日照'号暨中国首次单人无动力帆船环球航海圆满成功！"中国帆船帆板运动协会授予翟墨"单人无动力帆船环球航海中国第一人"荣誉称号。2009 年 9 月 9 日，国家海洋局聘请翟墨为"海洋公益形象大使"。

2010 年 2 月 11 日，翟墨当选为 2009"感动中国"十大人物。颁奖辞这样说："古老船队的风帆落下太久，人们已经忘记了大海的模样。600 年后，他眺望先辈的方向，直挂云帆，向西方出发，从东方归航。他不想征服，他只是要达成梦想——到海上去！一个人，一张帆，他比我们走得都远！"

2012 年 11 月 18 日，青岛奥帆中心基地上有上千人欢送另一位航海家。他叫郭川，要驾驶"青岛"号，开始单人无动力不间断环球航海之旅。出征仪式十分隆重，基地码头上彩旗飘舞、鲜花簇拥。市领导将一面五星红旗交到郭川手中，祝他一路好运。郭川发表感言时热泪盈眶，壮志满怀："请放心，明年春天，我们故乡见！"他接过写满青岛市青少年美好祝福的漂流瓶，抱着自己刚刚 9 个月大的小儿子郭伦布亲了又亲，而后交给妻子肖莉，登上了"青岛"号帆船。11 时 57 分 09 秒，"青岛"号冲过起点，几道彩烟升腾而起。郭川驾船前行，很快消失在水天线上。这时，他的妻子肖莉突然跪倒在地，朝着"青岛"号的方向磕了三个头，泪洒码头……

郭川与翟墨一样，本来有一份不错的职业，却突然迷上了帆船。他 1965 年生于山东青岛，毕业于北京航空航天大学，之后在北京大学取得 MBA 学位，被航天部某公司引进，几年后成为副司级部门经理。然而有一天，他厌倦了这种生活，想拓宽生命领域，挑战自我极限。2000年，他不顾领导们的一再挽留，不顾亲朋好友的极力劝阻，放弃了一套单位即将分配给他的住房，毅然办理了辞职手续。他去学开滑翔机、学习潜水、学习滑雪，后来到烟台观看全国帆板赛事与帆船表演，一下子迷上了帆船。他后来对朋友说："我玩了很多体育项目，都觉得不太过瘾。这次到了帆船上，我突然发现航海就是我的梦想，就是我这辈子的生命，以前玩的那些东西，跟航海比起来都无足轻重了！"

从此，郭川疯狂学习航海知识和帆船驾驶技术，2004年青岛奥帆中心建立时，他以中国第一艘国际注册远洋帆船船长的身份开始了他的海上之旅。当年9月，他参与"青岛"号中国青岛—日本下关"奥运友好使者行"，驾驶"青岛"号帆船，经过六天六夜的航程，将青岛市市长的一封信亲自送到日本下关市。2005年8—12月，在青岛奥帆委、体育总会等部门策划的宣传青岛、宣传奥运的"中国沿海行"活动中，郭川驾驶"青岛"号，从青岛出发，北上大连、烟台，再经上海、厦门、广州、深圳，最后到达香港，航行2000海里，让青岛奥运会伙伴城市、帆船之都的名片广泛传播。

2007年秋天，已过不惑之年的郭川去了法国拉罗谢尔港。这里是闻名世界的帆船海港，是全世界帆船选手心中的"麦加圣地"。他自费租船，聘请教练，刻苦学习帆船操作，学成后参加了多项赛事，成为这些赛事中唯一的中国人。其中，参加了2008年与2009年沃尔沃环球帆船赛，历时10个月，航行39000海里，让他完成了从帆船运动爱好者到职业帆船选手的转变。"沃尔沃环球帆船赛中国第一人""青岛市打造帆船之都特殊贡献奖""青岛市劳动模范"，一项项荣誉纷至沓来。

但是，这么多荣誉也没能让郭川满足，他盯上了更高的目标：无助力单人不间断环球航行。然而这种航海方式的难度之高，令人望而生畏。国际帆协规定，水手必须是独自一人驾驶纯靠自然力量驱动的帆船，航行期间不得靠岸，不得接受外界器材或生活用品补给等，航线起始点必须同为一处，不得通过人工运河等路径点，必须经过非洲好望角和南美洲合恩角等地，且至少跨过赤道一次并横穿过全部子午线，总长度不少于 21600 海里。1968 年，世界上有了第一个完成者，是英国人罗宾爵士。半个世纪下去，世界上完成单人环球航行的有 200 多人，其中"不间断航行"只有 70 多人，比登上珠穆朗玛峰的人还要少。但郭川认定了目标，毫不动摇，经过认真准备，开始了漫漫征程。

郭川从青岛出发后，渡过黄海，越过赤道，在南太平洋上一路向东。孤帆重洋，茫然无助，途中险情不断。最严重的是 2012 年 12 月 27 日，"青岛"号正在夜间航行，大前帆突然发生破损，落入水中。郭川急忙将船停住，花费 1 个多小时才把帆捞起。他这次航行是 40 英尺以下级，帆船只有 12 米长，生活空间不足 5 平方米。他每顿饭吃一袋真空脱水食品，睡觉一次只能睡 20 分钟，克服常人无法忍受的寂寞，努力不让以前航行中有过的抑郁症发作。他日复一日，昼夜不停，向着太阳升起的方向前进，终于在 2013 年 1 月 19 日抵达南美洲最南端的合恩角。合恩角在"咆哮西风带"上，大浪滔天，被航海界叫作"海上坟场"，历史上曾有 500 多艘船只在此沉没，2 万余人葬身海底。郭川依靠钢铁般的意志和高超的控船能力，硬是闯了过去，成为第一个单人不间断环球航行过合恩角的中国人。他投下一个漂流瓶，跨过大西洋，到非洲最南面的好望角再投下一个。而后越过印度洋上的赤道回到北半球，过了马六甲海峡向北疾行，到达中国海域。

2013 年 4 月 5 日清晨，郭川回到青岛，138 天、超过 21600 海里的艰苦航行终于结束。欢迎他的人群早就等在那里，鞭炮、烟花一齐腾飞，许多人高喊："郭川！英雄！""好样的，郭川！"郭川这时点燃焰火高举过头，万分激动地驶近码头。他看到妻子和两个儿子向自己使劲挥手，突然纵身一跃，跳入冰冷的海水中奋力游向码头。用尽力气爬上岸，爬到亲人面前，他埋头亲吻了故乡的土地，而后跪在母亲和妻儿面前哭道："我，活着回来了！"

因为这次壮举，郭川成为完成单人不间断环球航海伟业的首位中国人，同时创造了国际帆联认可的 40 英尺级帆船单人不间断环球航海世界纪录，在 2014 年 1 月 11 日中央电视台《CCTV 体坛风云人物》颁奖盛典上，获得 "2013 体坛风云人物年度特别贡献奖"。但他还是继续挑战自己，挑战海洋。两年后，他又率领国际船队驾超级三体船，成功创造了北冰洋（东北航线）不间断航行的世界纪录。紧接着，他又准备挑战单人不间断跨太平洋航行的世界纪录。

就是这次航行出了事。北京时间 2016 年 10 月 19 日 5 时 24 分 11 秒，郭川驾驶三体大帆船 "中国·青岛" 号从美国旧金山金门大桥出发。他以上海金山为目的地，预计 11 月 5、6 日抵达，但在海上航行了 6 天之后突然失联。此时帆船位于夏威夷以西约 900 公里海域，夏威夷火奴鲁鲁（檀香山）的海事救援机构派出搜救飞机，经 4 小时飞行赶到帆船所在海域，发现帆船的大三角帆落水，甲板上没有人，无线电对讲机呼叫无应答。后来救援人员又登船检查，在海面上搜索，都没发现郭川。

航海英雄郭川，从此再没回来。但人们不会忘记他的感人事迹，2016 年 12 月 15 日，郭川荣获 "2016 中国十佳劳伦斯冠军奖最佳体育精神奖"，他妻子肖莉替他登台领奖，全场报以雷鸣般的掌声。2021 年 3 月，中科院海洋所科研人员为新发现的 11 个新物种命名，有两个以人物命名的铠甲虾，一个是刘氏折尾虾，一个是郭川拟刺铠虾。后者是在西太平洋雅浦海沟和马里亚纳海沟附近发现的，命名为郭川，就是为了纪念这位杰出的航海家。

就在郭川完成单人不间断环球航海的那年秋天，一位叫宋坤的青岛姑娘也开始了环球航行的征程。

　　宋坤是个地地道道的青岛女孩，父母都是普通工人。她大学毕业后到第一海水浴场做帆船培训翻译，与帆船结缘，喜欢上了在海上御风而行的感觉。此后几年，宋坤由于熟练掌握英语、日语及播音主持等专业技能，在青少年帆船培训项目和青岛市帆船进校园等活动中表现突出。国际最高端的帆船专业赛事"美洲杯"帆船赛开赛，她还担任中国队岸队经理。但这时，她爱人与她在感情上渐渐疏远，二人只好离婚。就在她十分沮丧，认为生活没有方向、没有生气的时候，无意间看到了2013/14克利伯环球帆船赛"青岛"号大帆船招募环球大使船员的消息，内心为之一亮。她后来在书中写道："我对自己说，这就是我的'诺亚方舟'。"

　　克利伯环球帆船赛起源于1996年，是世界范围内唯一针对非专业选手开放的航海比赛，也是全球规模最大的业余环球航海赛事，两年举办一次。比赛路线途经6大洲，全程4万多海里，完成比赛需要近一年的时间。每次都有多支参赛船队，除了船长是专业选手，其他成员均是帆船业余爱好者。克利伯环球帆船赛青岛站活动自2005年以来由青岛市人民政府、英国克利伯环球帆船赛组委会共同主办，因而参赛帆船中有一条命名为"青岛"号。宋坤参加过2011/12克利伯环球帆船赛第8赛段的比赛，在"青岛"号上跟随船队从纽约出发，抵达伦敦，用一个半月跨越大西洋。

　　凭借自己的航海经历与综合能力，宋坤通过了层层选拔，去英国参加培训。这时她的母亲突然查出病——肝癌晚期，宋坤决定放弃环球航海，留下来伺候母亲。但母亲不同意，希望女儿去实现梦想。宋坤泪别母亲，再去伦敦，于2013年9月1日登上了"青岛"号大帆船，开始了人生第一次环球航海。

　　2013/14克利伯环球帆船赛共有12个船队参赛，200多名船员。整个赛程分为多个赛段，每条参赛船设约10名船员全程参赛，每个赛段也会接收几名临时船员。"青岛"号是一条70英尺长的单体龙骨远洋帆船，折合 21.336 米，有 11 张帆。船员有中国人，有外国人，其中女性 3 人。

赛程中，宋坤看到了许多壮美景观，譬如夜间值班见到发光的大水母群，整片海域一片荧光；见到"世外仙山"——山顶有雪、山下有人的休眠火山。但她遭遇更多的是艰难险阻，用她的话说是"眼睛在天堂，身体在地狱"。有时候热浪滚滚，感觉像处于火焰海；有时候风浪大作，船在几层楼高的波峰浪谷之间爬上滑下。有一次，船竟然被闪电击中，毁掉了许多仪表与设备。有一次，船猛地倾斜，她摔伤了尾椎骨，疼得不能坐，最后一个月值班时只能一直站着。船员来自世界各地，形形色色，相互之间有真诚友谊，但也会闹别扭甚至打架。她感叹："船上如此拥挤，人心却如此疏离。"

于是，每结束一段赛程，赛段船员根据约定下船离去，全程船员也有人退出。但宋坤铁了心要完成全程，"死也要死在船上"，结果，全船只剩下她一个女生。她和男人一起值班干重活，无论是最为颠簸和危险的前甲板工作，还是与几个男人一起合力更换几百斤重的船帆，她都能胜任。她的坚强赢得了同行者的钦佩，被船长指定为第五赛段值班长，即从澳大利亚布里斯班开向新加坡的一段。这是克利伯环球帆船赛历史上第一个中国值班长，而且是个女值班长。于是，宋坤与另一个值班长轮流带班，每当值班时段就带领 6 名船员，从甲板上的航行工作，到舱内的卫生间清理都要负责，操心出力，又忙又累。

船队沿着几个大洲的近海行进，在地球上忽南忽北，315 天经历了三个酷暑、三个严寒，共 4.5 万多海里，中间停靠过包括青岛在内的 14 个港口，终于到达终点伦敦。由此，宋坤成为中国首位完成克利伯环球帆船赛环球航海的女水手。她回到青岛 3 个月，母亲去世。2015 年 2 月 1 日，"2014CCTV 体坛风云人物"颁奖盛典在北京隆重举行，宋坤获得"年度最佳非奥运动员奖"。

环球航海，健全人都难以完成，而青岛偏偏出了一位"独臂帆侠"。他缺少一只手，却驾驶一条双体帆船绕地球一周。

　　他叫徐京坤，1989 年出生在青岛平度市一个农民家庭，12 岁时在玩耍中被鞭炮炸伤，失去左前臂。村中老人说，"这孩子废了"。因他失去一只手，他和妈妈竟然被赶出了家门。小京坤也曾自卑、痛苦，但他没有放弃，想证明自己还行。有一次，他在腿上绑上沙袋，从学校到家里跑了十几公里。后来他航海成功后淡淡地说："我不过是一个不想溺死在生活泥淖里，拼命想要奔向平凡生活的人。"想要平凡，结果成就了非凡。他 16 岁被选进省队，17 岁入选国家帆船队，在日照帆船基地刻苦训练，硬是练出了凭一只手驾风驭水的本领。19 岁，他作为残奥会国家队最年轻的队员、残奥代表团的旗手，代表中国参加了 2008 年残奥会。

　　奥运会后国家队解散，徐京坤面对前途一片迷茫，突然得知他认识的翟墨环球航海归来，决定也去航海。在朋友的帮助下，他得到一条报废的旧帆船，用 7 个月修复，命名为"梦想"号，从青岛出发开始环中国海航行。他去大连、丹东，再调帆南行，用 14 个月、400 多个日日夜夜，终于到达西沙永兴岛。途中，他多次与死神擦肩而过：在成山头遭遇"杀人浪"，差点被打下船去；在东海陷入"渔网阵"，只好冒着危险持刀下水割除渔网。

　　完成环中国海航行后，他在三亚做帆船培训，并且遇到了一个叫阿九的姑娘，相互爱慕结为夫妻。但这时的徐京坤又有了新的梦想：一个人横跨大西洋。妻子支持他的决定，卖掉了刚在老家买的房子，又贷款几十万，费尽艰难去法国，于 2015 年通过了 MiniTransat 赛事的测试，买了一条 6.5 米的小船。他把这条船还是叫作"梦想"号，与来自世界许多国家的 74 位船长一起比赛，全程不能使用任何机械动力、卫星电话等通信设备以及航海电脑等。徐京坤经历了自动舵失效、球帆落水、GPS 失灵、被缆绳绊倒等一系列险情，实现了世界上第一个单人独臂跨大西洋的创纪录挑战。

此后，徐京坤向他的最高目标发起挑战：单人帆船环球航行。2017 年 6 月，徐京坤在妻子的陪伴下，驾驶"青岛梦想"号从土耳其起航，历时三年，五跨赤道，航程 3.4 万海里。他在海上遇见海盗，被他们拿着枪追赶了 30 多海里；还在印度洋遇到超过 70 节的大风浪，气象设备全部黑屏，拳头大的冰雹接连袭来。但这些难关，都被他一一闯了过来，创造了中国首次双体帆船环球航行的纪录。

2022 年 11 月 9 日，四年一度的"朗姆之路"跨大西洋帆船赛在法国布列塔尼大区的圣马洛起航，来自 14 个国家和地区的 138 名选手参赛。徐京坤驾驶"海口号"帆船，经过 16 天 8 小时 34 分的航行，于 26 日越过位于加勒比海瓜德罗普岛的终点线，成为该项赛事中首位入选并完赛的中国选手。他说："把中国人的名字写进世界单人极限航海的殿堂，是我的毕生理想。"

从一个"废了"的孩子，成长为环球航海的英雄，徐京坤的人生之路堪称稀世奇迹。他说："纵然有一种痛苦，生活仍然值得被热爱。它舍得让你悲如千针入骨，也舍得让你乐上九霄天光。"大洋中的航行，也是他的修行。说这话时，他已经成为一位哲人了。

截止到 2022 年 8 月，中国能够用帆船完成环球航海的人，只有翟墨、郭川、宋坤、徐京坤四位。他们是世界级航海英雄，共同组成了中国航海的群峰，令人心生敬意！

他们的身后，还晃动着一大片白帆。根据宋坤《不为彼岸只为海》（中信出版社 2019 年 8 月出版）书后附录的《中国航海俱乐部名录》，中国沿海城市的航海俱乐部有很多，其中青岛 25 家，大连 19 家，威海 2 家，烟台 1 家，日照 1 家。波光粼粼、白帆点点，是黄海沿岸的常见美景。

2008 年 8 月，青岛浮山湾海域的帆影格外密集。北京奥运会的帆船帆板比赛在这里举行，共有 62 个国家和地区的 400 名运动员参加了 9 个级别 11 个项目的比赛。中国选手殷剑在女子帆板比赛中战胜诸多名将，为中国代表团夺得奥运参赛史上第一枚帆船帆板项目金牌。徐莉佳在女子单人艇激光雷迪尔级比赛中获得铜牌，为她四年后在伦敦奥运会上勇夺金牌积累了宝贵经验。更难得的是，各国的帆船帆板高手云集于此，各展英姿，让青岛吸引了全世界的目光。

　　奥运会后，帆船运动的国际高端赛事在青岛频频举行，先后引进沃尔沃环球帆船赛青岛站系列活动、克利伯环球帆船赛青岛站系列活动、国际极限帆船系列赛青岛站系列活动、世界杯帆船赛青岛站比赛等国际高端赛事，是引进国际帆船赛事最多的亚洲城市之一。同时，又创造了多个自主品牌赛事，如青岛国际帆船周·青岛国际海洋节、"远东杯"国际帆船拉力赛、青澳国际帆船拉力赛、青岛国际帆船赛、城市俱乐部国际帆船赛、青岛国际 OP 帆船营暨帆船赛等等，"帆船之都"的城市品牌日益闪亮。

　　别的城市，近年来也举办了多项帆船赛事。大连，从 2014 年开始连续举办 4 届中国环渤海帆船拉力赛，2018 年又举办了首届中国帆船公开赛。烟台，从 2011 年开始，每年都举办面向国内外帆船爱好者的帆船公开赛，至今已经举办 10 届。威海，从 2009 年开始先后举办中国 HOBIE 帆船公开赛、威海国际帆船赛等高级别帆船赛事。日照，先后举办了 2004 年全国帆船锦标赛、2005 年国际欧洲级帆船世界锦标赛、2006 年国际 470 级帆船世界锦标赛、2008 年奥运会帆船帆板热身赛等。从 2020 年开始，"山东港口杯"仙境海岸半岛城市帆船拉力赛每年都在山东沿海举行，半岛七市以帆为媒，共同打造品牌赛事，携手做强帆船产业，盘活点燃山东半岛城市的热情。

　　黄海沿岸，从南到北，有越来越多的帆船爱好者扬帆寻梦，在浩瀚海洋中畅游、竞技、探索。中国帆船的旗帜，也随之飘扬在世界的每一个角落，让各国人民看到了中国航海人的勇敢、坚韧与执着。

　　包括帆船运动在内的中国水上运动，也在黄海之滨蓬勃开展。青岛是中国水上运动发源城市之一，20 世纪 50 年代，第一届全国航海运动会、第一届全运会航海运动竞赛均在青岛举行。近年来除了帆船运动，还有许多水上运动的世界级和国家级赛事在这里举行，如 2019 年举办的"东帆会杯"世界桨板锦标赛，有来自 40 余个国家的 300 多名运动员参加，五颜六色的桨板上，运动员奋力划桨，角逐奖牌。中国选手在比赛中表现不俗，总共摘得 2 金 5 银 8 铜，总奖牌数 15 个，在奖牌榜中位列第三位。

2018 年至 2020 年，大连连续举办了 3 届海上运动会，设 8 个比赛项目：桨板赛、皮划艇、OP 帆船、龙舟赛、游跑铁人二项、海游马拉松、水上摩托艇比赛、法式双体帆表演。这是东北地区唯一的综合性海上运动盛会，各路英豪纷纷出海竞技。2021、2022 年，大连在夏家河子海滨公园举办了两届风筝冲浪邀请赛，参赛选手们脚踩冲浪板，在风筝牵引下时而踏浪飞驰，时而腾空翱翔，上演了华丽而刺激的"海天之舞"。这项水上运动，已正式成为 2024 奥运会项目。

日照，近年来被誉为"水上运动之都"，因为有许多全国性的水上运动比赛在这里举行。2007 年，日照市承办了由国家体育总局、山东省政府主办的首届中国水上运动会，设立赛艇、皮划艇、帆船（帆板）、摩托艇、滑水、蹼泳、龙舟、极限运动等 8 个大项、111 个小项。2010 年又承办了第二届中国水上运动会，比赛增加到 16 个大项、227 个小项。2009 年，中国第十一届全运会的皮划艇、赛艇、帆船、帆板比赛项目在日照举行。2018 年，国家体育总局水上运动管理中心、山东省体育局、日照市人民政府共同主办了首届中国（日照）国民休闲水上运动会，比赛项目有 18 个大项、150 多个小项。后来每年举办一次，将帆船、赛艇、游泳和沙滩类项目相结合，将竞技体育和休闲体育相结合，将国际性赛事与全国性赛事相结合，并创新开发了水上运动嘉年华、科技体育嘉年华、青少年运动嘉年华、沙滩运动嘉年华等活动，每年都吸引全国众多水上运动的运动员和爱好者前来参加。总面积 9.2 平方公里、各类设施非常齐全的奥林匹克水上运动小镇，2020年入选首批山东省体育旅游示范基地。2022年夏天，山东省第二十五届运动会在日照举行，来自全省的水上运动健将又在这里大显身手。在帆船帆板比赛中，日照代表队斩获12枚金牌、9枚银牌、9枚铜牌，位列奖牌榜榜首，充分显示了日照水上运动的实力。

　　2020年8月16日上午9点，一面红帆离开日照桃花岛，驾船的是一个又黑又瘦的小男孩，让人看了十分惊讶。他叫包乃眶，只有13岁，来自青岛39中。他小小年纪，但航海经历不浅，从二年级开始就跟着爸爸玩帆船、皮划艇、海上赛艇。2019年暑假，他和爸爸一起划着皮艇，历经近30个小时，划行132公里，横跨了渤海海峡。这次他来日照参加"安泰杯"跨渤海海峡（测试）挑战赛日照—青岛跳岛赛，要独自驾驶OP帆船，从日照到青岛。参赛的船只有两条，刚出发便遭遇无风带，船在海上打转。包乃眶决定用桨划，然而OP帆船的桨很小，在海上根本划不动，他只得拿出爸爸为他提前准备的龙舟木桨，咬牙发力，划出了无风区。天黑之后，大海茫茫，虽然后面有一条主办方安排的监督船，妈妈在那上面，但包乃眶看不清楚，心里害怕，他给自己加油打气，坚持了下来。最后一天到了董家口港外航道，在横穿航道时遭遇大风浪，浪有三四米高，几乎要把帆船淹没。但这时他反倒不害怕了，体验到在海上驰骋的刺激感，特别爽。8月18日下午5点，包乃眶终于抵达了终点，航程66海里（约合122公里）。在青岛银海游艇码头上，他与父亲紧紧相拥，笑容格外灿烂。他创造了该年龄段的少年完成的最长距离的OP帆船航行，央视做了报道。

　　2005年7月11日，是中国航海家郑和下西洋600周年纪念日，中国政府将每年7月11日定为中国航海日。2007年，第三届中国航海日活动庆祝大会在青岛举办，宣传口号有"郑和精神，民族之光""提升全民航海意识，实现中华民族伟大复兴"等等。2022年7月11日，青岛奥帆中心百帆竞发，2022中国航海日（青岛）国际中学生精英帆船赛在这里举行。那些中学生选手英姿勃发，有好多都是包乃昄这样的英武少年。

少年强则国强，他们代表了中国水上运动的未来，展示了新世纪出生的年轻一代的勇敢姿态。

黄海海域，还曾晃动着中外航天员的英姿。2017 年 8 月 21 日，中国航天员中心在山东烟台组织了为期 17 天的海上救生专项训练，杨利伟、叶广富等 16 名中国航天员和 2 位欧洲航天员参加。他们在烟台附近的黄海某海域先后进行海上自主出舱、海上生存、海上搜救船救援及海上直升机悬吊营救等训练科目，考验每个人的意志，也考验团队协作和实战能力。2 位欧洲航天员是 1970 年出生的德国人马蒂亚斯·毛雷尔和 1977 年出生的意大利人萨曼莎·克里斯托福雷蒂，他俩与中国航天员相处得非常融洽，在训练中相互帮助共同提高。2022 年 4 月 27 日，萨曼莎与另外 3 名宇航员乘坐 SpaceX 的龙飞船至国际空间站，并从 9 月 28 日起成为第一位指挥国际空间站的欧洲女性航天员。10 月 12 日，精通中文等多国文字的萨曼莎于即将返回地球之际，在社交媒体上发布了一组太空摄影作品，并配上了中国著名书法家王羲之所著《兰亭集序》中一段描绘宇宙景观的古文"仰观宇宙之大，俯察品类之盛，所以游目骋怀，足以极视听之娱，信可乐也"，引发全世界无数人热议。她发的三幅照片，第一幅就是她在太空拍摄的黄海、渤海、山东半岛和辽东半岛。

十　智慧海洋

喜欢研读古籍经典的人爱说这么一句话，"深入经藏，智慧如海"，意思是书中有大海一样的无量智慧。

5000 年来，大海承载了越来越多的人类智慧。人类灵感频现，像闪电一样照亮沧溟；人类的创造力，在海上像魔术一般施展。从刳木为舟，到制造巨轮；从望而却步，到跨越天堑；从撒网捕捞，到海洋牧场；从煮海为盐，到绿电上岸……

海洋生物有 20 万种左右，但不包括人类；人类不属于海洋生物，却用智慧影响了海洋。

人类文明史，在很大程度上是走向大海、向海图强的历史。中国人也是这样，尤其是 1949 年以来，海洋观不断转变，大踏步地从陆地走向海洋，从蔚蓝走向深蓝。努力建设海洋强国，是实现中华民族伟大复兴的重大战略任务。

黄海西岸，有许多为实现这个宏伟目标而建立的人才培养基地、海洋科研平台，聚集了大量海洋科技人才。

最为集中的地方是青岛。

早在 20 世纪 50 年代初期，在小鱼山之下尚未搬走的山东大学就成立了海洋系，1959 年发展为山东海洋学院，列入教育部直属的重点综合大学。2002 年更名为中国海洋大学，第二年即被教育部列入创建世界一流大学和高水平大学（"985 工程"）名单。海大从鱼山老校区起步，又陆续建起浮山、崂山、西海岸三个新校区。建校以来培育出了许多优秀人才，其中有我国第一位海洋科学博士、第一位水产博士、第一位水产品加工及贮藏工程博士、第一位海洋药物学博士。海洋和水产学科博士毕业生分别约占全国高校的 2/3、1/3；学校培养了一半以上海洋领域国家"杰青"、1/3 水产领域国家"杰青"。毕业生中已有 14 人当选中国科学院或中国工程院院士，3 人先后担任国家海洋局局长。参加中国第一次南极考察的 75 位科学家中，一半以上是海大毕业生。截至 2022 年 12 月，海大获国家技术发明一等奖 1 项、二等奖 3 项，自然科学二等奖 12 项，科技进步二等奖 11 项。学校还拥有科学考察实习船舶 3 艘，形成自近岸、近海至深远海并辐射到极地的海上综合流动实验室系统，具备一流的海上现场观测能力。每年有众多学生乘船出海，参与实习、科研。我国目前有 10 所海洋大学，中国海洋大学历年来排名第一。

我国第一个专门从事海洋科学研究的国立科研机构也建在青岛，这就是 1950 年 8 月 1 日成立的中国科学院海洋研究所。这座建在胶州湾东岸的海洋科学殿堂，70 多年来耕海探洋，成果累累，获得的国家级奖励有一等奖 6 项，二等奖 25 项，全国科学大会奖 15 项，国家其他奖 36 项，为我国海洋科技和经济社会发展作出了重要贡献。海洋所成立伊始就用小舢板开始海洋调查，后来的海洋调查船不断升级换代，从 50 年代的"金星"号，60 年代的"海燕"号、"实践"号，80 年代的"科学一号""金星二号"，21 世纪初的"科学三号"，再到我国最新一代海洋科学综合考察船"科学"号，一步步走向深海大洋，迈入国际先进行列。他们先后对渤海、黄海、东海和南海进行了多学科、大规模、系统性的海洋调查，又开展深海和远洋调查，1984 年参加了我国第一次南极科考，1999 年参加了我国第一次北极科考。2015 年，海洋所牵头组建中国科学院海洋科考船队，统筹调配管理院内"科学""实验""探索""创新"四个系列 10 艘科学考察船，形成从海岸带、近海到深海大洋的谱系化科考能力。以曾呈奎、刘瑞玉、张福绥为代表的老一辈科学家，在海带、对虾、扇贝养殖等方面作出了原创性贡献，开创和引领了中国海水养殖业"三次浪潮"的兴起和发展。海洋所人才辈出，群星灿烂，童第周、曾呈奎、毛汉礼、张致一、秦蕴珊、袁业立、刘瑞玉、金翔龙、张福绥、郑守仪、胡敦欣、侯保荣、方国洪、穆穆、焦念志、李家彪等 16 位院士曾经在这里工作或学习，一大批海洋科技界的精英从这里走出，成为我国海洋科技领军人才。

在南京路 106 号的中国水产科学研究院黄海水产研究所，是我国成立最早的综合性海洋渔业研究机构，1949 年 9 月从上海迁到青岛。建所以来，黄海水产研究所紧紧围绕"海洋生物资源开发与可持续利用研究"这一中心任务，在"渔业资源与生态环境""种子工程与健康养殖"和"水产加工与质量安全"等领域取得了许多重大科研成果，为我国鱼、虾、蟹、贝、藻、参等海产品的海水增养殖业作出了开创性贡献。黄海水产研究所作为第一完成单位获得国家级奖励22项，其中全国科学大会奖8项；国家科技进步一等奖2项、二等奖5项、三等奖1项；国家技术发明二等奖3项、三等奖1项、四等奖1项；国家自然科学三等奖1项等。此外，授权专利894件，并且作为第一完成单位培育出水产养殖新品种16个。

在浮山东麓面向大海的第一海洋研究所，前身系海军第四海洋研究所，1964年整建制划归原国家海洋局，2018年并入自然资源部。"海洋一所"致力于研究中国近海、大洋和极地海域自然环境要素分布及变化规律，参与并完成了一大批国家重大海洋专项、973项目、863计划项目、国家科技支撑项目、国家自然科学基金项目、国际合作项目和海洋开发项目，多次获得国家级奖励，如"中国海大陆架划界关键技术研究及应用"，2015年获国家科技进步奖二等奖；"深海高精度超短基线水声定位技术与应用"，2016年获国家技术发明奖二等奖；"国家海岛礁测绘重大关键技术与应用"，2017年获国家科技进步奖二等奖。

在青岛的其他一些涉海科研机构，如中国科学院青岛生物能源与过程研究所、青岛海洋地质研究所、海洋化工研究院、山东省海水养殖研究所、山东省科学院海洋仪器仪表研究所、山东社会科学院海洋经济研究所等等，也各自根据单位职能和业务分工，开展了多方面的科技创新研究，成果丰硕。

近10年来，青岛又多了几个海洋科技创新平台，体现国家战略高度，堪称中国海洋科技的"航空母舰"。

在崂山北面的鳌山湾畔有两处：青岛海洋科学与技术试点国家实验室和国家深海基地。

2006年，国家科技部启动筹建10个国家实验室，青岛海洋科学与技术试点国家实验室是其中的一个。它位于青岛蓝谷，由科技部、山东省、青岛市共建，财政部、教育部、农业部、国土资源部、中国科学院、国家海洋局提供支持，主要依托中国海洋大学、中国科学院海洋研究所、国家海洋局第一海洋研究所、农业部黄海水产研究所、国土资源部青岛海洋地质研究所五家科研机构，于 2015 年 6 月正式运行。"突破世界前沿重大科学问题，攻克关键核心技术，率先掌握颠覆性技术"，是该实验室的使命所在。这里有海洋动力过程与气候、海洋生物学与生物技术、区域海洋动力学与数值模拟、海洋矿产资源评价与探测技术等 8 个功能实验室和高性能科学计算与系统仿真平台、科学考察船队及其基础条件公共平台、海洋药物筛选共享平台、海洋高端仪器设备研发平台等 10 个重大平台，已经成为我国海洋领域最重要的科技资源共享平台、海洋科技成果创新基地、世界一流的海洋科研机构。青岛海洋科学与技术试点国家实验室运行以来，通过聘任领军科学家和重大项目领衔科学家等形式，汇聚起一支包括 45 位院士在内的 2200 余人的创新型队伍。2018 年 6 月 12 日，习近平总书记在出席上海合作组织青岛峰会后，视察了青岛海洋科学与技术试点国家实验室。习近平强调，海洋经济发展前途无量。建设海洋强国，必须进一步关心海洋、认识海洋、经略海洋，加快海洋科技创新步伐。

国家深海基地建在鳌山湾南端，2015 年正式启用，是国家自然资源部的直属单位。总规划用地 26 公顷，用海 62.7 公顷，是我国第一个、世界第五个（以前的四个是美国、俄罗斯、法国、日本）深海科研基地。深海基地作为"蛟龙"号深海载人潜水器和"科学"号海洋考察船的母港，主要用于深海和大洋资源的勘探、调查、深海观测，深海大型装备的维护、设备改造，以及对潜航员的选拔培训和管理等。国家深海基地管理中心 2022 年年初提出，要推动部、省、市共建国家深海基因库、国家深海大数据中心、国家深海标本样品馆等国家深海"三大平台"，推进深海中心高质量发展。

　　在青岛西海岸新区也有一处基地：中国科学院海洋大科学研究中心。大科学中心背依大珠山，面朝灵山湾，2020 年正式启动。中心由中科院、山东省、青岛市共建，是以中科院海洋所为依托，联合烟台海岸带所、南海所、深海所、声学所等 12 家中科院涉海院所共同打造的海洋科技创新平台、人才高地和新兴产业培育基地。目前已集聚各类任务团队 77 个，吸引包括两院院士、国家杰青等高层次人才 5000 余人次利用平台资源，开展了 600 多项课题研究。

　　"老牌"加"新晋"，在青岛的涉海科研机构到了 30 家左右，约占全国的五分之一；部级以上涉海高端研发平台超过 30 家，占全国的三分之一；全职在青涉海院士约占全国的 28%。这三个方面均排名全国第一。《国家海洋创新指数报告 2021》显示，青岛海洋创新能力在全国领先。

　　2021 年 4 月，中央出台了关于海洋强国建设的有关文件，提出"支持深圳、青岛等强化海洋功能和特色，带动形成一批现代海洋城市"。青岛不辱使命，已经凭借优异的表现站到了全国沿海城市的第一梯队。

　　2021 年，山东省将青岛国家海洋科学研究中心和山东省海洋生物研究院合并，组建为山东省海洋科学研究院。其职责主要是从事海洋战略研究，建设海洋高端智库，组织协调山东和中央驻鲁海洋科技人员承担国家及省海洋领域重大项目，服务青岛海洋科学与技术试点国家实验室、中科院海洋大科学研究中心等工作。研究院为山东省直属正厅级事业单位，办公地点在青岛市崂山区游云路 7 号。这意味着，为支持青岛成为引领型现代海洋城市，让山东为建设海洋强国作出更大贡献，山东又在胶州湾畔安置了一个重要的助推器。

　　2022 年 6 月 22 日，2022 东亚海洋合作平台青岛论坛在青岛西海岸新区开幕，主题是"携手'海洋十年'，合作共赢未来"。"联合国海洋科学促进可持续发展十年"（简称"海洋十年"）是联合国聚焦全球海洋可持续发展面临的严峻问题，在全球发起的变革性海洋科学运动，周期为 2021 年至 2030 年。开幕式上，联合国教科文组织政府间海洋学委员会执行秘书弗拉基米尔·拉宾宁宣布，由中国自然资源部第一海洋研究所牵头，联合国内多家科研机构和国际机构共同申办的"海洋十年"海洋与气候协作中心获批，成为联合国在全球范围内首批批复的 5 个"海洋十年"协作中心之一，也是中国唯一获批的协作中心。该中心落户青岛西海岸新区，将在联合国框架下、在全球层面凝聚海洋与气候领域的国际共识和智慧，推动"海洋与气候无缝预报系统"（OSF）等系列大科学计划落地落实，为全球海洋治理提供中国智慧和方案。

除了青岛，黄海西岸的其他城市也拥有较强的海洋科技实力。涉海高等院校，大连有大连海事大学、大连理工大学、大连海洋大学；连云港有江苏海洋大学；威海有山东大学海洋学院、威海海洋职业学院；烟台有鲁东大学蔚山船舶与海洋学院、烟台大学海洋学院；日照有日照航海工程职业学院、日照职业技术学院海洋技术系。莘莘学子，一届接一届，有许多毕业生成长为海洋科技方面的中坚力量。重要涉海科研机构，有设在烟台的中科院海岸带研究所，2017 年成立以来以"认知海岸带规律，支持可持续发展"为使命，取得了许多科研成果；有 2022 年落户于连云港的江苏省海洋资源开发技术创新中心，正在建设江苏省蓝碳实验室、深远海装备技术研发中心等一批项目，将强力提升江苏海洋科技创新水平。

这么多涉海科研机构遵从国家海洋战略，并与全国同行密切协作，汇成强大的智慧力量，推动了建设海洋强国的步伐，促使人们更好地认识海洋、经略海洋、保护海洋。

近年来，海洋科技的一个重大进展，就是让海洋以"数字海洋""透明海洋""智慧海洋"的形式呈现在人类面前。

"数字海洋"，是海洋信息的数字化，是由海量、多分辨率、多时相、多类型海洋立体监测数据、分析算法和模型构建而成的虚拟海洋信息系统。

"数字海洋"的建立，靠的是海洋信息的大量获取。新中国成立以后，就开始了对海洋的"摸底"调查。1958 年至 1960 年开展的首次全国海洋综合调查，有 60 多个单位协作，先后在渤海、黄海、东海和南海进行了全国海洋普查，取得了一年以上系统而全面的综合性海洋资料，初步掌握了我国近海海洋水文、化学、生物、地质等要素的基本特征和变化规律。驻青岛的中科院海洋所，就是这次大普查的主力，承担了 9 个项目。2004 年至 2009 年的"908 专项"，是国务院批准立项，由国家海洋局组织实施的我国近海海洋综合调查，更是规模巨大。这次调查采用世界先进的海洋调查仪器设备，动用大小船只 500 余艘，航程 200 多万公里，海上作业约 2 万天。全国有 180 余家涉海单位、3万余名海洋科技工作者参加，用八年时间完成。其中一项重要成果，就是构建了中国"数字海洋"信息基础框架。

此后，常态化海洋调查持续进行，"数字海洋"的信息不断更新、补充。

出动科学考察船，是获取海洋信息的重要方式。这些年来，从青岛出发的科考船越来越多，船载设备越来越高级。

青岛是拥有科考船最早、最多的沿海城市。我国第一艘现代化综合性远洋科考船"大洋一号"，1994 年就落脚在青岛，由自然资源部北海局（原国家海洋局北海分局）承担日常业务化运营。经过几次升级换代，"大洋一号"配备的自主研发设备已经有很多种，包括现代化船舶网络系统、6000 米深拖光学系统、4000 米测深侧扫声学深拖系统、3000 米浅地层岩芯钻机、3000 米电视抓斗、3000 米海底摄像连续观测系统、船载深海嗜压微生物连续培养系统以及"海龙""潜龙"等潜水器。船上设有 10 多个实验室：多波束和浅剖实验室、重力和 ADCP 实验室、磁力实验室、地震实验室、综合电子实验室、地质实验室、生物基因实验室、深拖和超短基线实验室等。它代表着我国科考船执行远海任务的实力与日俱增，走向深海的足迹愈加深远。从1995年开始，"大洋一号"执行了中国大洋矿产资源研究开发专项的多个远洋调查航次和大陆架勘查多个航次调查任务，航迹遍布非洲、美洲、亚洲和太平洋等，功勋卓著。因此，"大洋一号"展板被呈现在"庆祝中华人民共和国成立70周年大型成就展"上。

青岛海洋科学与技术试点国家实验室的"深远海科学考察船共享平台"，集合了全国13家单位的37艘科考船，有超过800台/套船载设备，建成了全球最大规模的深远海科考船队。其中中国海洋大学的"东方红3"船，是全球最大的静音科考船，可全球无限航区航行，"静悄悄"地拿到最精确的数据；中科院海洋所的"科学"号科考船，搭载了"十八般兵器"，是名副其实的海上"移动实验室"。还有"蛟龙"号最初的母船"向阳红09"，连续执行了南极科考、北极科考的"向阳红01"，同时具备专业地震调查与综合地质地球物理调查功能的"海洋地质九号"，被称为"渔业航母调查船"的"蓝海101"等等，功能各异，各显本领。

科考船所载设备，"蛟龙"号载人深潜器最有名。这是一艘由中国自行设计、自主集成研制的载人潜水器，2002年建造，是我国深海科考的核心载体。在此之前，世界上只有美国、日本、法国、俄罗斯四个国家拥有载人深潜器，最大工作深度为6500米。2012年6月24日，"蛟龙"号搭乘"向阳红09"试验母船，在西太平洋的马里亚纳海沟试验海域成功创造了载人深潜新的历史纪录，首次突破7000米，最深达到7020米的海底。这意味着"蛟龙"号已经成为世界上下潜能力最深的作业型载人潜水器，可在占世界海洋面积99.8%的广阔海域自由行动。当年9月，中共中央、国务院授予"蛟龙"号载人潜水器7000米级海试团队"载人深潜英雄集体"光荣称号。2018年1月，国家深海基地管理中心"'蛟龙'号载人潜水器研究与应用"项目被授予国家科学技术进步奖一等奖。至此，"蛟龙"号共成功下潜 158 次，总计历时 557 天，总航程超过 8.6 万海里，实现了 100% 安全下潜。它在多个海域的海山区、冷泉区、热液区、洋中脊，探索了多个海底"矿区"，取回了大量深海生物样品、富钴结壳样品、多金属结核样品、岩石样品、沉积物样品、海水样品等，并对海山、热液、海沟等典型海底地形区域有了初步的探查。这件"大国重器"，现在"安家"于国家深海基地，每次外出作业后回来小憩，接受维护、维修后再随科考船出发，去深水大洋探知更多的奥秘。2022 年 8 月下旬，我去参观国家深海基地时，"深海一号"科考船载着"蛟龙"号刚刚回来。这次为期 3 个月的远洋科考，又获得一批新的成果。我仰视检修台的"蛟龙"号，想到它 20 年来的赫赫功绩，心中赞叹不已。

"蛟龙"号宝刀未老，我国近年来又拥有了 4500 米载人深潜器"深海勇士"号、万米级载人深潜器"奋斗者"号。2020 年 11 月 10 日，"奋斗者"号成功挑战全球海洋最深处，坐底马里亚纳海沟，深度 10909 米，实现了"全海深"梦想。除了载人潜水器，还有"海龙"号缆控（无人有缆）潜水器，"潜龙"号自治（无人无缆）潜水器，深海钻探的"深龙"号、深海开发的"鲲龙"号、海洋数据云计算的"云龙"号，等等。另外，还有各种型号的水下滑翔机。如"海燕"号，身轻体瘦，形似鱼雷，重约 70 千克，工作深度达到 8213 米，创造了水下滑翔机下潜深度的世界纪录；持续观测里程达到 3619.6 公里，刷新了国产水下滑翔机续航最长纪录。

除了科考船和船载设备，我国还利用卫星、遥感飞机、岸基监测站、浮标、海底传感器等等，形成空、天、地、海一体观测，建立了多种野外台站观测网络，进行综合性、实时性、持续性的数据采集，把海洋物理、化学、生物、地质等基础信息集中到一起。

中国科学院的海洋综合观测网络，整合了胶州湾站、黄河口站、牟平站、长江口站、黄海浮标观测网、东海浮标观测网、热带西太潜标观测网等"四站三网",构建了国际上最大规模的海岸带—近海—大洋一体化综合观测网络。这个强大的观测网络,实现了深海3000—6000米水深温度、盐度、洋流等潜标数据的实时回传。

中国科学院近海海洋观测研究网络黄海站建于2007年,有山东外海海域共享浮标系统、青岛灵山岛浮标观测系统、荣成楮岛浮标观测系统、北黄海自动气象站、北黄海观测浮标系统、北黄海垂直剖面立体观测系统、北黄海定点潜标系统。碧波之中,一个个黄色或红色、灯塔状或船状的浮标和气象站十分醒目,它们和水中的剖面标、海底的潜标各司其职,将信息实时传输给陆基接收站,或定期传输到海洋科学数据中心。

海洋,表面上碧波万顷,一览无余,但进入水中,越深越暗。200米以下,光线十分微弱,海水一片灰蓝;1000米以下,阳光完全不能抵达,一团漆黑。如果海水的透明度不高,尤其是黄海中那些水色发黄的海域,阳光被漂浮物质阻挡,即使较浅,也是混沌一片。因此,海底世界到底什么样子,人类在很长的历史时段里茫然无知,仅凭想象去猜测,去估量,一些神话故事被创作出来。

有人通过潜水方式去了解海洋,或者在潜水捕捞中顺便了解。过去那些到海底捞取海参、鲍鱼的"海碰子",如果身体棒且技术好,能下潜5到10米深,在水下屏气40到60秒。后来有了专业设备,穿潜水服,背氧气瓶,能下潜到20米以下,劳作一个小时左右。但他们要承受水下压力和低温,健康往往受损。后来有了专业潜水员,凭借先进设备能潜得更深,但业内普遍认为,下潜300米即到达极限。

潜水深度有限,对复杂的海底样貌所知甚少,更难以了解海水的成分、盐度、温度、密度、透明度,海水运动的形式与特性,海洋与大气的关系,海洋中的生物资源、动力资源、化学资源、矿产资源,以及海洋的地带性差异,海洋的整体与局部生态状况,等等。尤其是深海世界"黑暗食物链"和"深部生物圈"的神秘面纱,人类一直没能揭开。

然而，种种问题，诸多谜团，都随着人类探索海洋的进度日渐加快、力度持续增强，变得清晰可辨，甚至昭然若揭。广阔而深邃的海洋，转化成数字，变得"透明"起来。

"透明海洋"的概念，是中国科学院院士、青岛海洋科学与技术试点国家实验室主任吴立新在2013年提出的，指的是构建海洋观测体系，支撑海洋的过程与机理研究，进一步预测未来海洋的变化，从而实现海洋状态"透明"、过程"透明"和变化"透明"。

我在国家深海基地展览大厅看到了"透明海洋"的一次直观展示。那是一幅巨大的世界地图，在大西洋，标有"秦风""唐风""魏风""齐风"等等；在印度洋，标有"商颂""周颂""鲁颂"；在太平洋，标有"小雅""大雅"。原来这是一幅中国大洋地理实体命名图，对我国科学工作者探明的各大洋海底地理实体分别命名，用《诗经》为主，以中国历史人物等为辅。《诗经》中的"风""雅""颂"分别对应大西洋、太平洋、印度洋。截至2021年9月30日，由中国进行的大洋调查发现并命名的国际海洋地理实体已达243个（不含翻译地名），其中通过国际海洋地名分委会（SCUFN）审议的海洋地理实体数达97个。

看着在中国海洋科考人员的努力之下日渐透明的各个大洋，我仿佛听到，用汉语吟诵《诗经》的声音与各大洋的浪涛声汇响在一起，让人心潮激荡。

毫无疑问，中国的海洋调查已经跻身世界前列，拥有了更多的话语权。2021年，由我国提出并联合8个国家制定的国际标准《海洋环境影响评估（MEIA）– 海底区海洋沉积物调查规范 – 间隙生物调查》，经国际标准化组织（ISO）批准正式发布，这标志着中国海洋调查技术标准国际化工作取得重要突破，正为国际社会贡献中国方案并参与全球海洋治理。该标准由中国科学院海洋研究所和自然资源部第一海洋研究所共同提出，是黄海西岸海洋科技力量闪现的智慧之光。

"数字海洋""透明海洋"，通过一个个数据库和相关平台的建立，我们可以看到并从中受益。有一些集高性能计算和大数据融合分析于一体的海洋大数据支撑平台，可提供从数据获取、计算分析到应用研发全链条的超算技术支撑服务。

2009 年 6 月 12 日，"iOcean 中国数字海洋公众版"信息服务系统正式对外发布。这是我国首个数字海洋公众服务系统，向社会提供了一个普及海洋知识、宣传海洋文化、提高公众海洋意识的公共平台。平台有海洋调查与观测、数字海底、数字水体、海洋资源、海洋预报、海上军事、海洋科普、探访极地大洋、虚拟海洋馆等栏目，公众甚至可以从这里查到每日的滨海浴场水温、海浪等情况。

此后，我国建起了多种数字海洋平台，从国家到地方，从综合到单项。黄海沿岸三省及各市、区、县，在数字海洋建设方面各显身手。如辽宁省，10 年前就建起了辽宁省数字海洋基础信息平台；山东省，2009 年建起了"海上山东"门户网站、养殖用海图示系统等；江苏省，开发了江苏海域使用管理信息系统和江苏海洋经济与规划信息系统，近海三维可视化及动态模拟平台和海洋数据管理基础平台。

中科院海洋所海洋大数据中心制作的"海洋科学大数据"网站，给人以强烈的惊艳之感：主页就是蓝色大海，一帧帧动图让人目不暇接。网站有海量数据，来源于国内和全球的观测数据以及特色数据产品，并可提供各种数据服务。我一边浏览网站一边感叹：这里是海洋信息的汪洋大海，透明可见的汪洋大海。

2021 年 4 月，"透明海洋"上升腾起一片彩云——海洋所海洋大数据中心的"海洋科学领域云平台"上线试运行。这个以云计算技术为支撑的平台，包括海洋科学数据门户、大规模数据交互式分析平台、人工智能开发服务平台和大数据与人工智能应用产品等业务系统，面向海洋领域用户提供数据资源管理与共享、交互式数据分析、海洋大数据与人工智能应用、虚拟云主机、人工智能训练与推理等服务。

　　大众网在报道中讲,海洋科学领域云平台"将不断突破海洋数据提取、质量控制、格点化等共性关键技术,开发具有普适性、综合性和示范性的数据产品,构建面向海洋环境保护、政府决策和海洋科研需求的结构完善、功能先进的海洋人工智能与大数据服务业务化云平台,服务于海洋科技创新发展,推动海洋科学事业的发展"。

　　请注意这里出现的一个词"人工智能"。这昭示着"智慧海洋"初露端倪。

　　以 2016 年围棋计算机"阿尔法狗"战胜世界围棋冠军李世石为标志,人类社会进入了智能时代。物联网、大数据、人工智能技术结合在一起,人类社会的方方面面都会受影响、起变化。海洋信息化的进程也出现飞跃,由"数字海洋""透明海洋"走向"智慧海洋"。

　　智慧海洋的一大特征,是呈现虚拟海洋空间。凭借海洋物联网获取的与日俱增的海量数据,加上长期积累的各类历史数据,通过以云计算平台为支撑的工业大数据、社会大数据、科学大数据的分析处理,可在虚拟空间中构建海洋环境演变模型、海上设备运行模型、涉海人员活动模型。在此基础上,利用大量实时真实数据驱动虚拟空间中的各类模型,可实现在虚拟海洋空间中模拟和预测实体海洋空间的发展变化情况。由此,一方面可利用模拟预测结果对实体海洋空间的活动和决策进行指导;另一方面可利用实体空间产生的大量数据促进虚拟空间的成长,提升模型的准确程度和预测能力,从而形成实体海洋空间与虚拟海洋空间相互指导、相互映射的智慧海洋系统。

　　智慧海洋的内涵,广义上分为两个层面。一是科学技术层面,又称智能海洋,就是把感应器嵌入和安放到海岸、海岛、海面、海底和不同深度层面,形成海洋感知物联网,并将其与现有的互联网整合起来,在海洋全面感知的前提下实现海洋的智能化管理和开发。二是社会层面,称为和谐海洋,涵盖海洋政治文明、海洋军事文明、海洋经济文明、海洋科技文明、海洋生态文明、海洋环境文明、海洋安全文明、海洋生活文明、海洋生产与开发文明、海洋外交与交流文明等，旨在实现海洋的可持续和谐发展。

智慧海洋的形成，让人类畅游海洋有了全新的方式：利用特殊设备，进入那个虚拟空间，想去哪儿就去哪儿。你可以去游有万米之深的海沟，可以去看正在喷发的海底火山，可以与鲸鱼嬉戏，可以同虾群一起洄游……

有人会说，这不就是进入"元宇宙"了吗？是的，智慧海洋如果进一步完善，大概就成为"元宇宙"中的海洋了。我们以虚拟化身进去，可能会在虚拟海洋中相遇。我们并肩滑翔，瞬间万里，游遍黄海，再去大洋。我们进入深海，却感受不到压力，眼前一片蓝莹莹的透明。我们在那里观赏海洋万象，思考人类命运，一定会有更深更多的感悟。

从虚拟海洋中出来，再看现实海洋，我们会对她更加热爱，爱她的每一朵浪花，每一滴水。

尾声

望洋兴叹

2022 年 8 月 23 日下午，我来到了山东半岛的最东端——成山头。这是我沿黄海西岸行走必到的一站。

我在地图上发现，这里是一个最佳看台：山东半岛插入海中 200 多公里，接近黄海腹心，成山头更是在半岛的顶端脱颖而出，三面环海。

公元前 219 年，秦始皇第一次来这里时抚须感叹："天之尽头！"随行的大臣李斯便写了"天尽头"三个篆字，刻石而立。人们还把这三个字刻在海中孤突如剑的石峰上，让这里有了一个引人入胜的地名。

公元 2005 年，石峰上的字突然增加了一个，变成"天无尽头"。不少人看到了或听说了都摇头发笑，于是四个字又变成了三个字"好运角"。我往成山头走的时候，还认为那里在使用这个新名，因为我在网上看过照片，卫星地图上也标记这里为"好运角"。然而进入景区，从秦始皇塑像旁边探头一瞧，发现海上依然是"天尽头"三个大字。

恢复历史本来面貌，甚好甚好。

我站在高崖之上，在习习海风之中，往南看往北看，仿佛看到了我到过的长江口与鸭绿江口；往东看往西北看，仿佛看到了我乘船去过的韩国和渤海海峡。极目远眺，水天一色；俯瞰近处，碧波滚滚。

这片海，这片在 100 年前才被人叫作"黄海"的海，上下几十亿年，纵横 40 万平方公里，曾发生多少造化，沉淀了多少故事！

我站立的崖下，"秦桥遗迹"正在水中半隐半现，被雪浪冲刷。

传说这是秦始皇想亲自去三神山寻仙药时，部下为他铺设的石桥。看那四块滑溜溜的巨石节节断开，没有几万年的海水打磨与风吹日晒，成不了这个样子。那时的"秦桥"之东，几经沧海桑田，冰期时如有人类，说不定真能走到对面那个如一面旗帜斜垂的半岛。

当海水淹没从长江口到鸭绿江口的广阔大陆架时，无数生灵活跃于此，卵生、胎生、湿生、化生，生生不息。从海洋登陆的生灵，有一支进化成人类。人类中的一部分，在这片海的边缘生存、繁衍。

近墨者黑，近朱者赤。人们在蓝色的大海旁边住久了，也会沾染海的品格，扩展胸襟，开启想象，进而改变性情、心理与审美趣味。久而久之，形成了文化。

泰山高耸，大海铺陈，生活在山海之间的东夷人，从 5000 年前就开始创造辉煌灿烂的海岱文化。在莒县发现的"日云山"图像文字，代表了中华文明的曙光。在沿海各地发现的鸟形器皿，体现了古人梦想腾飞的不羁精神。

春秋战国，群雄并起，百家争鸣，盛况空前，黄海西岸更是成为中华文化的发祥地。

齐文化，开放、包容、务实、进取。鱼盐之利，舟楫之便，被齐国人最早认识并利用。千里海岸，万里遐思，他们的心总是飞得很远很远。因此，山东半岛成为东渡移民的始发地，东方海上丝绸之路的起点。

鲁文化，重仁义、尊传统、尚伦理。在鲁国形成的儒家文化像融融月光，洒向华夏大地，进而凝结成中华文化的内核。这里的文化巨人登高望远，眼中有海，孔子说过，"道不行，乘桴浮于海"。

莒文化，既开放，又内敛，温和敦厚，好让不争。他们认为，莒都西面的浮来山从海上浮来，国与国之间的冲突可以通过会盟和平解决。浮来山上，荫护莒、鲁两国国君会盟的那棵老银杏树至今还在，枝繁叶茂；齐桓公当年在此避难，回去说的那句"勿忘在莒"，2000

年来被人传为佳话。

吴越文化，早期尚武逞勇，悦兵敢死；为求霸业，卧薪尝胆。虽然中心地带在江浙一带，但也在江北沿海闪现异彩。吴王勾践向北扩张，曾将势力推展至胶州湾西岸。越国相国范蠡功成身退，到山东经商，被后人尊为商圣。

"六王毕，四海一"，秦始皇驾到。他几次到海边巡游，在视察疆土的同时，把获取长生之药当作一件大事。山东半岛的方士文化，竟然改变了中国历史——如果秦始皇不是听信方士们对于海中仙山的渲染夸耀，最后那次来山东半岛时绕行一圈，寻鲛射杀，劳神伤身，他大概不会病死在回咸阳的路上，他创建的大秦王朝会延续多年。

秦始皇殁了，徐福却在东瀛"止王不来"，开创了中日交往之先河。西风东渐，延续千年，经两汉，至隋唐。遥想隋唐时的这片海，舟船来往，篷帆高张，从日本列岛与朝鲜半岛起航的遣唐使、留学生、留学僧，不惧狂风恶浪，奔赴山东半岛，那是何等景象！他们归航时，带去了用汉字抄录、印刷的无数经典，回国后广泛传播，在东北亚形成了一个极具特色的汉文化圈。2008年我与日照10多位书画家到韩国平泽交流，发现这里的许多书法家都会写汉字，能与我们笔谈。可以说，汉文化氤氲在黄海海域并蔓延开来，是史册上的一幅生动图景。

秦始皇来这里看海，心里只想着江山。"普天之下，莫非王土"，他认为天下就是"土"，所以他在土地上走到了头，天也就到了尽头。他不知道天外有天，海外有外国。后来的一些帝王知道了，却认为"华夏之外皆蛮夷"，不愿与其平起平坐，只想关起门来过自己的日子。

没料到，倭寇过海，烧杀掳掠，明王朝只好大建卫所。在山东半岛最东端建起成山卫，与相继建起的威海卫、靖海卫像三角箭镞，指向黄海。300多年里，这枚箭镞时而锋利，时而锈蚀，而黄海之上因为海禁，帆影阒无，一片冷寂。直到清代中期，朝廷鉴于倭寇不再来，郑成功也死在了台湾，于是废除海禁，裁并卫所。1735 年，成山卫改为荣成县，卫城用作县城。其理由，竟然是文登幅员辽阔，殊难管辖，而成山卫孤悬海滨，应改设一县以资弹压。弹压对象是谁？是海滨一带的老百姓。大海近在咫尺，远接五洲，但如果没有外敌破浪而来，执政者便用刀枪箭镞在辖地上显示威风，从没想到要去海外寻求发展契机。

　　西方人却不是这样。早在秦始皇还没出生的年代，希腊人就有了强大的海军。他们信奉"弱肉强食、成者为王"，通过航海贸易聚敛财富，殖民扩张。地中海，孕育了最早的海洋文明。15 世纪至 17 世纪，新航线逐渐开辟，一些西方人贪得无厌，杀气腾腾，横行海上，争当霸主。19 世纪，他们盯上了遥远的中国。

　　1841 年，冒黑烟的火轮船初次经过成山头，西方列强开始挺进黄海，气势汹汹，锐不可当。1874 年，成山头矗立起一座灯塔，由英国人把持的大清海关出资建造。成山头海域雾多，灯塔旁边又多了一只大雾笛，每隔两分钟自动鸣笛一次，可以传出 30 海里。这让当地渔民受益，也为更多的外国船只提供了方便。大清政府建起的北洋水师也能沾光，但仅仅过了七年便全军覆没。那一场极其惨烈的黄海大战，就发生在成山头东北方向，老百姓听说后悲伤不已，在始皇庙内设立邓公祠挥泪祭奠。

　　有海无权，有海无防，中国人洒向黄海的血泪与日俱增。特别是在 1931 年开始的十四年战争中，许多中国人站在海边东望，悲愤满腔，心间蹦出"血海深仇"一词。

　　当我站在成山头时，身旁是一块石碑，上面刻着"中国领海基点方位点山东高角（2）"，落款为"中华人民共和国政府"，碑的最上方是庄严的国徽。我抚摸着碑上的红字，真切感受到了"海权"二字的含义。我耳边还响起了 70 年前一位中国元帅说的豪迈之语："西方侵略者几百年来只要在东方一个海岸上架起几尊大炮就可霸占一个国家的时代是一去不复返了！”

捍卫海权，向海图强，人民军队 70 多年来迅速壮大。领土、领海、领空，防守严密，固若金汤。中华民族是爱好和平的民族，中国人民解放军是仁义之师。2019 年 4 月 23 日，习近平在青岛集体会见应邀出席中国人民解放军海军成立 70 周年多国海军活动的各国海军代表团团长时强调：“我们人类居住的这个蓝色星球，不是被海洋分割成了各个孤岛，而是被海洋联结成了命运共同体，各国人民安危与共。”

从黄海之滨传出的中国声音，值得全世界认真倾听。

“海洋命运共同体”，这个新概念的提出，体现了中国领导人的博大胸怀。构建海洋命运共同体，彰显了中国人的世界担当。

构建海洋命运共同体的理念，从全新视角阐释了人类与海洋和谐共生的关系，为全球海洋事业发展明确了方向，成为引领人类海洋文明发展进步方向的鲜明旗帜。

海洋文明，应该是人类社会的一种进步状态，与“封闭”与“野蛮”相对。海洋文明，应该是人类认识到海洋对于世界的密切联结，认识到海洋与人类是和谐共生的生命共同体，从而精心呵护海洋，和平利用海洋，让世界可持续发展，为人类增加福祉的一种文明形态。海洋文明，绝不是某些西方国家主张的本国利益优先，绝不是单边主义和霸凌行径。

进入新时代的中华民族，不只是致力于民族复兴，还以天下为己任，致力于海洋命运共同体的建设，致力于海洋文明建设。

于是，中国向全世界表明，中国海军始终是一支和平的力量：一次次派出海军护航编队，赴亚丁湾打击海盗行为，保护商船航行安全；一次次派出和平方舟医院船，执行“和谐使命”海外医疗服务任务；一次次举行多国海上联合演习，共同提高海上搜救能力；一次次派出海军军舰出国访问，参加国际海军多边友好交往活动……

于是，中国提出共建 21 世纪海上丝绸之路倡议，希望促进海上互联互通和各领域务实合作，推动蓝色经济发展。黄海西岸的城市与港口，成为"一带一路"的一个个起点，与世界无数国家建立了陆海联系，让"和平合作、开放包容、互学互鉴、互利共赢"的丝绸之路精神薪火相传。

于是，中国积极促进与世界各国的海洋文化交融，努力传承海洋文明的"文化基因"，相互借鉴，取长补短，并对传统海洋文化进行创造性转化和创新性发展。黄海西岸，崛起了一批具有海洋气质的城市，如璀璨明珠一般吸引了世界的目光。生活在黄海西岸广大城乡的人们，也不像生活在农耕时代的前辈们那样故步自封，目光短浅，而是面向全球，开放而自信。

于是，中国高度重视海洋生态文明建设，越来越多的人像对待生命一样关爱海洋。大家懂得，必须持续加强海洋环境污染防治，保护海洋生物多样性，实现海洋资源有序开发利用。人们对海洋在态度上越来越敬重，行为上越来越自律。我在黄海岸边行走时正值休渔期，看见除了一些养殖船，别的渔船全都安安静静地停泊在渔港，让近海鱼虾在这4个月内不受打扰地繁衍生长。为子孙后代留下一片碧海蓝天，已经成为人们的共识与行动。到黄海岸边看最美的星辰大海，已经成为无数人的浪漫之旅。

……

黄海，作为中国四大海域之一，过去为海洋文明作出了卓越贡献。今天风起潮涌，又建新功，在世界海洋文明格局中的地位愈发重要。

我站在中国陆海交接的最东端，站在最靠近黄海中心的地方，面向碧波由衷祈愿——

愿黄海永远是一片和平之海、和谐之海、丰饶之海、美丽之海！

我做了一回"老盐工"

——《黄海传》后记

在我家乡，多数老辈人没见过大海，盐是他们认知大海的媒介之一。做饭要用盐，腌咸菜要用盐，不吃盐就没有力气，他们认为是东海给了他们能量，所以对盐十分珍重。我小的时候多次看到，有人想过过酒瘾了，到小卖部掏出一毛或两毛的票子买点酒，端起小黑瓷碗一气喝光，从柜台上捡起售货员撒落的一粒盐做酒肴。有人在啖盐之前，还特意用拇指与食指捏着那个晶莹剔透的正方体向别人强调：这是海味儿！那时的食用盐都是原盐，在现今的商店里已经见不到了。

我爷爷曾经是个盐贩子。他年轻时从家乡收购花生油、花生米之类的土特产，用一头骡子驮上向东海走（家乡人至今还将鲁南苏北的海叫东海），路上住一宿，第二天上午到青口（今江苏赣榆县城）卖掉，再买一驮子私盐，到临沂卖掉后回家。这一趟买卖，共用三天工夫，能赚一块大洋。爷爷老了，还多次向我讲海，讲贩盐经历。他讲他看到的晒盐场面，端着烟袋啧啧称奇："清水里捞白银，你说有多奇怪！"

爷爷离世后的第五年，我到日照工作，参观过这里的盐场。那些老盐工，在风吹日晒之下劳作，特别辛苦。看到他们晒出的卤水变成雪白的盐堆，我由衷赞叹。

到日照的第二年是1992年，我到养对虾的日照第一海水养殖总场挂职。接过他们递来的茶水，却觉得咸丁丁的难以下咽，勉强咽下，老是想吐。说给他们听，他们跟我开玩笑："让你尝尝海的味道"。原来，这里的水井离海近，盐度高，但他们已经喝惯了。

　　过了几天，我终于能喝这里的水了，却觉得浑身酸软、骨头发疼、神思倦怠。打电话问当地朋友，朋友说，这是潮气侵袭的缘故，搞不好会得风湿病的。宿舍是在滩涂上建起的，潮气很重，我的铺盖老是湿漉漉的，白天在太阳下也难以晒干。问一问当地人，他们却没有任何不适的感觉。我想，这是大海欺负农家子弟呢。我只好用电褥子对付，三伏天里也要铺，如果不铺，即使是身上出汗，骨头缝里还是发凉。我夜不成寐，听着窗外涛声，想到一个画面：大海正伏在我的身边，向我狰狞而笑。

　　挂职期间，我有时独坐海边，脑子里生出一些古怪念头。看着渔民们一年到头在海里谋生活，我想，地球上的生物是分为两类的，一类以海为生，例如渔民、鱼、虾、蟹、螺等等；另一类以土为生，例如农民、庄稼、草木、牲畜等等。这是两类本质上不同的生物，很值得比较和研究。看到渔民忙忙碌碌却收获不多，听他们讲海里的鱼一年比一年少，我暗暗惊慌：他们没鱼可打了，会不会去争夺农民的土地种庄稼？我又马上嘲笑自己：咳，你什么时候能把农民子弟的尾巴彻底割除？

　　30年下去，我那条尾巴不断变短变小，对大海渐渐亲近。我努力认知海洋，深入了解她的历史与现状；我研究海洋文明，试图弄清其内涵与外延。我接触到许多生活在海边的人，听他们讲海上故事，曾随渔民出海捕捞；我发现了海边的许多新生事物，一次次去采访、考察，感受海洋在新时代的律动。

　　这30多年，我的人生轨迹是从山岭到海洋，创作轨迹也是从山岭到海洋。前些年，我写与土地有关的故事，近年来则写与海洋有关的故事，长篇小说《人类世》《经山海》，都体现了这种转变。2021年，我又开始创作一部海洋题材的长篇小说，写出10万字之后，山东文艺出版社总编王路先生带着编辑到日照找我，想让我给他们社写一部纪实文学《黄海传》。我犹豫了一下，还是答应了，决定搁置长篇小说创作，先写这部作品。

他们走后，我想，应该感谢山东文艺出版社给我的这个机会，让我能以纪实手法全面地写一写我身边的黄海。于是，我开始了多方面的准备。

一方面，爬梳海量资料，钩沉黄海历史。我将书房里有关海洋的书都找出来，并从网上陆续买来几十本，一起排在我身后的书架上，随手可取，有空就看。

另一方面，沿黄海西岸行走，深入采访。30年来，我曾多次坐飞机飞越黄海，坐轮渡跨过胶州湾和渤海海峡，还从日照坐船去韩国平泽做文化交流，来回都是18个小时的航程。今年我在日照文友山来东的陪同下，在沿途诸多朋友的帮助下，从长江口走到了鸭绿江口。在我看来，这次黄海沿岸行，不只是为了写作所进行的必要采访，更是向黄海致敬的一个仪式。虽然疫情此伏彼起，但我还是瞅准机会，分成两大段得以完成。走在黄海岸边，站在黄海的最南端、最北端以及接近黄海中心的成山头，我觉得自己与传主息息相关，心潮难平。

回来写作时，我恍然觉得，自己成了一个老盐工，而且是沿袭古法，煮海为盐。我取来一罐罐一缸缸黄海水，满腔热情去煮，烟熏火燎，日复一日。终于，我有了收获，最后形成的近30万方块字，就是一个个盐粒子。

我家离海3公里远，在书房的窗口即可看到，我写作累了，就站在窗前望上片刻。全书完稿后，我到海边走了走，看着潮舌一次次舔我脚趾，突然十分感动。我想，黄海亘久，万古澎湃，而我只是一个匆匆过客。在短短的生命中，能与黄海结缘，为黄海作传，是我人生一大荣幸。

2022年9月28日

主要参考文献

《史记》，司马迁，中华书局 1982 年版。

《中国史纲要》，翦伯赞，人民出版社 1982 年版。

《中国近代史》，陈恭禄，上海古籍出版社 2017 年版。

《中国古代航运史》，孙光圻、张后铨、孙夏君、姜柯冰，大连海事大学出版社 2015 年版。

《中国渔业史》，李士豪、屈若搴，商务印书馆 1998 年版。

《中国盐政史》，曾仰丰，东方出版中心 2020 年版。

《海帆远影》，张东苏，上海人民出版社、上海书店出版社 2018 年版。

《海上大明》，章宪法，江苏凤凰文艺出版社 2019 年版。

《海洋地理》，刘改有，北京师范大学出版社 1989 年版。

《46 亿年的奇迹》，日本朝日新闻出版，人民文学出版社 2020 年版。

《山东对外交往史》，朱亚非、张登德，山东人民出版社 2011 年版。

《山东移民史》，刘德增，山东人民出版社 2011 年版。

《新编中国海盗史》，上海中国航海博物馆，中国大百科全书出版社 2014 年版。

《山东省志·海洋志》，山东省地方史志编纂委员会，海洋出版社 1993 年版。

《山东省志·水产志》，山东省地方史志编纂委员会，山东人民出版社 1991 年版。

《山东半岛与东方海上丝绸之路》，刘凤鸣，人民出版社 2007 年版。

《江苏海洋渔业史》，江苏省渔业史编委会，内部资料，1989 年印刷。

《烟台海洋与渔业志》，烟台市海洋与渔业局，内部资料，2015 年印刷。

《威海海情》，威海市海洋与渔业局，内部资料，2012 年印刷。

《大连市志·水产志》，大连市史志办公室，大连出版社 2004 年版。

《日照口岸志》，日照口岸志编纂委员会，中华书局 1997 年版。

《日照盐业志》，日照市盐务局，内部资料，1989 年印刷。

《明清安东卫研究》，政协日照市岚山区委员会，山东齐鲁音像出版有限公司 2020 年版。

《山东海洋经济》，孙义福、苟成富、范作祥，山东人民出版社 1994 年版。

《黄海印象》，曲金良、赵成国，中国海洋大学出版社 2014 年版。

《黄海故事》，陆儒德，中国海洋大学出版社 2014 年版。

《黄海宝藏》，李学伦，中国海洋大学出版社 2014 年版。

《无尽宝藏》，李琳，哈尔滨工程大学出版社 1999 年版。

《清嘉庆郝懿行〈记海错〉译注》，李伟刚、王栽毅，中国海洋大学出版社 2021 年版。

《败在海上》，梁二平，生活·读书·新知三联书社 2016 年版。

《中国海军史》，陈庆拥、盖玉彪、唐宏，海潮出版社 1995 年版。

《中外海战大全》，赵振愚，海潮出版社 1995 年版。

《复仇女神号》，［英］安德里安·G·马歇尔，广西师范大学出版社 2020 年版。

《海洋与文明》，［美］林肯·佩恩，天津人民出版社 2017 年版。

《海洋文明史》，［英］布莱恩·费根，新世界出版社 2019 年版。

《海权论》，［美］阿尔弗雷德·塞耶·马汉，同心出版社 2012 年版。

《海洋变局 5000 年》，张炜，北京大学出版社 2021 年版。

《海上帝国》，［美］洛丽·安·拉罗科，上海人民出版社 2019 年版。

《海陆的起源》，［德］阿尔弗雷德·魏格纳，北京理工大学出版社

2018 年版。

《海陆沧桑之变》，赵松龄、王珍岩，海洋出版社 2012 年版。

《走向海洋》，仝开健，中国发展出版社 2008 年版。

《千奇百怪的海洋世界》，屠强等，人民邮电出版社 2017 年版。

《烟台传》，王月鹏，新星出版社 2021 年版。

《威海传》，徐承伦、王成强，新星出版社 2019 年版。

《连云港传》，古龙高、周一云，新星出版社 2019 年版。

《大连港史》，《大连港史》编辑委员会，大连出版社 1995 年版。

《烟台港史》，《烟台港史》编辑委员会，人民交通出版社 1988 年版。

《青岛海港史》，《青岛海港史》编辑委员会，人民交通出版社 1986 年版。

《青岛市志·海洋志》，青岛市史志办公室，新华出版社 1997 年版。

《青岛大事记史料》，青岛市档案馆、青岛市史志编纂委员会办公室，青岛市出版局 1989 年版。

《青岛与海洋》，青岛市档案馆，山东画报出版社 2014 年版。

《青岛海洋文化史话》，郭泮溪，青岛出版社 2019 年版。

《耕海探洋》，许晨，浙江教育出版社 2019 年版。

《中国数字海洋——理论与实践》，石绥祥、雷波，海洋出版社 2011 年版。

《智慧海洋理论、技术与应用》，柳林、李嘉靖、李万武、董景利，中国海洋大学出版社 2018 年版。

《中国驱逐舰备忘录》，铁流，解放军出版社 2002 年版。

《沧海九歌》，唐明华，山东人民出版社 2016 年版。

《一个人的环球航海》，翟墨，长江文艺出版社 2011 年版。

《一个男人的海洋——中国航海家郭川的故事》，许晨，《北京文学》2017 年第 4 期。

《不为彼岸只为海》，宋坤，中信出版社 2019 年版。

《卑微的梦想家——从独臂少年到环球船长》，肖姝瑶，电子工业出版社 2021 年版。

《中日文化交流史话》，王晓秋，山东教育出版社 1991 年版。

《西游与东渡》，黄珅，中华书局 2010 年版。

《德国孔夫子的中国日志》，[德] 卫礼贤，福建教育出版社 2012 年 9 月第 1 版。

《华北船王贺仁菴》，贺中林、贺郁芬，台湾汇总实业有限公司 2016 年版。

《山东海洋民俗》，山曼、单雯，济南出版社 2007 年版。

《日照文化简史》，李守民，中国文史出版社 2012 年版。

《日照渔家文化》，滕怀森，山东齐鲁音像出版社 2020 年版。

《岚山渔文化》，岚山区政协，中国文联出版社 2019 年版。

《长岛风物》，中国山东省长岛县委宣传部，海洋出版社 1986 年版。

《丹东史迹》，任鸿魁，辽宁民族出版社 2005 年版。

《烟台史话》，宫栾鼎，海洋出版社 1992 年版。

《大连风物传说》，中国民间文艺研究会辽宁分会，春风文艺出版社 1983 年版。

《富饶美丽的荣成》，荣成县委宣传部，山东省出版总社烟台分社 1986 年版。

《吕四港镇志》，启东市吕四港镇志编纂委员会等，江苏人民出版社 2021 年版。

《石臼路社区志》，刘家懋、张永军，线装书局 2016 年版。

《我所了解的石臼所》，张永军，团结出版社 2021 年版。

《中国渤海、黄海、东海名称及区划沿革考》，李文渭，《海洋开发与管理》2000 年第 4 期。

《江苏沿海平原的沧桑巨变》，许应石等，《国土资源科普与文化》，2020 年第 1 期。